全国职业院校装备制造大类专业规划教材
National Planning Textbook for Equipment Manufacturing Majors in Vocational Colleges
“互联网+”新形态信息化教材
“Internet Plus” New-form Informatization Textbook

主编／田立宁　何昕昱

液压与气动技术

YEYA YU QIDONG JISHU

天津大学出版社
TIANJIN UNIVERSITY PRESS

图书在版编目（CIP）数据

液压与气动技术 / 田立宁，何昕昱主编. -- 天津 ：天津大学出版社，2025. 4. --（全国职业院校装备制造大类专业规划教材）（“互联网+”新形态信息化教材）.
ISBN 978-7-5618-7966-5

Ⅰ. TH137；TH138

中国国家版本馆CIP数据核字第2025QA9758号

出版发行 天津大学出版社
地　　址 天津市卫津路92号天津大学内（邮编：300072）
电　　话 发行部：022-27403647
网　　址 www.tjupress.com.cn
印　　刷 天津泰宇印务有限公司
经　　销 全国各地新华书店
开　　本 787mm×1092mm　1/16
印　　张 16
字　　数 518千
版　　次 2025年4月第1版
印　　次 2025年4月第1次
定　　价 56.00元

前言

Preface

党的二十大报告提出：坚持把发展经济的着力点放在实体经济上，推进新型工业化，加快建设制造强国；推动制造业高端化、智能化、绿色化发展。要实现制造强国，智能制造是必经之路。

液压与气压传动技术（以下简称“液压与气动技术”）是机械设备实现传动与控制的关键技术之一，其发展受到世界各国的高度重视。目前，液压与气动技术已广泛应用于包括船舶、汽车、航空航天、国防和智能装备等在内的各个领域，可以说有机械的地方就会涉及液压或气压传动技术。“液压与气动技术”课程是高职院校机械类和近机械类专业的一门专业基础课程，也是一门实践性较强的课程。

本书以液压与气动技术为主线，共分九个项目，项目 1~项目 5 为液压传动部分，项目 6~项目 9 为气压传动部分。在简单介绍液压与气动技术基本原理的基础上，着重分析了各类元件的工作原理、结构和选用原则，有针对性地对基本回路、典型液压与气压系统的工作原理进行了深入浅出的阐述，并于每个任务末都附有练习题，以便学生更好地巩固与掌握液压与气压传动技术的基础知识。

本书为全国职业院校装备制造大类专业规划教材，根据多年教学经验和教改实践编写而成。教材编写理念为“项目引领、任务驱动”，内容选择以“应用为本、够用为度”。

本书由青铜峡市职业教育中心的田立宁、何昕昱担任主编。在本书编写过程中，编者参考和借鉴了一些国内外同行出版的教材或发表的文章，同时参考了互联网上的部分图片，在此向相关文献及图片作者表示真诚的感谢。此外，本书的编写工作得到了许多专家和同行的大力支持，在此致以诚挚的感谢和敬意。

由于本书涉及知识面较广，加之作者水平有限，书中难免存在不足和错误之处，恳请广大读者批评指正。

编者

2025 年 1 月

目录

Contents

项目 1

认识液压千斤顶的液压系统

学习情境描述

如果你的汽车轮胎半路坏了，你可以使用液压千斤顶将汽车支撑起来，从而替换汽车轮胎。那么你知道液压千斤顶是如何工作的吗？为何依靠一个小小的液压千斤顶，一个普通人就可以抬起几吨重的汽车？

其实液压千斤顶应用的是液压传动原理，液压传动技术在我们日常生活和生产中应用非常广泛，如挖掘机利用液压系统（即液压传动系统）完成铲斗的各种抓取动作，汽车利用液压系统完成方向盘的转向助力，飞机利用液压系统完成起落架的启闭动作等。

项目描述

本项目中我们以液压千斤顶这一结构相对简单的液压设备为载体，通过分析其工作过程和结构组成，在液压实训台上搭建并调试液压千斤顶的模拟液压系统，在此过程中理解液压传动的基本原理、结构组成和传动特点，了解液压传动涉及的一些基本概念和常用参数，掌握液压油的品种分类和选用方法。如图 1-1 所示为液压千斤顶的实物图。

图 1-1　液压千斤顶实物图

本项目要实现的目标具体描述如下。

（1）搭建液压千斤顶的液压系统。在液压实训台上搭建液压千斤顶的液压系统，能模拟完成液压千斤顶提升重物的动作。

（2）分析液压千斤顶的工作原理。通过分析液压千斤顶的结构、原理及工作过程等，探究液压传动理论。

任务分解

本项目分为三个任务，逐步实现上述功能要求。

任务 1.1　认识液压千斤顶

本任务要求学生通过液压千斤顶认识液压系统，了解液压系统的应用特点。

任务 1.2　了解液压千斤顶工作介质的应用

本任务要求学生利用液压千斤顶学习工作介质的相关知识，并对液压油进行选用和更换。

任务 1.3　认识液压实训台和液压辅助元件

本任务通过对液压实训台的介绍，使学生了解液压实训主要元件的形状和名称，熟悉液压实训台的组成、功能和简单操作，以便在后续的实训中进行液压回路的搭建，并进行实训台的保养。

任务 1.1　认识液压千斤顶

要认识液压系统，必须从具体实例入手，解析液压系统的工作过程。本任务通过深入观察液压千斤顶的工作过程并进行操作，探讨液压系统是如何满足执行装置的动作要求、如何进行能量转换的。在此基础上，归纳总结液压系统的主要构成，熟悉液压系统的应用特点。

任务要求

（1）分析、总结液压系统的主要组成部分。

（2）探究液压传动的工作原理及其本质。

（3）了解液压系统的应用特点。

知识目标

（1）掌握液压系统的基本工作原理。

（2）了解液压系统的组成及各部分的作用。

（3）了解液压传动的优缺点。

（4）掌握静压力的概念、单位、表示方法，掌握静力学基本方程及其物理意义。

（5）掌握流量和平均流速的概念。
（6）掌握连续性方程。

能力目标

（1）能举出一些应用实例（即了解液压传动的应用场合）。
（2）能说出简单液压系统的工作过程、各组成部分的名称和作用。
（3）能分析并描述生活中常用液压系统的优缺点。
（4）能运用液体静力学基本方程求液体的静压力，知道压力的变化规律。
（5）能运用连续性方程解简单问题。
（6）能正确识读压力表、流量计等仪表。

素养目标

（1）培养学生理论结合实际的能力。
（2）培养学生对自然科学的热爱及兴趣。

1.1.1　认识液压千斤顶的工作过程

液压千斤顶是日常生活中经常用到的一种起重设备，其结构紧凑，轻巧便捷，工作平稳，有自锁作用，故应用广泛，一般用来支撑小汽车、石块等重物。图 1-1-1 为液压千斤顶的剖视图和结构原理图。下面通过分析液压千斤顶的工作过程，探究液压传动的工作原理及其本质。

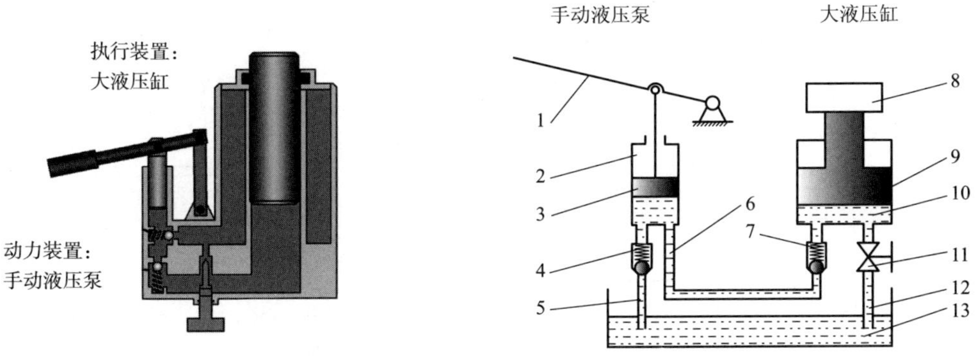

（a）　（b）

1—杠杆手柄；2—小活塞缸；3—小活塞杆；4、7—单向阀；5、6、12—油管；8—重物；
9—大活塞杆；10—大活塞缸；11—放油阀；13—油箱

图 1-1-1　液压千斤顶

（a）剖视图　（b）结构原理图

液压千斤顶利用了液压传动的基本原理，以手动液压泵为动力装置，以大液压缸为执行装置，通过其中的液压系统放大人的手臂提供的作用力，从而完成重物的提升动作。

1. 液压千斤顶的工作过程分析

从图 1-1-1（b）可以看出，液压千斤顶主要由大液压缸、手动液压泵、油箱、控制阀等组成，其中大活塞杆 9 和大活塞缸 10 组成大液压缸，杠杆手柄 1、小活塞缸 2、小活塞杆 3、单向阀 4 和 7 组成手动液压泵，油箱 13 和放油阀 11 组成工作回路。活塞和缸体之间既能保持良好的配合关系，又能实现可靠的密封。液压油被封闭于系统内部，千斤顶随着液压油的流动实现提升和复位动作。下面通过对液压千斤顶工作过程的分析，简单介绍液压系统的基本工作原理。

1）*初始状态*

如图 1-1-1（b）所示，初始状态下，手柄未受外力，单向阀 4 和 7 在弹簧力作用下，处于关闭状态，同时放油阀 11 也处于关闭状态，此时系统中的液压油无法流动，因此整个系统处于静止状态。

2）*手动液压泵吸油过程*

如图 1-1-2（a）所示，当杠杆手柄 1 向上抬起时，带动小活塞杆 3 向上运动（注：这里的数字与图 1-1-1 中的数字指代含义相同，下同）。因为两缸体形成的连通空间为封闭空间，小活塞杆 3 向上运动时，活塞下腔密封容积增大，形成局部真空，单向阀 4 打开，单向阀 7 闭合，在大气压力的作用下，油液从油箱 13 中吸入小液压缸。

3）*手动液压泵压油过程*

如图 1-1-2（b）所示，当手柄压下时，其下腔密封容积减小，油压升高，单向阀 4 关闭，单向阀 7 打开，小液压缸中的油液被压入大液压缸中，压入大液压缸的油液将大活塞杆 9 顶起，从而顶起重物。

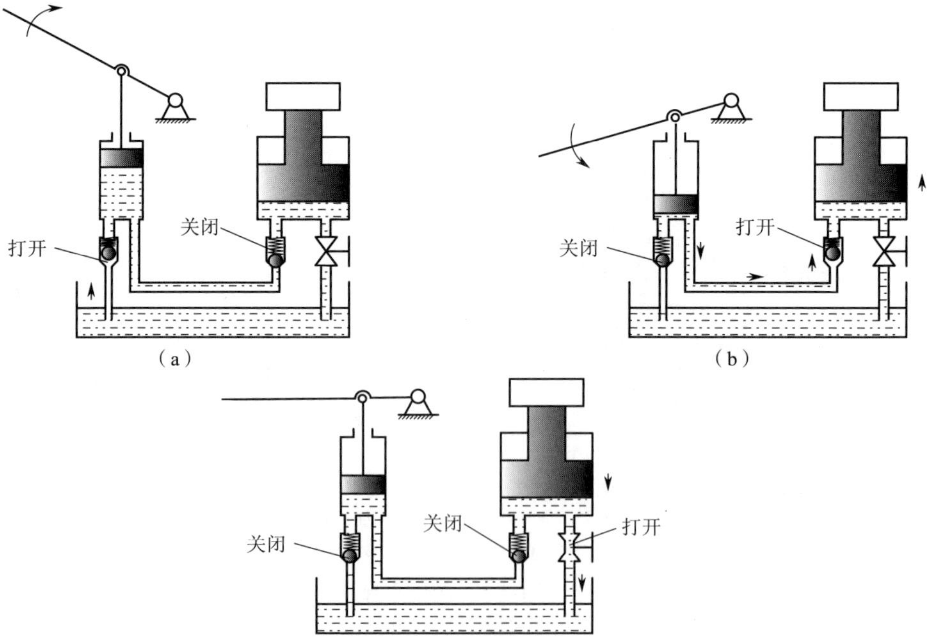

图 1-1-2　液压千斤顶的工作过程

（a）手动液压泵吸油过程　（b）手动液压泵压油过程　（c）复位过程

通过往复摆动手柄，手动液压泵不断地从油箱中吸油并压入大液压缸中，即可把重物举起到一定的高度。并且当杠杆手柄不再受到外力作用时，大活塞杆 9 也不会因为重物的作用而下降，此即为自锁作用。

4）复位过程

当液压千斤顶使用完成后，需要对液压千斤顶进行复位和收纳，只需打开放油阀 11，如图 1-1-2（c）所示，大活塞杆 9 可以在自重和外力作用下实现回程，大液压缸的油液会经放油阀 11 流回油箱，实现液压千斤顶的复位动作。

2. 液压传动的工作原理及其本质

通过液压千斤顶工作过程分析可知，液压传动是利用压力油液作为介质传递运动和动力的一种传动方式。压下杠杆时，小活塞缸 2 输出压力油，是将机械能转换成油液的压力能；压力油经过油管 6 及单向阀 7，推动大活塞杆 9 举起重物，是将油液的压力能又转换成机械能。由此可见，液压传动本质上是一种能量转换，条件是必须在密闭容器内进行，并且容积要发生交替变化。

1.1.2　了解液压系统的组成与特点

1. 液压系统的组成

在液压传动中，由零件组成的完成特定功能的组件称为元件，如液压缸、液压泵和控制阀等；由元件组成的完成特定功能的典型环节称为回路，如方向控制回路、压力控制回路、速度控制回路等；由回路控制和驱动执行机构完成特定功能的组合称为系统。

下面通过分析液压千斤顶液压系统各部分的作用（表 1-1-1），总结一般液压系统的组成。

表 1-1-1　液压千斤顶液压系统各部分的作用

序号	零件名称	组成元件名称	作用
1	杠杆手柄	手动液压泵	能量转换装置，将机械能转换为液体的压力能
2	小活塞缸		
3	小活塞杆		
4	大活塞杆	大液压缸	能量转换装置，将液体的压力能转换为机械能
5	大活塞缸		
6	单向阀	控制阀	控制液压系统中液体流动的方向和通断
7	放油阀		
8	油管	其他元件	用于输送流体、储存流体等，保证系统可靠、稳定地工作
9	油箱		
10	液压油	工作介质	传递能量

由以上分析可知，液压系统一般由动力元件、执行元件、控制元件、辅助元件和工作介质五部分组成。

动力元件的作用是将原动机的机械能转换成液体的压力能。动力元件指液压系统中的液压泵,它向整个液压系统提供动力。液压泵一般有齿轮泵、叶片泵、柱塞泵、螺杆泵等结构形式。

执行元件的作用是将液体的压力能转换为机械能,驱动负载做直线往复运动或回转运动。执行元件有液压缸和液压马达。

控制元件(即各种液压阀)的作用是控制和调节液体的压力、流量和方向。根据控制功能的不同,液压阀可分为压力控制阀、流量控制阀和方向控制阀。压力控制阀又分为溢流阀(安全阀)、减压阀、顺序阀、压力继电器等;流量控制阀包括节流阀、调整阀、分流集流阀等;方向控制阀包括单向阀、液控单向阀、梭阀、换向阀等。根据控制方式不同,液压阀可分为开关式控制阀、定值控制阀和比例控制阀。

辅助元件包括蓄能器、过滤器、冷却器、加热器、油管、管接头、油箱、压力计、流量计、密封装置等,它们起连接、储油、过滤和测量油液压力等辅助作用。

工作介质是各类液压系统中的液压油或乳化液,包括各种矿物油、乳化液和合成型液压油等。液压系统就是通过工作介质实现运动和动力传递的。

2. 液压系统的表达

图 1-1-2 是用结构示意图表示的液压系统的工作原理。但在实际工作中,除少数特殊情况外,一般采用《流体传动系统及元件　图形符号和回路图　第 1 部分:图形符号》(GB/T 786.1—2021)所规定的液压图形符号来绘制液压千斤顶。

用国家标准符号表达的液压千斤顶如图 1-1-3 所示。

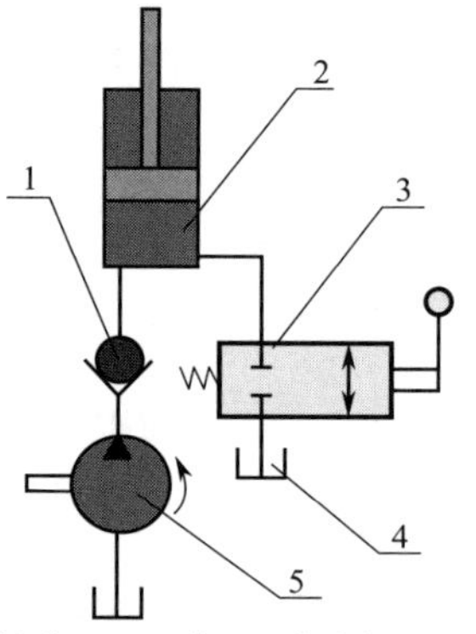

1—单向阀;2—液压缸;3—二位二通换向阀;4—油箱;5—液压泵

图 1-1-3　液压千斤顶符号表达图

用图形符号表达各液压元件时,需注意以下几点。

(1)图形符号只表示元件的职能及连接系统的通路,不表示元件的具体结构和参数,也不表示元件在系统中的实际安装位置。

(2)元件符号内的油液流动方向用箭头表示。通常换向的箭头只表示油口连通,不表示实际流动方向。

(3)图形符号均表示元件的静止位置或零位置,当系统的动作另有说明时,可做例外处理。

3. 液压系统的特点

1)液压传动的优点

(1)布局、安装方便灵活。由于液压传动采用油管连接,所以借助油管的连接可以方便灵活地布置传动机构,对于液压元件的布置也有较大的灵活性,这是比机械传动优越的地方。

(2)体积小,输出力大,易实现低速重载运动。在同等功率情况下,液压传动装置体积小,重量轻,结构紧凑。例如,同样功率的液压马达,其重量只有电动机的 10%。

(3)便于实现过载保护,使用安全可靠。在设置溢流阀的情况下,当系统压力超过设定压力时,溢流阀阀芯自动打开,液压油经溢流阀流回油箱,从而使系统压力不超过设定压力。同时,由于各种元件的运动都在油液中,能够自润滑,故元件使用寿命长。

(4)易于调整输出力和输出速度。只要调整压力控制阀即可轻易调整液压装置输出力。借助于流量阀或变量泵、变量电动机,可以实现无级调速,调速范围大,可达 1∶2 000,并可在液压装置运行的过程中进行调速。

(5)工作性能好。液压装置工作平稳,反应速度快,冲击小,能够快速启动、停止以及频繁换向。

(6)易于实现自动化控制。液压控制阀操作简单方便,特别是机、电、液配合使用时,能很容易地实现复杂的自动工作循环。

(7)液压元件已实现了标准化、系列化和通用化,便于设计、制造、维修和推广使用。

2)液压传动的缺点

(1)液压传动不能保证严格的传动比。液压油的泄漏和可压缩性会影响执行元件的准确性。

(2)能量损失较大。液压系统是将机械能转换为液体压力能,再把液体压力能转换成机械能来做功,能量经两次转换损失较大,能源使用效率比传统机械低很多。

(3)液压传动性能对温度敏感。温度会影响液压油的黏度,进而影响系统的工作稳定性,因此不宜在温度很高或很低、温度变化很大的情况下工作。

(4)液压元件的制作成本较高。为了防止液压系统的内外泄漏损耗,对液压元件的加工精度要求较高,加工工艺较为复杂。

(5)液压控制元件的运动、油液的流动通常在密闭环境中进行,故系统出现故障时难以直观发现,故障诊断较困难,要求维修人员有较强的分析能力。

(6)易造成环境污染。密封不良会造成液压油泄漏,污染工作场所,还有引起火灾的危险;另外在高压、高速的情况下,常常会产生较大的噪声污染。

1.1.3　通过液压千斤顶学习液压传动理论

由液压千斤顶的工作性能可知,它可以以较小的力举起很重的物体。液压千斤顶中的压力是怎样产生的?为什么在输入较小的力的情况下可获得较大的输出力呢?本任务将全面解析液压系统中压力的形成过程,介绍压力的表达方式及帕斯卡原理。

1. 液体静力学基础

液体静力学研究的是静止液体的力学性质。所谓静止，是指液体内部质点之间没有相对运动，液体中的任意部分都是受力平衡的。

1）液体静压力及其特性

静止液体在单位面积上所受的法向力称为静压力，静压力在物理学中被称为压强，在液压传动中被称为压力，用符号 p 表示。

若法向作用力 F 均匀地作用在面积 A 上，则压力可表示为

$$p=\frac{F}{A} \tag{1-1-1}$$

式中：A 为液体有效作用面积（m^2）；F 为液体有效作用面积 A 上所受的法向力（N）。

我国计量压力采用的法定计量单位为 Pa（帕斯卡，简称“帕”），由于此单位很小，液压技术中习惯用其倍单位 kPa（千帕）、MPa（兆帕），在企业中常用的压力单位还有 bar（巴）、atm（标准大气压）等。常用压力单位的换算关系为：1 Pa=1 N/m^2；1 kPa=10^3 Pa；1 MPa=10^6 Pa；1 bar=10^5 Pa；1 atm = 760 mmHg=101 325 Pa。

液体静压力具有以下两个重要特性。

（1）液体静压力垂直于承压面，其方向和该面的内法线方向一致。

（2）静止液体内任一点所受到的压力在各个方向上都相等。

2）压力的表示方法

液压系统中的压力通常有绝对压力（p_{abs}）、相对压力（表压力）、真空度三种表示方法。

因为在地球表面上，一切物体都受大气压力的作用，而且是自成平衡的，所以在实际的压力测量中，有两种测量基准：一是以绝对真空为基准，二是以大气压力为基准。根据测量基准的不同，得到三种表示方法的定义如下。

（1）绝对压力，即以绝对真空为基准零值时测得的压力。

（2）相对压力，即以大气压（p_{at}）为基准零值时测得的压力，这也是大多数压力表测得的压力，因此也称为表压力。如不特别指明，液压、气压传动中所提到的压力均为表压力。

（3）当绝对压力低于大气压时，习惯上称为出现真空，因此某点的绝对压力比大气压小的那部分数值称为该点的真空度。

表压力、绝对压力和真空度的关系如图 1-1-4 所示。

3）液体静力学基本方程

根据液体静压力的定义，可求液体表面下任一深度 h 处的压力。重力作用下的静止液体，其受力情况如图 1-1-5（a）所示，为求 M 处液体的压力，可假想其中有如图 1-1-5（b）所示的一个高度为 h、底面积为 ΔA 的微小液柱，上表面的压力为 p_0，下表面的压力为 p。由于小液柱处于静止状态，故其在垂直方向上的力平衡关系为

$$p\Delta A = p_0\Delta A + \rho gh\Delta A \tag{1-1-2}$$

式中 ρ 为液体的密度，单位为 kg/m^3，则 $\rho gh\Delta A$ 为小液柱的重力 W。

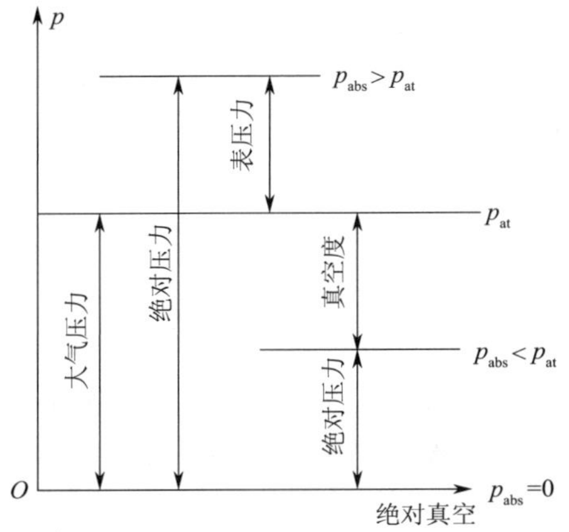

图 1-1-4　表压力、绝对压力和真空度的关系

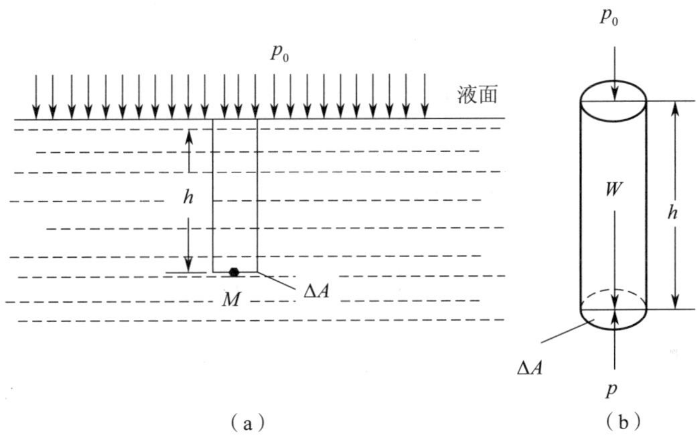

图 1-1-5　重力作用下静止液体的受力情况 1

（a）柱状液体受力情况　（b）压力分析示意图

上式化简后可得

$$p = p_0 + \rho gh \tag{1-1-3}$$

式（1-1-3）称为液体静力学基本方程。根据此式可得出如下结论。

（1）静止液体内任一点的压力由两部分组成：一部分是液面上表面的外压力 p_0，另一部分是液体自重对该点的压力 ρgh。

（2）静止液体内的压力随着深度 h 增大而线性增大。

（3）对于连通器中的同一种静止液体，同一深度 h 处，各个方向的压力相等。由压力相等的点组成的面称为等压面，因此等压面即为水平面。

（4）在液压系统中，通常由外力产生的压力是很大的，而液压系统的安装高度 h 一般不超过 10 m，所以由液体重力产生的压力 ρgh 相对来说是极小的，常可忽略不计，因而可近似认为整个液体内部的压力是相等的。

4)静压力的传递——帕斯卡原理

由液体静力学基本方程可知,对于密封容器内的静止液体,当液体表面所受压力p_0发生变化时,则容器内任意一点的压力将发生同样大小的变化。也就是说,在密封容器内施加于静止液体任一点的压力可以等值传到液体内部各点。这就是帕斯卡原理或静压传递原理。

根据帕斯卡原理和静压力的特性可知,液压传动不仅可以进行力的传递,而且可以放大力和改变力的方向。

图 1-1-6 所示为帕斯卡原理的应用。图中右侧小液压缸的截面积为A_1,左侧大液压缸的截面积为A_2,两个活塞受的外作用力分别为F_1、F_2,则两缸中的压力可表示为$p_1=F_1/A_1$、$p_2=F_2/A_2$。由于两缸相互连通而构成密闭容器,根据帕斯卡定理有$p_1=p_2$,由此可知:

$$F_2=\frac{A_2}{A_1}F_1 \tag{1-1-4}$$

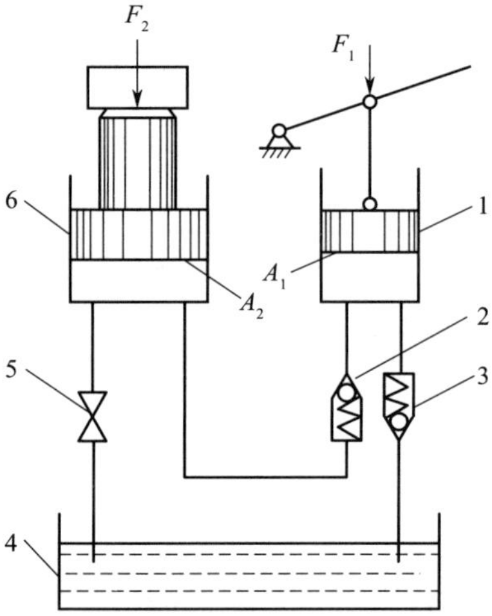

1—小液压缸;2—排油单向阀;3—吸油单向阀;4—油箱;5—截止阀;6—大液压缸

图 1-1-6 重力作用下静止液体的受力情况 2

根据式(1-1-4)可知,由于$A_2/A_1>1$,所以用较小的力F_1就可以产生很大的力F_2。液压千斤顶和水压机就是根据此原理制成的。

另外,如果大液压缸的活塞上没有负载,即$F_2=0$,则当略去活塞重量及其他阻力时,不论怎样推动小活塞都不能在液体中形成压力(此时液体压力$p=0$)。这就说明了一个很重要的液压性质:在液压传动中,负载决定工作压力,即工作压力的大小与流入的流体多少无关。

2. 液体动力学基础

液体动力学研究的是液体运动和引起运动的原因,即研究液体流动时的速度和压力变化规律。

1)流量与平均流速

在单位时间内流过某一通流截面的液体体积称为流量,用符号q表示。流量的国际单位为m^3/s,常用单位为L/min,它们之间的换算关系为$1\ m^3/s=6\times10^4$ L/min。其计算公式为

$$q = \frac{V}{t} \tag{1-1-5}$$

式中：V 为液体通过通流截面的体积（m^3）；t 为液体通过通流截面的时间（s）；q 为流量（m^3/s）。

在实际液体流动中，由于黏性摩擦力的作用，通流截面上流速的分布规律难以确定，因此计算比较困难。为了方便计算，引入平均流速的概念，即假定液体在通流截面上各点的流速均匀分布，用符号 v 表示。流量和平均流速的关系如下式所示：

$$v = \frac{q}{A} \tag{1-1-6}$$

式中：v 为液体平均流速（m/s）；A 为液体通过通流截面的面积（m^2）；q 为流量（m^3/s）。

由上式可知，液压系统中液体流动速度的大小取决于流量的大小，而与系统压力大小无关。

压力 p 和流量 q 是流体传动中最基本、最重要的两个参数，它们相当于机械传动中的力和速度，它们的乘积即为功率 P：

$$P = pq \tag{1-1-7}$$

2）连续性方程

质量守恒是自然界的客观规律，不可压缩液体的流动过程也遵守质量守恒定律。对稳流而言，液体在单位时间内流过同一管道两个不同截面的体积应当相等。如图 1-1-7 所示，即有

$$q_1 = q_2 \tag{1-1-8}$$

又因 $q = vA$，则有

$$v_1 A_1 = v_2 A_2 \tag{1-1-9}$$

式中：v_1、v_2 分别为在通流截面 1 和 2 上的平均流速（m/s）；A_1、A_2 分别为通流截面 1 和 2 的面积（m^2）。

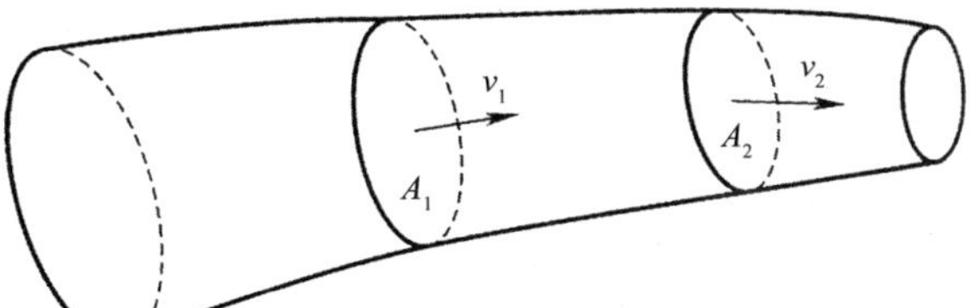

图 1-1-7　液流的连续性

由此可知：

（1）液压传动中，液压缸输入、输出的速度与活塞面积成反比；

（2）液压千斤顶手柄摆动的速度越快，小活塞往复运动挤进大活塞缸的流量就越大，大活塞上升速度就越快，所以说当活塞有效面积一定时，运动速度取决于流量。

练习题

1. 填空题

（1）液压传动是以__________为工作介质进行能量传递和控制的一种传动形式。

（2）液压系统一般由__________、__________、__________、__________和工作介质五部分组成。

（3）执行元件是把__________转换为__________以驱动工作机构的输出装置。一般执行元件可分为__________与__________两类。

2. 简答题

（1）液压传动的优点是什么？

（2）三种不同的压力表示方法是什么？

任务完成报告

<table>
<tr><td>姓名</td><td></td><td>学习日期</td><td></td></tr>
<tr><td>任务名称</td><td colspan="3">认识液压千斤顶</td></tr>
<tr><td rowspan="7">学习自评</td><td colspan="2">考核内容</td><td>完成情况</td></tr>
<tr><td colspan="2">(1)举出一些应用实例(即了解液压传动的应用场合)</td><td>□好　□良好　□一般　□差</td></tr>
<tr><td colspan="2">(2)说出简单液压系统的工作过程、各组成部分的名称和作用</td><td>□好　□良好　□一般　□差</td></tr>
<tr><td colspan="2">(3)分析并描述生活中常用液压系统的优缺点</td><td>□好　□良好　□一般　□差</td></tr>
<tr><td colspan="2">(4)运用液体静力学基本方程求液体的静压力,知道压力的变化规律</td><td>□好　□良好　□一般　□差</td></tr>
<tr><td colspan="2">(5)运用连续性方程解简单问题</td><td>□好　□良好　□一般　□差</td></tr>
<tr><td colspan="2">(6)正确识读压力表、流量计等仪表</td><td>□好　□良好　□一般　□差</td></tr>
<tr><td>学习心得</td><td colspan="3"></td></tr>
</table>

任务 1.2 了解液压千斤顶工作介质的应用

液压千斤顶以液压油为工作介质进行动力传递，在液压系统中，液压油还对液压装置的机构、零件起着润滑、冷却、防锈作用。液压系统的压力、温度和流速在很大范围内变化，液压油的质量直接影响液压系统的工作性能。因此，合理地选用液压油是很重要的，为此首先要了解液压油的相关知识。

任务要求

(1)识别和选用不同液压系统的液压油。

(2)提出并采取防止液压油污染的常用措施。

(3)进行液压油的更换。

知识目标

(1)掌握液压油的基本性质(主要是黏性)。

(2)掌握黏度的表示方法、液压油的种类和液压油牌号的意义。

(3)掌握正确使用液压油的方法。

能力目标

(1)能合理选用和正确使用液压油。

(2)能正确地进行液压油的更换。

素养目标

(1)锻炼学生分析问题和解决问题的能力。

(2)培养学生理论结合实际的能力。

(3)培养学生对自然科学的热爱及兴趣。

1.2.1 认识液压油

液压油是液压系统最常见的工作介质之一，是液压设备内的“血液”，它具有传递动力、减小元件间的摩擦、隔离磨损表面、控制元件表面氧化、冷却液压元件等功能。污染物一旦混入液压系统内，会加速液压元件的磨损、烧伤，甚至破坏；导致液压阀动作失灵，引起噪声、振动；导致液压缸动作不稳定、爬行、速度下降；或者引起液压泵吸油困难等。据有关统计，液压系统 75%以上的故障与液压油有关。因此，液压油是否清洁不仅影响液压系统的工作性能和液压元件的使用寿命，而且直接关系设备能否正常工作。

液压油有很多种类型和型号可供选择，用手接触这些油液时，会感觉它们有的“稀”些有的“稠”些。液压设备在长时间使用后，设备维护人员需要更换液压油。由此可见，认识液压油的性质，明确如何选用合适的液压油、如何净化液压油等是学习液压技术的基本要求。

1. 液压油的作用和种类

1)液压油的作用

液压油有以下几种作用。

(1)传递运动与动力。液压油是液压系统的工作介质。液压泵将机械能转换成液体的压力能，液压油将压力能传至各处。由于液压油本身具有黏性，因此，在传递过程中会产生一定的能量损失。

(2)润滑。液压元件内各移动部件都可受到液压油的充分润滑，从而减小元件磨损，延长使用寿命。

(3)密封。液压油由于自身的黏性对细小的间隙有密封的作用。

(4)冷却。系统损失的能量会变成热量，被液压油带出。

2)液压油的种类

液压油主要有矿物油型、乳化型、合成型三大类。

(1)矿物油型液压油。矿物油型液压油主要由石油炼制而成，并添加了抗氧化剂和防锈剂等添加剂，是用途最广的一种液压油。其缺点是耐火性差，不能用在高温、易燃、易爆的场合。

(2)乳化型液压油。乳化型液压油抗燃性好，主要用于有起火危险的场合及大容量系统。它包含水包油型和油包水型两种类型。水包油型价格低，但润滑性差，会侵蚀油封和金属；油包水型抗磨防锈性好，又具有抗燃性，但稳定性较差。

(3)合成型液压油。合成型液压油是一种化学合成溶剂。其性能良好，具有以上两种液压油类型的优点。

2. 液压油的物理性质

1)密度

液体单位体积内的质量称为密度。密度随着温度或压力的变化而变化，但变化不大，通常可以忽略不计。工业上使用的矿物油型液压油的密度为 0.85~0.95 g/cm^3；油包水型液压油含油较多，其密度为 0.92~0.94 g/cm^3；水包油型液压油含水较多，其密度为 1.05~1.1 g/cm^3。

一般计算中，取矿物油型液压油的密度 ρ=900 kg/m^3。

2)黏性

液体在外力作用下流动时，由于液体分子间的内聚吸引力而产生一种阻碍液体分子之间进行相对运动的内摩擦力。液体流动时分子间产生内摩擦力的性质称为液体的黏性。液体只有在流动时才会呈现黏性。液压油的黏性对机械效率、磨耗、压力损失、容积效率及泵的吸入性等影响很大。

液体黏性的大小用黏度来表示，常用的黏度有三种：动力黏度、运动黏度和相对黏度。

(1)动力黏度：根据牛顿内摩擦定律导出的黏度单位，也称为绝对黏度，用 μ 表示。内摩擦力大小与液层之间的接触面积、动力黏度、层间相对速度成正比，而与液层的相对距离成反比。液体的动力黏度越大，流动液体的内摩擦阻力越大；反之，液体的动力黏度越小，流动液体的内摩擦阻力越小。

（2）运动黏度：动力黏度与液体密度的比值，称为运动黏度，用 ν 表示。习惯上使用运动黏度标定液体的黏度。例如，液压油牌号的数值就是其在 40 ℃时的平均运动黏度的数值。液压油牌号的编制方法和详细意义可查阅有关的液压手册。

（3）相对黏度：又称为条件黏度，它是采用特定的黏度计在规定条件下测出的液体黏度。

3）黏度与压力和温度的关系

（1）黏度与压力的关系：液体所受压力增大时，其分子间的距离减小，内聚力增加，黏度也随之略有增加。在中低压系统内，压力变化很小，压力对黏度的影响可以忽略不计。当压力较高（大于 10 MPa）或压力变化较大时，则需要考虑压力对黏度的影响。

（2）黏度与温度的关系：液压油对温度的变化很敏感，温度上升，黏度降低；温度下降，黏度增加。这种油的黏度随温度变化的性质称为黏温特性。黏度降低，造成泄漏增加、磨损增加、效率降低等问题；黏度增加，造成流动困难及泵转动困难等问题。如工作时油液温度超过 60 ℃，就必须加装冷却器，因为油温在 60 ℃以上时，每超过 10 ℃，油的劣化速度就会加倍。我们希望液压油的黏温特性好，即黏度随温度的变化越小越好。

4）压缩性

液压油在低、中压时可视为非压缩性液体，但在高压时，其压缩性就不可忽视了。液压油的可压缩性是钢的 100~150 倍，即与木材的压缩性相当。压缩性会降低运动的精度，增大压力损失，从而使油温上升；在压力信号传递时，会有时间延迟、响应不良等现象。

5）其他性质

液压油除了以上基本物理性质外，还有其他一些物理及化学性质，如稳定性、抗泡沫性、抗乳化性、防锈性、润滑性及相容性等。它们对液压油的选择和使用也有重要影响，这些性质通过在精炼的矿物油中加入各种添加剂来获得。

1.2.2 液压油的识别及选用

1. 液压油的识别

液压油有矿物油型、合成型和乳化型三种。矿物油型液压油的主要品种有普通液压油、抗磨液压油、低温液压油、高黏度指数液压油、液压导轨油及其他专用液压油（如航空液压油、舵机液压油等），都是以全损耗系统用油为基础原料，精炼后按需要加入适当的添加剂制得的。矿物油型液压油润滑性和防锈性好，黏度等级范围较宽，因而在液压系统中应用很广。

合成型液压油主要有水-乙二醇液、磷酸酯液和硅油等。乳化型液压油有水包油型乳化液和油包水型乳化液。合成型和乳化型液压油的抗燃性好，主要用于有抗燃要求的液压系统。

液压油采用统一的命名方式，其一般形式为：类别-品种+牌号。例如，在 L-HV22 中，L 是润滑剂及有关产品类别代号，HV 指低温液压油，22 是液压油的牌号。液压油的特性和用途见表 1-2-1。

表 1-2-1　液压油的特性和用途

类型	名称	ISO 代号	特性和用途
矿物油型	普适液压油	L-HL	精制矿物油加添加剂，提高抗氧化和防锈性能，适用于室内一般设备的中低压系统
	抗磨液压油	L-HM	L- HL 油加添加剂，改善抗磨性能，适用于工程机械、车辆的液压系统
	低温液压油	L-HV	L-HM 油加添加剂，改善黏温特性，可用于环境温度在-40~-20 ℃ 的高压系统
	高黏度指数液压油	L-HR	L-HL 油加添加剂，改善黏温特性，黏度指数 VI 值达 175 以上，适用于对黏温特性有特殊要求的低压系统，如数控机床液压系统
	液压导轨油	L-HG	L- HM 油加添加剂，改善黏滑性能，适用于机床中液压和导轨润滑合用的系统
	全损耗系统用油	L-AN	浅度精制矿物油，抗氧化性、抗泡沫性较差，主要用于机械润滑，可作为液压代用油用于要求不高的低压系统
	汽轮机油	L-TSA	深度精制矿物油加添加剂，改善抗氧化、抗泡沫等性能，为汽轮机专用油，可作为液压代用油用于一般液压系统
乳化型	水包油乳化液	L-HFA	包括 HFAS（高水基液压油）和 HFAE（水包油型乳化液），又称高水基液，特点是难燃，黏温特性好，有一定的防锈能力，但润滑性差，易泄漏。适用于有抗燃要求、油液用量大且泄漏严重的系统
	油包水乳化液	L-HFB	既具有矿物油型液压油的抗磨、防锈性能，又具有抗燃性，适用于有抗燃要求的中压系统
合成型	水-乙二醇液	L-HFC	难燃，黏温特性和抗蚀性好，能在-30~60 ℃温度范围内使用，适用于有抗燃要求的中低压系统
	磷酸酯液	L-HFDR	难燃，润滑、抗磨和抗氧化性能良好，能在-54~135 ℃温度范围内使用，缺点是有毒。适用于有抗燃要求的高压精密液压系统

2. 液压油的选用

1）对液压油的性能要求

在液压传动中，液压油既是传动介质，又起润滑作用，故对液压油的性能提出如下要求。

（1）具有合适的黏度和良好的黏温特性。

（2）润滑性能好，腐蚀性小，抗锈性好。

（3）质地要纯净，含有极少量的杂质、水分和水溶性酸碱，无毒害、无味，废料易处理，成本低等。

（4）对金属和密封件有良好的相容性。

（5）氧化稳定性好，长期工作不易变质。

（6）抗泡沫性和抗乳化性好。

（7）体积膨胀系数小，比热容大。

（8）在高温环境下具有较高的闪点，起防火作用；在低温环境下具有较低的凝点。

2）液压油的选用原则

选用液压油时，可参考液压元件厂家推荐的型号，也可综合考虑液压系统的工作压力、工作温度、液压元件的种类及经济性等因素进行选用。液压油的选择，首先是液压油品种的选择。液压油品种选择得是否合适，对液压系统的工作影响很大。选择液压油品种时，可根据是否液压专用、有无起火危险、工作压力及工作温度范围等因素进行考虑。

在液压油的品种确定之后，接着就是液压油黏度等级的选择。黏度等级的选择是十分重要的，因为黏度对液压系统工作的稳定性、可靠性、效率、温升以及磨损都有显著的影响。在选择黏度等级时应注意以下几方面的情况。

（1）按工作机械的不同要求选用。精密机械与一般机械对黏度的要求不同。为了避免温度升高而引起机件变形、影响工作精度，精密机械宜采用黏度较低的液压油。例如，机床液压伺服系统，为保证伺服机构的动作灵敏性，宜采用黏度较低的液压油。

（2）按液压泵的类型选用。液压泵是液压系统的重要元件，在系统中它的运动速度、压力和温升都较高，工作时间又长，因而对黏度要求较严格，所以选择黏度时要考虑液压泵的类型；否则，会加快液压泵磨损，降低容积效率，甚至可能破坏液压泵的吸油条件。不同类型的泵对油的黏度有不同的要求，液压泵常用液压油的黏度范围见表 1-2-2。

表 1-2-2　液压泵常用液压油的黏度范围

液压泵类型		液压油黏度范围/(mm^2/s)	
		液压系统温度在 5~40 ℃	液压系统温度在 40~80 ℃
齿轮泵		30~70	65~165
叶片泵	$p<7$ MPa	30~50	40~75
	$p\geqslant7$ MPa	50~70	55~90
径向柱塞泵		30~80	65~240
轴向柱塞泵		40~75	70~150

（3）按液压系统工作压力选用。通常当工作压力较高时，宜采用黏度较高的油，以免系统泄漏过多，效率过低；当工作压力较低时，宜采用黏度较低的油，这样可以减少压力损失。例如，机床液压传动的工作压力一般低于 6.3 MPa，宜采用 20~60 cSt 油液；工程机械的液压系统，其工作压力属于高压，多采用黏度较高的油液。

（4）考虑液压系统的环境温度。矿物油的黏度受温度的影响很大，为保证在工作温度时有较适宜的黏度，必须考虑环境温度的影响。当环境温度高时，宜采用黏度较高的油液；当环境温度低时，宜采用黏度较低的油液。依据环境和工况条件选用液压油，见表 1-2-3。

表 1-2-3　依据环境和工况条件选用液压油

工况	系统压力	7 MPa 以下	7~14 MPa		14 MPa 以上
	系统温度	50 ℃以下	50 ℃以下	50~80 ℃	80~100 ℃
环境	室内固定液压设备	HL 液压油	HL 或 HM 液压油	HM 液压油	HM 液压油
	露天、寒区和严寒区	HL 液压油	HV 液压油	HV 液压油	HV 液压油
	地下、水上	HL 液压油	HL 或 HM 液压油	HL 或 HM 液压油	HM 液压油
	高温热源或明火附近	HFAE、HFAS 液压油	HFB、HFC 液压油	HFDR 液压油	HFDR 液压油

（5）考虑液压系统中的运动速度。当液压系统中工作部件的运动速度很快时，液压油

流动速度也快，压力损失随之增大，而泄漏相对减少，因此宜采用黏度较低的液压油；反之，当工作部件的运动速度较慢时，每分钟所需的油量很小，这时泄漏相对较多，对系统的运动速度影响也较大，所以宜采用黏度较高的液压油。

3）液压油的合理使用

（1）使用前应验明液压油的牌号、性能等是否符合要求。

（2）液压系统要清洗干净方可使用。

（3）新油使用前要过滤，液压油不能与其他物品混放。

（4）严格控制污染，防水、气、固体杂物混入液压系统。为防止空气进入系统，回油口应在油箱液面以下，并将管口切成斜面；液压泵和吸油管应严格密封；液压泵和油管安装高度应尽量低些，以减小液压泵吸油阻力；必要时在系统的最高处设置放气阀。

（5）定期检查油液质量和油面高度。

（6）应保证油箱的温度不超过液压油允许的范围，通常不超过 70 ℃，否则应进行冷却调节。

4）液压油的更换

（1）液压油变质。

引起液压油变质的原因很多，其中比较常见的原因有如下几方面。

①蒸发对液压油的性质有很大影响。例如，含水液压油的水分蒸发，使水包油型水-乙二醇液压油的浓度增加，黏度上升，防火性能下降；水分蒸发也会使油包水型液压油的黏度下降。

一般来说，液压油的蒸发，除了与温度有关外，还与蒸发面积、容器的气体空间和密封程度及大气压力有关，所以在使用液压油时，为了保证质量，应在这些方面加以注意。

②在空气作用下，液压油会发生氧化变质，导致颜色变深，酸度增大。值得注意的是，各种金属都是氧化的催化剂，尤其是铜更能加快油液的污染和变质。

③杂质和水分侵入液压油，也会引起油液的污染和变质。

④液压油中混入轻质油，会使黏度和闪点下降；混入粗制油，可使酸值和残炭增大；混入含有不同添加剂的油品，可能使液压油的性能提高，也可能使其性能下降。这些都表明液压油中一旦混入异种油品，既会影响数量，也会影响质量。

（2）液压油变质的鉴别方法。

液压油变质，不仅会影响机械设备正常工作，而且会损坏液压系统零部件。那么如何来鉴别液压油变质呢？

不同种类的液压油具有不同的颜色；所含成分不同，其气味也不一样。用手指仔细触摸，不同液压油的手感各异。用无色玻璃瓶盛装液压油，摇动时会出现不同的油膜挂瓶状况和气泡状态。据此，人们在长期使用中，总结出一套通过“看、嗅、摇、摸”识别液压油的简易方法。常用液压油的“看、嗅、摇、摸”简易鉴别方法如表 1-2-4 所示。

（3）液压油的更换。

液压油使用时间长了，会逐渐老化变质。在不同的场合更换液压油，常用如下一些方法。

①对于要求不高、耗油量较少的液压系统，可采用经验更换法，即操作者或现场服务的技术人员根据其使用经验，或者通过外观比较，或者采用沉淀法和加热过滤法等简易测定法，对液压油的污染程度做出判断，从而决定液压油是否应当更换。

表 1-2-4　常用液压油的“看、嗅、摇、摸”简易鉴别方法

油品	特征			
	看	嗅	摇	摸
N32～N68 号机械油	黄褐色到棕黄色，有不明显的蓝荧光		泡沫多而消失慢，挂瓶呈黄色	
普通液压油	浅黄色到深黄色，发蓝光	酸味	气泡消失快，稍挂瓶	
汽轮机油	浅黄色到深黄色		气泡多、大，消失快，无色	蘸水捻不乳化
抗磨液压油	透明的橙红色		气泡多，消失较快，稍挂瓶	
低凝液压油	深红色			
水-乙二醇液压油	浅黄色	无味		光滑，感觉热
磷酸酯液压油	浅黄色			
油包水型乳化液	乳白色		浓稠	
水包油型乳化液		无味	清淡	
蓖麻油制动液	透明淡黄色	强烈酒精味		光滑，感觉凉
矿物油型制动液	淡红色			
合成制动液	苹果绿色	醚味		

②对于工作条件和工作环境变化不大的中小型液压系统，可采用定期更换法，即根据液压油本身规定的使用寿命进行更换。

③对于大型的或耗油量较大的液压系统，可采用试验更换法，即在液压油使用过程中，定期取样化验，鉴定污染程度，监视油液的质量变化；当被测定油液的物理、化学性能超出规定的范围时，就不能继续使用了，而应更换。可以说，这种以试验数据来决定换油时间的方法，是一种可取的科学方法。

1.2.3　液压油污染的控制

1. 液压油被污染的原因

液压油被污染的原因主要有以下几方面。

（1）液压系统的管道及液压元件内的型砂、切屑、磨料、焊渣、锈片、灰尘等污垢在系统使用前冲洗时未被洗干净，在液压系统工作时，这些污垢就进入液压油里。

（2）外界的灰尘、砂粒等在液压系统工作过程中通过往复伸缩的活塞杆，流回油箱的漏油等进入液压油里。另外在检修时，稍不注意也会使灰尘、棉绒等进入液压油里。

（3）液压系统本身也不断地产生污垢，直接进入液压油里，例如，金属和密封材料的磨损颗粒，过滤材料脱落的颗粒或纤维，以及油液因温度升高氧化变质而生成的胶状物等。

2. 液压油污染的危害

液压油污染严重时，直接影响液压系统的工作性能，使液压系统经常发生故障，缩短液压元件寿命。造成这些危害的主要原因是污垢中的颗粒。这些固体颗粒进入液压元件里，会使元件的滑动部分磨损加剧，并可能堵塞液压元件里的节流孔、阻尼孔，或使阀芯卡死，从

而造成液压系统的故障。水分和空气的混入使液压油的润滑性能降低并使它加速氧化变质，产生气蚀，加速对液压元件的腐蚀，使液压系统出现振动、爬行等。

3. 防止污染的措施

造成液压油污染的原因多而复杂，液压油自身又在不断地产生脏物，因此要彻底解决液压油的污染问题是很困难的。为了延长液压元件的寿命，保证液压系统可靠地工作，将液压油污染控制在某一限度以内是较为切实可行的办法。对液压油的污染控制工作主要从两方面入手：一是防止污染物侵入液压系统；二是把已经侵入的污染物从系统中清理出去。污染控制贯穿整个液压装置的设计、制造、安装、使用、维护和修理等各个阶段。

为防止油液污染，在实际工作中应采取如下措施。

（1）使液压油在使用前保持清洁。液压油在运输和保管过程中都会受到外界污染，新来的液压油看上去很清洁，其实很脏，必须将其静放数天后经过滤加入液压系统中使用。

（2）使液压系统在装配后、运转前保持清洁。液压元件在加工和装配过程中必须清洗干净，液压系统在装配后、运转前应彻底进行清洗，最好用系统工作中使用的油液清洗，清洗时油箱除通气孔（加防尘罩）外必须全部密封，密封件不可有飞边、毛刺。

（3）使液压油在工作中保持清洁。液压油在工作过程中会受到环境污染，因此应尽量防止工作中空气和水分的侵入，为完全消除水、气和污染物的侵入，采用密封油箱，通气孔上设置空气滤清器，防止尘土、磨料和冷却液侵入，经常检查并定期更换密封件和蓄能器中的胶囊。

（4）采用合适的滤油器。这是控制液压油污染的重要手段。应根据设备的要求，在液压系统中选用具有不同过滤方式、不同精度和不同结构的滤油器，并要定期检查和清洗滤油器和油箱。

（5）定期更换液压油。更换新油前，油箱必须先清洗一次，系统较脏时，可用煤油清洗排尽后注入新油。

（6）控制液压油的工作温度。液压油的工作温度过高对液压装置不利，液压油本身也会加速变质，产生各种生成物，缩短它的使用期限。一般液压系统的工作温度最好控制在65 ℃以下，机床液压系统则应控制在55 ℃以下。

练习题

1. 填空题

（1）液压油是液压系统的工作介质，其作用主要包括________、________、________、________。

（2）造成液压油污染的来源是多方面的，总体来说可分为________、________、________。

2. 简答题

（1）液压油的物理性质有哪些？

（2）选用液压油时主要应考虑哪些因素？

任务完成报告

<table>
<tr><td>姓名</td><td></td><td>学习日期</td><td></td></tr>
<tr><td>任务名称</td><td colspan="3">了解液压千斤顶工作介质的应用</td></tr>
<tr><td rowspan="3">学习自评</td><td colspan="2">考核内容</td><td>完成情况</td></tr>
<tr><td colspan="2">（1）合理选用和正确使用液压油</td><td>□好　□良好　□一般　□差</td></tr>
<tr><td colspan="2">（2）正确进行液压油的更换</td><td>□好　□良好　□一般　□差</td></tr>
<tr><td>学习心得</td><td colspan="3"></td></tr>
</table>

任务 1.3　认识液压实训台和液压辅助元件

YTHYQ-2 型液压与气动实训台（以下简称“液压实训台”），是集液压与气压传动控制、可编程控制技术于一体的综合性实训设备，如图 1-3-1 所示。利用该实训台不仅可以进行常规的液压基本回路实训，还可以进行液压控制技术应用实验，液压与气动技术仿真、模拟、设计，以及可编程逻辑控制器（Programmable Logic Controller，PLC）学习等。

任务要求

（1）了解液压实训台的组成及主要元件。

（2）对液压实训台进行保养维护与操作。

（3）了解液压辅助元件的作用。

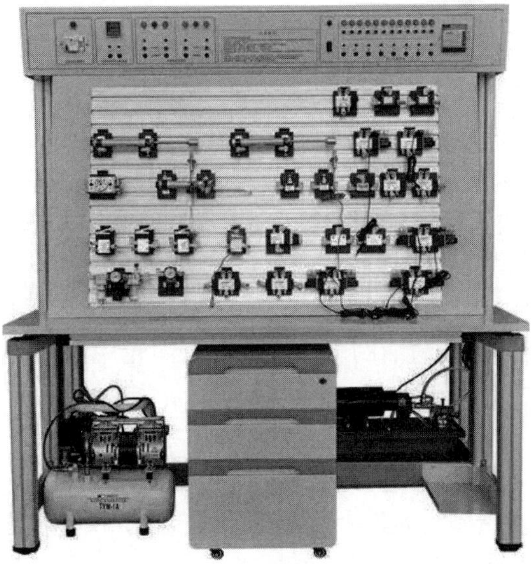

图 1-3-1　YTHYQ-2 型液压与气动实训台

知识目标

（1）掌握 YTHYQ-2 型液压与气动实训台各类液压元件的名称、形状及工作原理。

（2）掌握液压实训台各组成模块的功能与运作机制。

（3）掌握液压系统辅助元件在系统中的作用与工作方式。

（4）掌握液压实训台保养维护的知识与要点。

能力目标

（1）能独立完成 YTHYQ-2 型液压实训台常规液压基本回路的搭建与连接。

（2）能熟练操作液压实训台进行实验、仿真模拟并分析实验数据。

（3）能对液压实训台进行日常保养维护及简单故障排查处理。

（4）能运用所学知识完成液压控制技术应用实验操作。

素养目标

（1）锻炼学生分析问题和解决问题的能力。

（2）引导学生认识事物的多样性，树立正确的世界观。

（3）培养学生的安全和环保意识。

1.3.1 认识液压实训台

1. 液压实训台的组成

液压实训台采用独立液压实验泵站，配有油路压力调定功能，可以调定输出压力油的安全工作压力。泵站配有多路压力油输出及回油，可同时对多路液压回路进行供油与回油。采用闭锁式快速接头，可快速接通或封闭油路，实现油箱、液压泵及控制系统的一体化设计。液压实训台各部分的作用如下。

（1）支架。支架用于固定液压元件及支撑设施。台面采用钢板与网孔板，其中网孔板主要用于盛接渗漏的油液，保证清洁的工作环境。万向轮用于工作台的运输及固定支撑。

（2）工具橱。用于放置液压元件及控制箱。

（3）液压站。它是液压传动装置的动力源。

2. 液压实训主要元件

液压元件的种类很多，有压力控制元件、方向控制元件、速度控制元件及各种辅助元件等，其名称、实物图及应用见表 1-3-1。

表 1-3-1 液压元件名称、实物图及应用

序号	名称	实物图	应用
1	直动式溢流阀		调压稳压，安全保护

续表

序号	名称	实物图	应用
2	减压阀		降低液压系统中某个分支的压力
3	液压缸	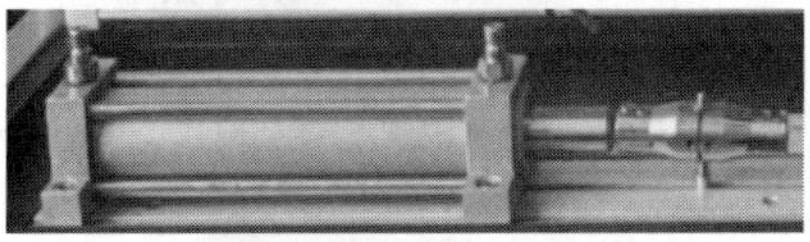	作为执行元件,实现往复直线运动
4	单作用换向电磁阀		控制执行元件的启动、停止或变换运动方向
5	双作用换向电磁阀		控制执行元件的启动、停止或变换运动方向
6	单向节流阀		控制液流朝一个方向流动,反向截止
7	分油块		分配油液流动方向

续表

序号	名称	实物图	应用
8	压力表		显示被测部位油液压力
9	压力继电器		将液压信号转换为电信号
10	行程开关		控制电信号通断

3. 油箱及动力装置

液压站是液压传动装置的动力源，液压站与驱动装置用油管连接。图 1-3-2 所示为液压站的组成。图 1-3-3 所示为电动机与液压泵的安装图。

图 1-3-2　液压站的组成

图 1-3-3　电动机与液压泵的安装图

1）液压站的组成

（1）液压泵：分为齿轮泵、叶片泵、柱塞泵等。本设备采用的是齿轮泵，压力为 7 MPa，排量为 16 mL/r。

（2）电动机：为液压泵提供动力，使其正常运转。

（3）油箱：用于储存液压油，同时具备冷却和过滤功能，容量为 40 L。油箱内部通常装有滤油网和空气滤清器，以保持液压油的清洁和防止空气进入系统。

（4）方向阀、节流阀和溢流阀：在液压系统中起到调节和控制液压油流向、流量和压力的作用。

（5）其他辅助元件：如冷却器、过滤器、压力表、油位计等，用于确保系统的正常运行和液压油的清洁。

2）液压站的工作原理

液压站为电动机带动液压泵工作提供压力油。电动机旋转，齿轮泵随之旋转进行吸油，当转速达到一定值时，系统压力固定在调定值之内。通过液压阀对驱动装置进行方向、压力、流量调节和控制，实现各种规定动作。

4. 液压实训台保养维护与操作注意事项

（1）实验中应注意安全，爱护实验设备，严格遵守实验规程，不得擅自启动与当次实验无关的设备。实验中如发现异常现象（如异常噪声、喷油等），应立即切断电源和保护现场，并向指导老师报告，以便妥善处理。

（2）液压泵输出回路必须设置溢流阀或安全阀，定量泵输出的最高压力应调定为不超过 6 MPa。

（3）连接电路、液压回路之前必须断开设备总电源，严禁带电连接电路和在泵站启动状态下搭接液压回路。

（4）所有液压实验必须在实验台出油口（P 口）和回油口（T 口）之间连接一个溢流阀，在此起到压力调节和安全保护作用。启动泵站前要将溢流阀开口调节至最大，严禁带负载启动以免造成安全事故。

（5）实验完毕后，要做好元器件和实验台的清洁。

（6）做实验之前必须熟悉元器件的工作原理和动作的条件，掌握正确的操作方法。严禁强行拆卸阀体或强行旋转各种元件的手柄，以免造成人为损坏。

（7）通电后不要将手或导电物体伸进护套插座，禁止手上带水进行电路连接，以免造成触电事故。

（8）接线时需要合理地选择护套插线的颜色和长短，以保证电路简洁明了，利于直观地讲解和检查，颜色与线序根据实际情况选取（一般 AC 380 V 条件下，U 为黄色，V 为绿色，W 为红色；AC 220 V 条件下，L 为红色，N 为蓝色或黑色；直流低电压条件下，正极为红色，负极为黑色或蓝色）。

（9）液压阀及其他元件均为弹卡式安装，使用时要确保安装稳固，以免做实验时掉落；油管搭接插装时要插装到位，以免加压后出现脱离现象。

（10）溢流阀、节流阀为顺时针关小，逆时针开大；调速阀为顺时针开大，逆时针关小。

1.3.2 认识液压辅助元件

1. 油管及管接头

1)油管

液压系统中使用的油管种类很多,常用的有钢管、铜管、橡胶软管、尼龙管和塑料管,需根据安装位置、工作压力和工作环境选用。

钢管能承受高压,油液不易氧化,价格低廉,刚性好,但安装时不易弯曲,常用在拆卸方便处。压力小于 2.5 MPa 时,可用焊接钢管;压力大于 2.5 MPa 时,选用冷拔无缝钢管。

紫铜可承受的压力为 6.5~10 MPa,安装时可根据需要弯曲成任意形状,适用于小型设备及内部安装不方便处。由于铜材短缺,其抗振能力差,又易使油液氧化,应尽量少用。

橡胶软管多用于两个相对运动部件之间的连接,分高压和低压两种。高压软管由耐油橡胶钢丝编织网制成,最高承受压力可达 40 MPa。低压软管由耐油橡胶夹麻线或棉线制成,承受压力在 10 MPa 以下,常用于回油管路。橡胶软管安装方便,还能吸收部分液压冲击,但价高,寿命短。

尼龙管是新型油管,承受压力可达 2.5~8 MPa,用于低压系统或回油管路。尼龙管可塑性大,加热后可任意弯曲成形和扩口,冷却后即定型,使用方便,价格也低廉。

塑料管价格低廉,装配方便,但长期使用会老化,因此一般只用于回油管或泄油管。

2)管接头

管接头是油管与油管、油管与液压元件之间可拆卸的连接件。管接头的形式很多,图 1-3-4 所示为几种常用的管接头结构。

图 1-3-4(a)为扩口式管接头。利用管子端部扩口进行密封,不需要其他密封件。适用于铜管、薄壁钢管、尼龙管和塑料管等低压管路的连接,在工作压力不高的机床液压系统中应用较普遍。

图 1-3-4(b)为焊接式管接头。把管接头与钢管焊接在一起,端面用 O 型密封圈密封。用来连接壁较厚的钢管,适用于中低压系统。

图 1-3-4(c)为卡套式管接头。拧紧接头螺母,卡套发生弹性变形而将油管夹紧,这种管接头装拆方便,但制造工艺要求高,油管要用冷拔无缝钢管,适用于高压系统。

图 1-3-4(d)为可拆式管接头。接头芯拧入接头外套后,锥度使钢丝编织胶管压紧在接头套内,在机床中、低压系统中得到应用。

2. 过滤器

1)过滤器的功用

过滤器的功用是过滤混在油液中的各种杂质,以免它们进入液压系统和精密液压元件内,影响系统的正常工作或造成故障。

不同液压系统对油液的过滤精度要求不同。过滤器的过滤精度指其对各种不同尺寸粒子的滤除能力,对过滤器过滤精度的评定目前常用绝对过滤精度和过滤比两种方法。绝对过滤精度是指能通过滤芯的最大坚硬球形粒子的尺寸。过滤比是指过滤器上游油液单位容积中大于某给定尺寸的颗粒数与下游油液单位容积中大于同一尺寸的颗粒数之比。目前,过滤比已被国际标准化组织作为评定过滤器过滤精度的性能指标。但我国目前仍按绝对过滤精度将过滤器分为粗（$d \geq 100\ \mu m$）、普通（$10\ \mu m \leq d < 100\ \mu m$）、精（$5\ \mu m \leq d < 10\ \mu m$）和特精（$1\ \mu m \leq d < 5\ \mu m$）四个等级。

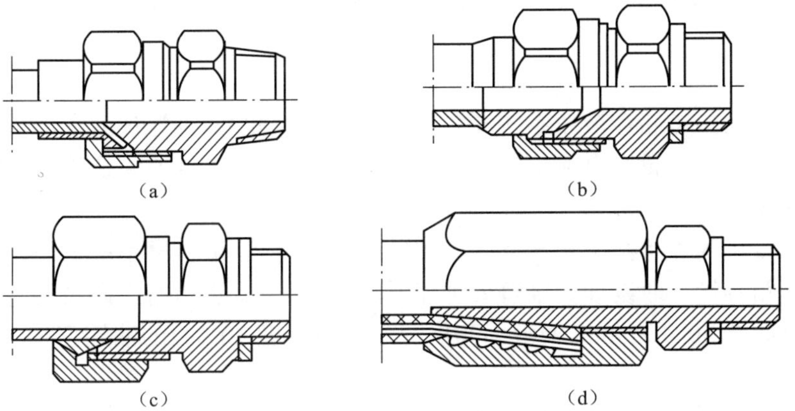

图 1-3-4　常用的管接头结构

（a）扩口式　（b）焊接式　（c）卡套式　（d）可拆式

2）过滤器的安装位置

（1）安装在液压泵的吸油管路上。将过滤器安装在液压泵的吸油管路上并浸没在油箱液面以下，可使泵不致吸入较大的机械杂质。根据泵的要求可用粗或普通精度的网式过滤器。为了防止发生空穴现象，要求过滤器的通油能力大、压力损失小。

（2）安装在压油管路上。安装在该位置的过滤器主要用来滤除可能侵入阀类元件的杂质，一般采用过滤精度高的精过滤器，安装在安全阀或溢流阀的分支油路之后，也可将压力阀或堵塞信号指示器与过滤器并联，以免堵塞过滤器，引起泵过载。它应能承受油路上的工作压力和液压冲击，且压力损失应小于 0.35 MPa。

（3）安装在回油路上。安装在该位置的过滤芯可滤去流入油箱以前油液的杂质，为泵提供清洁的油液。为防止其堵塞或低温启动时高黏度油液通过而引起系统压力升高，应将压力阀（一般用单向压力阀）与过滤器并联。

若系统中有重要元件（如伺服阀、微量节流阀等）要求高过滤精度时，应在这些元件的前面安装单独的特精过滤器。

安装过滤器时，应注意过滤器只能单方向使用，以利于滤芯清洗。

3. 蓄能器

蓄能器是液压系统的储能元件，它能储存液体压力能，并在需要时释放出来供给液压系统。具体来说，其作用如下。

（1）短期内大量供油。在液压系统的一个工作循环中，若只有短时间内需要大流量，可采用蓄能器作为辅助动力源与泵联合使用。这样就可以用流量较小的液压泵使执行元件获得较快的运动速度，从而降低油液温升和提高效率。

（2）系统保压。若液压缸需要较长时间内保持压力而无动作（如机床夹具夹紧工件），这时可使液压泵卸荷，用蓄能器提供压力油，补偿系统泄漏，维持系统压力。

（3）用作应急动力源。当液压泵发生故障或停电时，可用蓄能器作为应急动力源释放压力油以免引起事故。

（4）吸收压力脉动和液压冲击。液压泵输出的压力油存在压力脉动现象，执行元件启动、停止或换向时易引起液压冲击。必要时可在脉动和冲击部位设置蓄能器，起缓冲作用。

4. 油箱

1）油箱的作用

油箱的主要功能是储存液压系统所需的工作介质。此外，油箱还有三方面作用：散发液压系统工作中产生的一部分热量，控制油温；沉淀混入工作介质中的杂质；分离混入工作介质中的空气或水分。

油箱通常设计为宽：高：长=1：2：3的长六面体。油箱容量不能太小，否则会使油温上升过快。油箱容量一般设计为泵每分钟流量的2~4倍；或当所有管路及元件均充满油时，油面需高出过滤器50~100 mm，而液面高度只占油箱高度80%时的油箱容积。

2）油箱的容量

有些小型液压设备，为了节省占地面积或为了批量生产，常将泵-电动机装置及液压控制阀安装在油箱的顶部并组成一体，称之为液压站。大中型液压设备一般采用独立油箱，即油箱与泵-电动机装置、液压控制阀分开设置。当泵-电动机装置安置在油箱侧面时，称为旁置式油箱；当泵-电动机装置安置在油箱的下方时，称为下置式油箱（高架油箱）。

油箱按其液面是否与大气相通，分为开式油箱和压力式油箱。开式油箱的液面直接或通过空气过滤器与大气相通，油箱液面压力为大气压，这种油箱应用最广。压力式油箱完全封闭，由空气压缩机向充气罐充气，再由充气罐经滤清、干燥、减压后通入油箱液面之上，使液面压力大于大气压力，从而改善液压泵的吸油性能，减小气蚀和噪声。

3）油箱的结构

如图1-3-5所示，焊接式油箱主要由吸油管、过滤器、回油管、液面指示器、注油管、泄油管、箱体、隔板等组成。

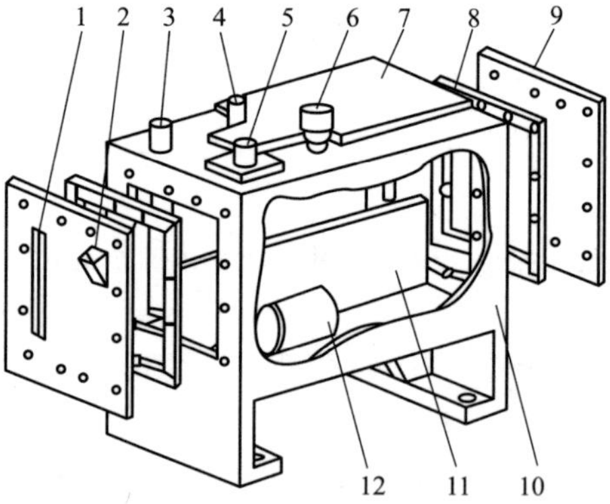

1—液面指示器；2—注油管；3—回油管；4—泄油管；5—吸油管；6—空气过滤器；7—安装板；
8—垫片；9—端盖；10—箱体；11—隔板；12—过滤器

图1-3-5　油箱

练习题

1. 填空题

（1）所有液压实验必须在实验台出油口（P 口）和回油口（T 口）之间连接一个溢流阀，在此起到__________和__________作用。

（2）钢管能承受高压，采用钢管作为液压油管时，如果压力小于 2.5 MPa，可用________；如果压力大于 2.5 MPa，选用__________。

（3）管接头是油管与油管、油管与液压元件之间可拆卸的连接件，常用的管接头结构可分为___________、__________、__________、___________。

2. 简答题

（1）过滤器安装时，应注意哪些要求？

（2）进行液压实训台保养维护时，应注意哪些事项？

任务完成报告

<table>
<tr><td>姓名</td><td></td><td>学习日期</td><td></td></tr>
<tr><td>任务名称</td><td colspan="3">认识液压实训台和液压辅助元件</td></tr>
<tr><td rowspan="5">学习
自评</td><td colspan="2">考核内容</td><td>完成情况</td></tr>
<tr><td colspan="2">（1）独立完成 YTHYQ-2 型液压实训台常规液压基本回路的搭建与连接</td><td>□好 □良好 □一般 □差</td></tr>
<tr><td colspan="2">（2）熟练操作液压实训台进行实验、仿真模拟并分析实验数据</td><td>□好 □良好 □一般 □差</td></tr>
<tr><td colspan="2">（3）对液压实训台进行日常保养维护及简单故障排查处理</td><td>□好 □良好 □一般 □差</td></tr>
<tr><td colspan="2">（4）运用所学知识完成液压控制技术应用实验操作</td><td>□好 □良好 □一般 □差</td></tr>
<tr><td>学习心得</td><td colspan="3"></td></tr>
</table>

项目2

汽车起重机液压系统的搭建

学习情境描述

如图2-1所示，汽车起重机是一种使用广泛的工程机械，这种机械在汽车的基础上辅以起重设备，机动性好，适应性强，自备动力，不需要配备电源，能在野外作业，操作简便灵活，因此在交通运输、城建、消防等领域得到了广泛的应用。汽车起重机采用液压起重技术，具有承载能力大，抗冲击、振动，可在恶劣环境下工作等优点。

图2-1 汽车起重机

起重机进行重物吊装起降作业时，重物的吊起和放下通过一个双作用液压缸活塞杆的伸出和缩回来实现。同时，起重机工作时，要求支腿机构中的四条液压支腿将整车抬起，使汽车轮胎离开地面，以保证载荷不会直接作用在轮胎上，且液压支腿的支撑状态能长时间保持位置不变，防止起吊重物时出现“腿软”现象；转移作业现场时，又要求将起重机的支腿收回，使汽车恢复行驶能力。

项目描述

在汽车起重机的液压系统中，液压缸活塞杆的伸出和缩回通过换向阀实现；支腿机构中的四条支腿分别装有四个液压缸，为了使整车处于同一水平位置，要求各个支腿可以根据地面情况进行单独调节，同时，为了使起重机在工作中安全可靠，要求支腿机构安全可靠，伸缩方便。因此，要求各液压缸不仅可以实现往复运动，还能根据工作需要停留在任意位置并可靠地锁住，不受外力影响而发生漂移。

在本项目中，以汽车起重机工作过程中的升降及支腿支撑为例，对升降液压系统及支腿液压系统进行学习，要实现的目标具体描述如下：

（1）观察不同液压设备中的液压泵及液压缸，能够选用适当的液压泵及液压缸进行液压回路的搭建；

（2）分析汽车起重机升降液压回路，选取适当的换向阀，进行换向回路的搭建；

（3）分析汽车起重机支腿液压回路，选取适当的单向阀，进行液压锁紧回路的搭建。

任务分解

本项目分为四个任务，逐步实现上述功能要求。

任务 2.1　液压泵的选用

本任务要求学生识记不同液压泵的特点及应用，认识不同液压泵的类型，能够识别及绘制不同液压泵的图形符号。

任务 2.2　液压缸的选用

本任务要求学生识记不同液压缸的特点及应用，认识不同液压缸的类型，能够识别及绘制不同液压缸的图形符号。

任务 2.3　汽车起重机升降换向回路的搭建

本任务要求学生理解不同换向阀的工作原理及用途，识别各种常用的换向阀实物及图形符号，能够分析方向控制回路的工作原理图，能够选用换向阀实现换向回路的搭建。

任务 2.4　汽车起重机支腿锁紧回路的搭建

本任务要求学生理解单向阀的工作原理及用途，识别不同单向阀的实物及图形符号，能够分析液压锁紧回路的工作原理图，能够选用单向阀实现液压锁紧回路的搭建。

任务 2.1　液压泵的选用

液压动力元件是液压系统的心脏,为系统提供动力,是系统不可缺少的核心元件。液压泵是液压系统的动力元件,为系统提供具有一定流量和压力的液压油。液压泵是一种能量转换装置,将原动机输出的机械能转换为工作液体的压力能,再以压力、流量的形式输入系统中。

任务要求

(1)识记不同液压泵的特点及应用。
(2)认识不同液压泵的类型。
(3)识别及绘制不同液压泵的图形符号。

知识目标

(1)熟悉液压泵的工作原理及其正常工作的条件。
(2)理解常用液压泵的工作过程及结构特点。
(3)熟悉液压泵的图形符号。
(4)了解液压泵的选型使用。

能力目标

(1)能理解液压泵的工作原理。
(2)能理解常用液压泵的工作过程及结构特点。
(3)能识记及绘制液压泵的图形符号。
(4)能说出不同类型液压泵的使用场景。

素养目标

(1)培养学生理论结合实际的能力。
(2)培养学生良好的语言表达能力。

2.1.1　液压泵的工作原理

液压泵都是依靠密封容积变化的原理来进行工作的,故一般称为容积式液压泵。图 2-1-1 为单柱塞液压泵的工作原理图。

图中柱塞 2 装在泵体 3 中形成一个密封容积 a,柱塞在弹簧 4 的作用下始终压紧在偏心轮 1 上。原动机驱动偏心轮 1 旋转,使柱塞 2 做往复运动,密封容积 a 的大小随之发生周期性的变化。当 a 由小变大时，腔内形成部分真空，油箱中的油液便在大气压强差的作用下，经油管顶开单向阀 6 进入泵中实现吸油，此时单向阀 5 处于关闭状态。随着偏心轮的转动，密封容积由大变小，其内油液压力则由小变大，当压力达到一定值时，便顶开单向阀 5 进入系统而实现压油（此时单向阀 6 关闭）。这样，液压泵就将原动机输入的机械能转换为液体的压力能。随着原动机驱动偏心轮不断地旋转，液压泵就不断地吸油和压油。

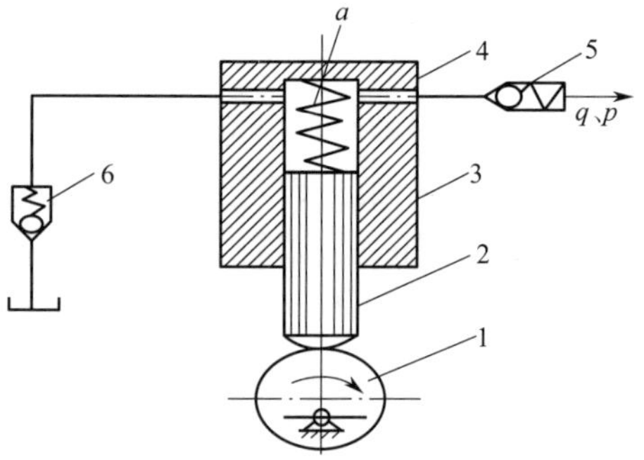

1—偏心轮；2—柱塞；3—泵体；4—弹簧；5、6—单向阀

图 2-1-1　单柱塞液压泵的工作原理图

由此可知，液压泵是通过密封容积的变化来完成吸油和压油的，其排量的大小取决于密封容积变化的大小，而与偏心轮转动的次数及油液压力的大小无关，故称为容积式液压泵。为了保证液压泵的正常工作，对系统有以下三点要求。

（1）具有若干个密封且周期性变化的空间。

（2）应具有相应的配流机构，将吸、压油腔分开，保证液压泵有规律地吸、压油。

（3）油箱内的液体压力必须大于或等于大气压力。一般油箱和大气相通，以保证液压泵吸油。

讨论

液压泵在进行工作时，性能的好坏通过哪些方面体现？

2.1.2　液压泵的主要性能参数

液压泵的主要性能参数包括压力、流量、排量、功率和效率等。

1. 压力

液压泵的压力主要指工作压力和公称压力。液压泵的工作压力指泵实际工作时输出液体的实际压力，其大小取决于负载。液压泵的公称压力（又称额定压力）指泵在正常工作条件下，按照试验标准规定能连续运转的最高工作压力。正常工作时不允许超过此值，超过此值即为过载。

2. 排量和流量

液压泵的排量指泵每一转排出液体的体积。液压泵的流量指液压泵在单位时间内输出液体的体积。它包括理论流量、实际流量和公称流量。液压泵的理论流量指按泵的密封腔几何尺寸变化计算得到的流量。液压泵的实际流量指泵工作时的输出流量。液压泵的公称流量指泵在正常工作条件下，按照试验标准规定必须保证的输出流量。

3. 功率

液压泵的输入功率指作用在液压泵主轴上的机械功率。液压泵的输出功率指液压泵在工作过程中的实际吸、压油口间的压差和实际流量的乘积。

4. 效率

液压泵的输出功率总是小于输入功率，二者之差即为功率损失。液压泵存在三种能量损失，即容积损失、摩擦损失和压力损失，分别用容积效率、机械效率和液压效率表示。其中压力损失很小，通常忽略不计，液压效率一般在 0.99 以上，可取为 1。

常见液压泵的容积效率和总效率见表 2-1-1。

表 2-1-1　常见液压泵的容积效率和总效率

类型	齿轮泵	叶片泵	柱塞泵
容积效率 η_V	0.7~0.9	0.80~0.95	0.85~0.98
总效率 η	0.6~0.8	0.75~0.85	0.75~0.90

2.1.3　液压泵的分类

常用的容积式液压泵按输出流量是否可调可分为定量泵和变量泵；按输出液流的方向分为单向泵、双向泵；按液压泵的结构分类如图 2-1-2 所示；按液压泵的压力可分为低压泵、中压泵、中高压泵、高压泵、超高压泵，如表 2-1-2 所示。

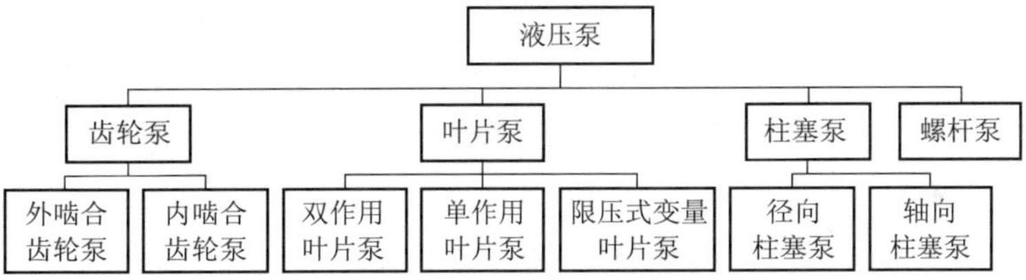

图 2-1-2　按液压泵的结构分类

表 2-1-2　按液压泵的压力分类

压力分级	低压	中压	中高压	高压	超高压
压力/MPa	≤2.5	>2.5~8	>8~16	>16~32	>32

各种液压泵的图形符号如图 2-1-3 所示。

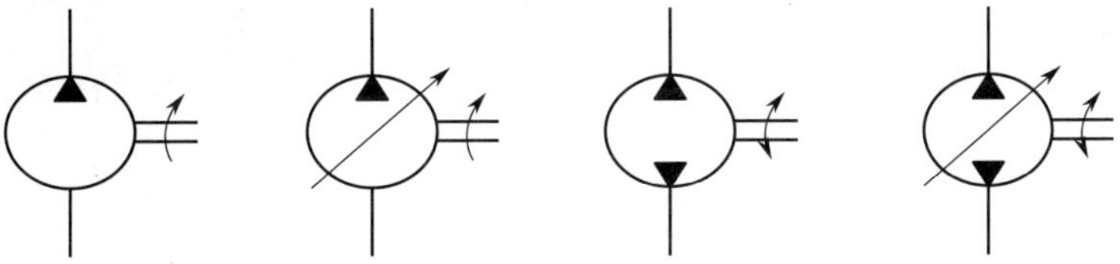

(a)　(b)　(c)　(d)

图 2-1-3　各种液压泵的图形符号

(a)单向定量液压泵　(b)单向变量液压泵　(c)双向定量液压泵　(d)双向变量液压泵

绘制

依据上述液压泵的图形符号，两两一组绘制图形符号，并写出其代表的液压泵类型。

1. 齿轮泵

齿轮泵是一种常用的液压泵。它的主要优点是结构简单，制造方便，价格低廉，体积小，重量轻，自吸性能好，对油的污染不敏感，工作可靠，便于维护修理；又因齿轮泵是轴对称的旋转体，故允许转速较高。但其缺点是流量脉动大，噪声大，排量不可调（定量泵）。

齿轮泵有外啮合和内啮合两种结构形式。

图 2-1-4　外啮合齿轮泵的剖面图

1）外啮合齿轮泵

外啮合齿轮泵的剖面图如图 2-1-4 所示。外啮合齿轮泵的结构与工作原理如图 2-1-5 所示，在泵体内有一对齿数相同的外啮合渐开线齿轮。齿轮的两端由前盖 3 及后盖 5 罩住。泵体、端盖和齿轮之间形成了密封容腔，并由两个齿轮的齿面接触线将左右两腔隔开，形成了吸、压油腔。当齿轮按图示方向旋转时，左侧吸油腔内的轮齿相继脱开啮合，使密封容积增大，形成局部真空，油箱中的油在大气压力作用下进入吸油腔，并被旋转的轮齿带入右侧。右侧压油腔的轮齿则不断进入啮合，使密封容积减小，油液被挤出，通过压油口排油。这里的啮合点处的齿面接触线一直起着隔离高、低压腔的作用。

外啮合齿轮泵的优点是结构简单，体积小，重量轻，抗油液污染能力强，工作可靠，自吸能力强（允许的吸油真空度大），价格低廉，维护容易；缺点是内部泄漏比较大，噪声大，流量脉动大，排量不能调节，磨损严重。上述特点使得齿轮泵通常被用于工作环境比较恶劣的各种低压、中压系统中。

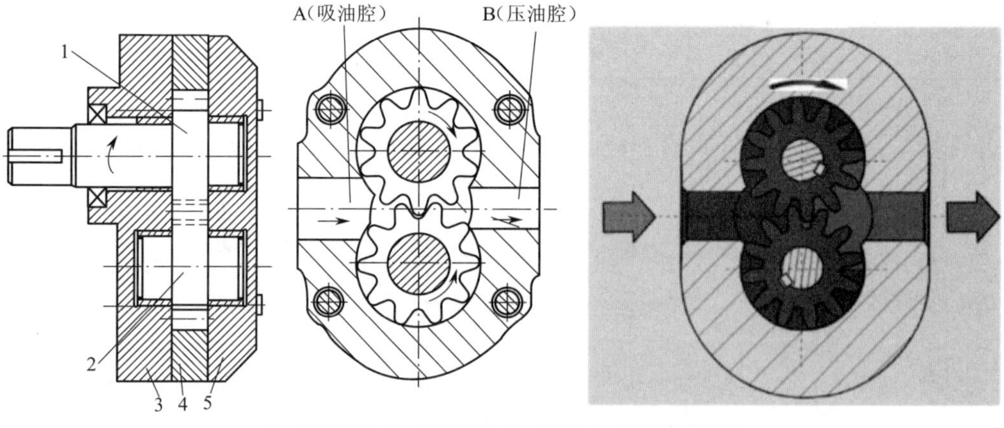

1—主动齿轮；2—从动齿轮；3—前盖；4—外壳；5—后盖

图 2-1-5　外啮合齿轮泵的结构与工作原理

2）内啮合齿轮泵

内啮合齿轮泵的结构如图 2-1-6 所示。

图 2-1-6　内啮合齿轮泵的结构

内啮合齿轮泵的吸、排油原理及典型结构如图 2-1-7 所示。其啮合副由一个主动小齿轮和一个从动的内齿环构成，二者同向旋转。在吸油腔 4 所示区域，正在脱离啮合的齿间容积扩大，形成负压吸入油液；而在排油腔 1 所示区域，两齿轮进入啮合时将油压出。由于内啮合齿轮泵的吸、排油区所占的弧长比外啮合齿轮泵要大得多（约 3 倍），增压和减压过程比较缓和，加之齿面相对滑动速度较低，所以在同等工况下，内啮合齿轮泵的流量脉动和噪声明显低于外啮合齿轮泵。在多数内啮合齿轮泵的内外齿顶圆之间必须加装一个月牙形或楔形的填隙块来分隔高、低压腔。

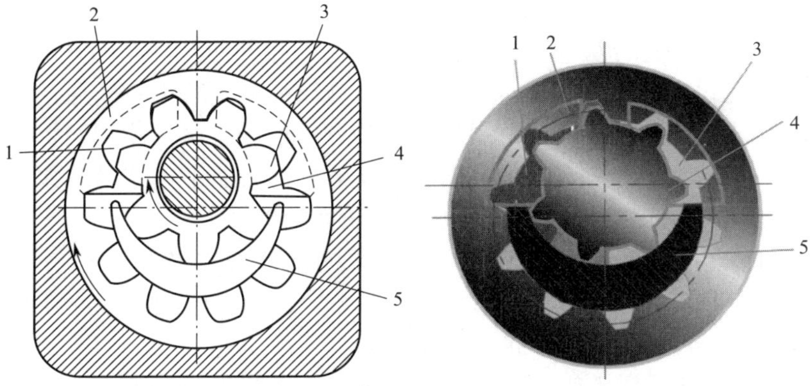

1—排油腔；2—从动内齿轮环；3—主动小齿轮；4—吸油腔；5—月牙形填隙块

图 2-1-7　内啮合齿轮泵的吸、排油原理及典型结构

内啮合齿轮泵有许多优点，如结构紧凑，体积小，零件少，转速可高达 10 000 r/min，运动平稳，噪声低，容积效率较高等。其缺点是流量脉动大，转子的制造工艺复杂等，目前已采用粉末冶金压制成型。随着工业技术的发展，摆线齿轮泵的应用将会越来越广泛。内啮合齿轮泵可正、反转，可作为液压马达使用。

[子任务 2-1-1] 齿轮泵的铭牌识读

（1）任务描述：查询资料，找出两种应用齿轮泵的场景，并将齿轮泵的运行参数抄记下来。

（2）识读齿轮泵的铭牌，找到齿轮泵的铭牌位置，并进行记录。

（3）读取齿轮泵的相关参数，填入表 2-1-3 中。

表 2-1-3　齿轮泵铭牌识读

类别	压力	流量	功率	效率	应用场景
齿轮泵一					
齿轮泵二					

2. 叶片泵

叶片泵在机床、工程机械、船舶、压铸及冶金设备中应用十分广泛。叶片泵具有流量均匀、运转平稳、噪声低、体积小、重量轻等优点。其缺点是对油液污染较敏感,转速不能太高。

按照工作原理,叶片泵可分为单作用和双作用两类。与单作用叶片泵相比,双作用叶片泵的流量均匀性好,所受的径向力基本平衡,故应用较广。双作用叶片泵常做成定量泵,而单作用叶片泵常做成变量泵。

1)单作用叶片泵

如图 2-1-8 所示为单作用叶片泵的工作原理。单作用叶片泵的定子内表面是圆形的,转子与定子间有一偏心量 e,两端的配流盘上只开有一个吸油窗口和一个压油窗口。当转子旋转一周时,每一叶片在转子槽内往复滑动一次,每相邻两叶片间的密封腔容积发生一次增大和缩小的变化。容积增大时通过吸油窗口吸油,容积缩小时则通过压油窗口将油压出。由于这种泵在转子每次转动一周的过程中,吸油、压油各一次,故称单作用叶片泵。又因这种泵的转子受有不平衡的径向液压力,故又被称为非平衡式叶片泵。由于轴和轴承上的不平衡负荷较大,因而限制了这种泵工作压力的提高。

改变定子和转子间的偏心距值,就可以改变泵的排量,故单作用叶片泵常做成变量泵。改变转子与定子的偏心量,即可改变泵的流量,偏心量越大,流量越大;如调成几乎同心,则流量接近于零。

另外,还有一种限压式变量泵,当负荷小时,泵的输出流量大,负载可快速移动;当负荷增加时,泵的输出流量变小,输出压力增加,负载速度降低。如此可减少能量消耗,避免油温上升。

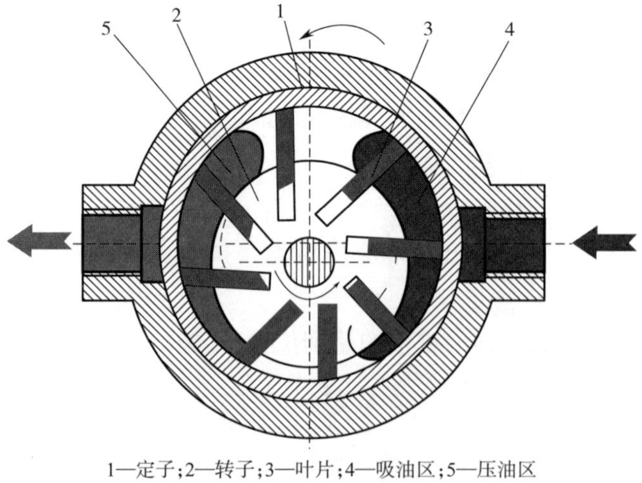

1—定子;2—转子;3—叶片;4—吸油区;5—压油区

图 2-1-8　单作用叶片泵的工作原理

2)双作用叶片泵

双作用叶片泵如图 2-1-9 所示,定子内表面近似椭圆形,转子和定子同心安装,有两个吸油区和两个压油区,并对称布置。转子每转一周,完成两次吸油和压油。双作用叶片泵大多是定量泵。

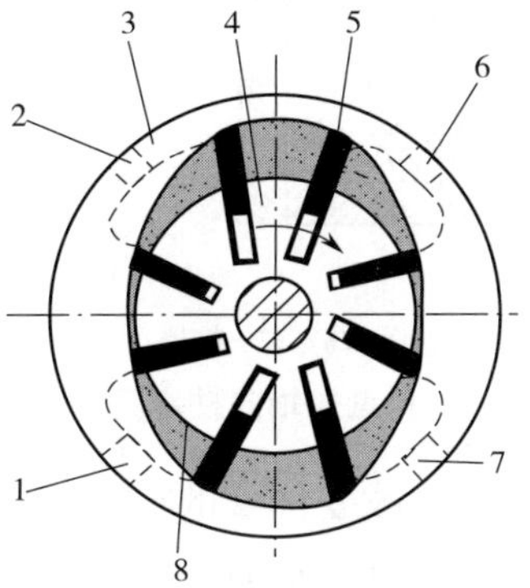

1、6—压油口;2、7—吸油口;3—定子;4—转子;5—叶片;8—配油盘

图 2-1-9　双作用叶片泵

3. 柱塞泵

柱塞泵是依靠柱塞在缸体内往复运动,使密封工作腔容积发生变化来实现吸油、压油的。由于柱塞与缸体内孔均为圆柱表面,因此加工方便,配合精度高,密封性能好。同时,柱塞泵主要零件处于受压状态,使材料强度性能得到充分发挥,故柱塞泵常做成高压泵。此外,只要改变柱塞的工作行程就能改变泵的排量,易于实现单向或双向变量。所以,柱塞泵具有压力高、结构紧凑、效率高及流量调节方便等优点。其缺点是结构较为复杂,有些零件对材料及加工工艺的要求较高,因而在各类容积式泵中,柱塞泵的价格最高。柱塞泵常用于需要高压大流量和流量需要调节的液压系统,如龙门刨床、拉床、压力机、起重机械等设备的液压系统。

柱塞泵按柱塞排列方向的不同,分为轴向柱塞泵和径向柱塞泵。

1)轴向柱塞泵

轴向柱塞泵按其结构特点又分为斜盘式和斜轴式两类。

轴向柱塞泵的柱塞都平行于缸体的中心线,并均匀分布在缸体的圆周上。

斜盘式轴向柱塞泵的工作原理如图 2-1-10 所示。泵的传动轴中心线与缸体中线重合,故又称为直轴式轴向柱塞泵。它由斜盘 1、柱塞 2、缸体 3、配流盘 4 等部件组成。斜盘与缸体间倾斜了一个 γ 角。缸体由轴带动旋转,斜盘和配流盘固定不动,在底部弹簧的作用下,柱塞头部始终紧贴斜盘。当缸体按图示方向旋转时,由于盘和弹簧的共同作用,柱塞产生往复运动,各柱塞与缸体间的密封腔容积便发生增大或缩小的变化,通过配流盘上的窗口 a 进油,通过窗口 b 压油。

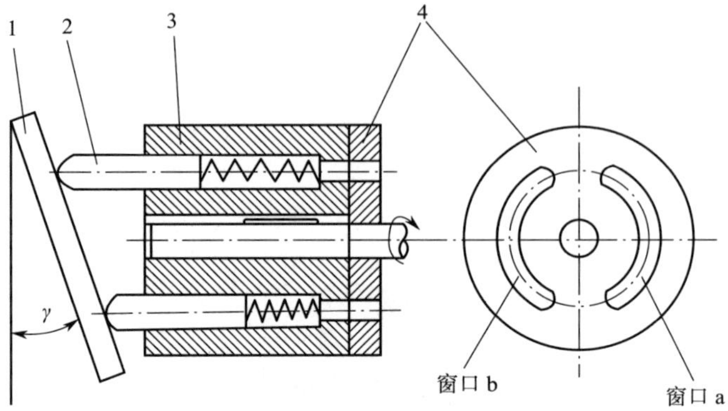

1—斜盘；2—柱塞；3—缸体；4—配流盘

图 2-1-10　斜盘式轴向柱塞泵的工作原理

如果改变斜盘倾角 γ 的大小，就能改变柱塞的行程长度，也就改变了泵的排量。如果改变斜盘倾角的方向，就能改变吸、压油方向，这时就成为双向变量轴向柱塞泵。

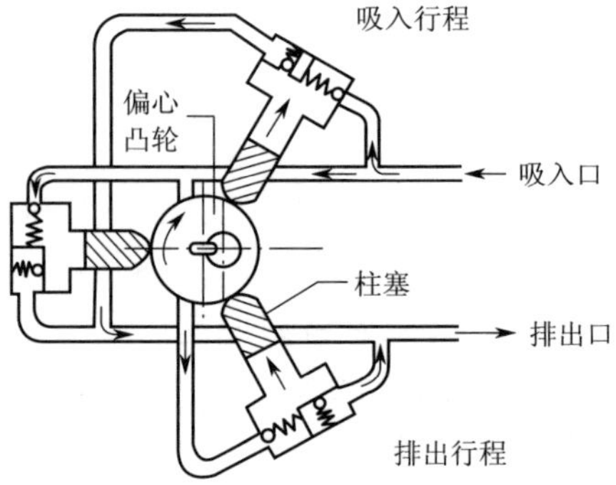

图 2-1-11　固定液压缸式径向柱塞泵

2）径向柱塞泵

按柱塞运动方向与液压缸体的中心线是否垂直，径向柱塞泵又可分为固定液压缸式和回转液压缸式两种。

如图 2-1-11 所示为固定液压缸式径向柱塞泵，偏心轮的偏心量固定，所以一般为定量泵。最高输出压力可达 21 MPa。

4. 各类泵的性能比较及应用

液压泵是向液压系统提供具有一定流量和压力的油液的动力元件，它是每个液压系统不可缺少的核心元件。合理地选择液压泵，对于降低液压系统的能耗、提高系统的效率、减少噪声、改善工作性能和保证系统的可靠工作都十分重要。选择液压泵的原则是：根据主机工况、功率大小和系统对工作性能的要求，首先确定液压泵的类型，然后按系统所要求的压力、流量大小确定其规格型号。表 2-1-4 列出了液压系统中常用液压泵的主要性能比较及应用。

表 2-1-4　常用液压泵的主要性能比较及应用

类型	齿轮泵	双作用叶片泵	限压式变量叶片泵	轴向柱塞泵	径向柱塞泵
工作压力/MPa	<2	6.3~21	≤7	20~35	10~20
容积效率	0.70~0.95	0.80~0.95	0.80~0.90	0.90~0.98	0.85~0.95
总效率	0.60~0.85	0.75~0.85	0.70~0.85	0.85~0.95	0.75~0.92
流量调节	不能	不能	能	能	能
流量脉动率	大	小	中等	中等	中等
自吸特性	好	较差	较差	较差	差

续表

类型	齿轮泵	双作用叶片泵	限压式变量叶片泵	轴向柱塞泵	径向柱塞泵
对油的污染敏感性	不敏感	敏感	敏感	敏感	不敏感
噪声	大	小	较大	大	大
单位功率造价	低	中等	较高	高	高
应用范围	机床、工程机械、农机、航空、船舶	机床、注塑机、压力机、起重运输机械、工程机械、飞机	机床、注塑机	工程机械、锻压机械、起重运输机械、矿山机械、冶金机械、船舶、飞机	机床、压力机、船舶机械

[子任务 2-1-2] 认识液压实训台上的液压泵

(1)任务描述:查看液压实训台上液压泵的型号规格,进行记录。

(2)查看实训台上液压泵的铭牌,确定液压泵的类型,并对铭牌参数进行识读,进行记录。

(3)依据液压泵的性能参数,分析实训台上液压泵的使用条件。

(4)实验完毕,将实训台上所有物品恢复原位。

练习题

1. 填空题

(1)液压泵的主要性能参数包括________、________、________、________和效率等。

(2)齿轮泵有__________和__________两种结构形式。

(3)按照工作原理,叶片泵可分为__________和__________两类。

(4)柱塞泵按柱塞排列方向的不同,分为__________和__________。

2. 简答题

(1)齿轮泵具有哪些优缺点?

(2)叶片泵具有哪些优缺点?

(3)柱塞泵具有哪些优缺点?

任务完成报告

姓名		学习日期	
任务名称	液压泵的选用		
学习自评	考核内容		完成情况
	（1）描述液压泵的工作原理		□好　□良好　□一般　□差
	（2）说出液压泵的主要性能参数		□好　□良好　□一般　□差
	（3）熟悉不同液压泵的分类		□好　□良好　□一般　□差
	（4）分析各类泵的性能及应用场景		□好　□良好　□一般　□差
学习心得			

任务 2.2　液压缸的选用

液压缸作为液压系统的执行元件，是完成液压系统不同作业任务的关键部分，通常在液压泵输出的液压油的作用下带动不同的结构完成指定的动作。液压缸和液压马达将液压能转换为机械能，用来驱动工作机构做直线运动（移动液压缸）、摆动运动（摆动液压缸、摆动液压马达）或转动（液压马达）。

任务要求

（1）识记不同液压缸的特点及应用。
（2）认识不同液压缸的类型。
（3）识别及绘制不同液压缸的图形符号。

知识目标

（1）熟悉液压缸的工作原理及其应用场合。
（2）理解常用液压缸的工作过程及结构特点。
（3）熟悉液压缸的图形符号。
（4）了解液压缸的选用。

能力目标

（1）能理解液压缸的工作原理。
（2）能理解常用液压缸的工作原理及结构特点。
（3）能识别及绘制不同液压缸的图形符号。
（4）能说出不同类型液压缸的使用场景。

素养目标

（1）培养学生理论结合实际的能力。
（2）培养学生良好的语言表达能力。

2.2.1　液压缸的工作原理

汽车起重机伸缩臂的伸出与缩回，均靠液压缸的动作带动实现。液压缸结构简单，工作可靠，用它来实现往复运动时，可免去减速装置，并且没有传动间隙，运动平稳，因此在各种液压系统中得到广泛应用，是液压系统中最常用的执行元件。图 2-2-1 为单活塞杆液压缸的图形符号和实物图。

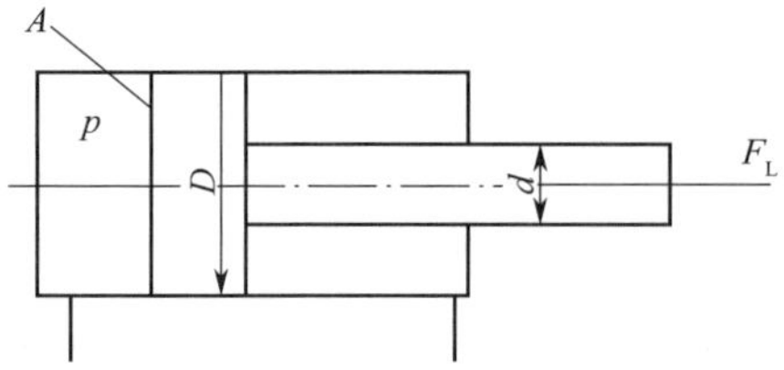

(a)

(b)

A—活塞的有效工作面积;D—活塞直径;d—活塞杆直径;p—工作压力;F_L—活塞杆承受的总负载

图 2-2-1　单活塞杆液压缸

(1)图形符号　(b)实物图

2.2.2　液压缸的主要性能参数

液压缸的主要性能参数包括压力、输出力、输出速度和速比、功率。

1. 液压缸的压力

1)工作压力 p

油液作用在活塞单位面积上的法向力称为工作压力,单位为 Pa,其值为

$$p = \frac{F_L}{A}$$

式中: F_L 为活塞杆承受的总负载; A 为活塞的有效工作面积。由此可知,液压缸的工作压力是由于负载的存在而产生的,负载越大,液压缸的工作压力越大。

2)额定压力 p_n

额定压力也称为公称压力,是液压缸能用以长期工作的最高压力。国家标准规定的液压缸公称压力系列有 0.63、1、1.6、2.5、4、6.3、10、16、20、25、31.5、40 MPa。

3)最高允许压力 p_{max}

最高允许压力也称试验压力,是液压缸在瞬间能承受的极限压力。通常情况下, $p_{max} \leqslant 1.5p_n$ 。

2. 液压缸的输出力

液压缸的理论输出力 F 等于油液的压力 p 和液压缸工作腔的有效面积 S 的乘积,即 $F=pS$。

由于图 2-2-1 所示液压缸为单活塞杆形式,两腔的有效面积不同,因此在相同压力条件下,液压缸往复运动的输出力也不同。由于液压缸内部存在密封圈阻力、回油阻力等,故液压缸的实际输出力小于理论作用力。

3. 液压缸的输出速度和速比

1)液压缸的输出速度

液压缸的输出速度为

$$v = \frac{q}{S}$$

式中: v 为液压缸的输出速度(m/s); S 为液压缸工作腔的有效面积(m^2); q 为输入液压缸工作腔的流量(m^3/s)。

2）速比 λ_v

图 2-2-1 所示的单活塞杆式液压缸，由于两腔有效面积不同，液压缸在活塞前进时的输出速度 v_1 与活塞后退时的输出速度 v_2 也不相同，通常将液压缸往复运动输出速度之比称为速比，用 λ_v 表示。

速比不宜过小，以免造成活塞杆过细，稳定性不好，其推荐值见表 2-2-1。

表 2-2-1　液压缸速比推荐值

工作压力 p/MPa	≤10	12.5~20	>20
速比 λ_v	1.33	1.46~2	2

4. 液压缸的功率

1）输出功率 P

液压缸单位时间内输出的机械能称为输出功率，用 P 表示，单位为 W，其值为

$$P=Fv$$

式中：F 为作用在活塞杆上的外负载（N）；v 为活塞的平均运动速度（m/s）。

2）输入功率 P_i

液压缸单位时间内输入的液压能称为输入功率，用 P_i 表示，单位为 W，它等于压力和流量的乘积，即

$$P_i=pq$$

式中：p 为液压缸的工作压力（Pa）；q 为液压缸的输入流量（m^3/s）。由于液压缸内存在能量损失（摩擦和泄漏），因此输出功率小于输入功率。

2.2.3　液压缸的分类

液压缸的类型较多，按用途可分为两大类，即普通液压缸和特殊液压缸。

普通液压缸按结构不同，可分为单作用液压缸和双作用液压缸。单作用液压缸在液压力的作用下只能向一个方向运动，其反向运动需要靠重力或弹簧力等外力来实现；双作用液压缸靠液压力可实现正、反两个方向的运动。单作用液压缸包括活塞式和柱塞式两大类，其中活塞式液压缸应用最广；双作用液压缸包括单活塞杆液压缸和双活塞杆液压缸两大类。

特殊液压缸包括伸缩套筒式液压缸、串联液压缸、增压缸、回转液压缸和齿条液压缸等。

1. 活塞式液压缸

活塞式液压缸有双活塞杆液压缸和单活塞杆液压缸两种，其图形符号如图 2-2-2 所示。

（a）　　（b）

图 2-2-2　活塞式液压缸的图形符号

（a）双活塞杆液压缸　（b）单活塞杆液压缸

1)双活塞杆液压缸

双活塞杆液压缸的两端都有活塞杆伸出,如图 2-2-3 所示。当液压缸的左腔进压力油,右腔回油时,活塞 5 拖动工作台向右运动;反之,活塞拖动工作台向左运动。由于活塞杆工作时受拉,故直径较小。压盖 2 可适当地压紧 V 型密封圈 6,而保证活塞杆处的密封效果。

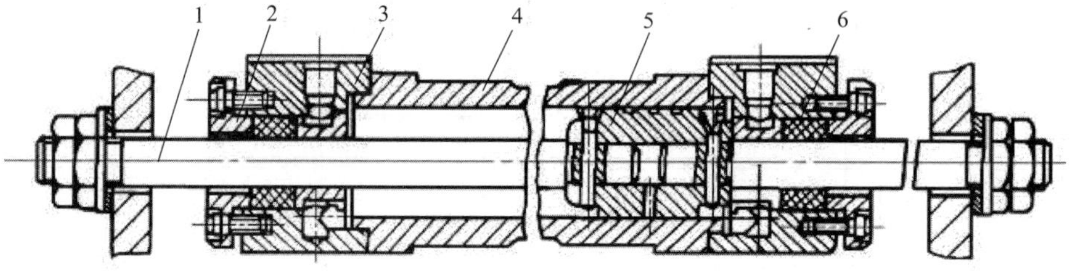

1—活塞杆;2—压盖;3—缸盖;4—缸体;5—活塞;6—密封圈

图 2-2-3 双活塞杆液压缸

双活塞杆液压缸的固定方式有缸体固定和活塞杆固定两种。图 2-2-4(a)为缸体固定式结构,它的进回油口设置在缸筒两端,其运动范围约为液压缸有效行程的 3 倍,占地面积较大,一般用于中小型液压设备。图 2-2-4(b)为活塞杆固定式结构,进回油管采用软管时,进回油口可设置在缸筒两端;采用硬管时,进回油口则设置在空心活塞杆两端。其运动范围约为液压缸有效行程的 2 倍,常用于行程长的大中型设备。

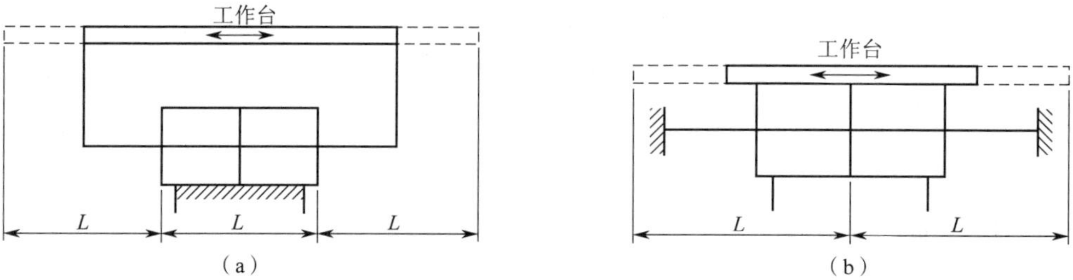

图 2-2-4 双活塞杆液压缸的固定方式

(a)缸体固定 (b)活塞杆固定

[子任务 2-2-1] 双活塞杆液压缸的参数查询

(1)任务描述:查询资料,找出两种应用双活塞杆液压缸的场景,并将双活塞杆液压缸的运行参数抄记下来。

(2)识读双活塞杆液压缸的铭牌,找到双活塞杆液压缸的铭牌位置,并进行记录。

(3)读取双活塞杆液压缸的相关参数,填入表 2-2-2 中。

表 2-2-2 双活塞杆液压缸铭牌识读

类别	工作压力	输出力	速比	功率	应用场景
双活塞杆液压缸一					
双活塞杆液压缸二					

2)单活塞杆液压缸

活塞杆仅从某一端伸出的液压缸称为单活塞杆液压缸。如图 2-2-5 所示,单活塞杆液压缸按作用方式的不同,可分为两类:①单作用液压缸,其液压或气动只控制缸体内活塞做单向运动,反向回程要靠重力、弹簧力或负载实现,可应用在只要求液压力在单个方向上做功的场合;②双作用液压缸,其伸出和缩回均由液压推动实现。

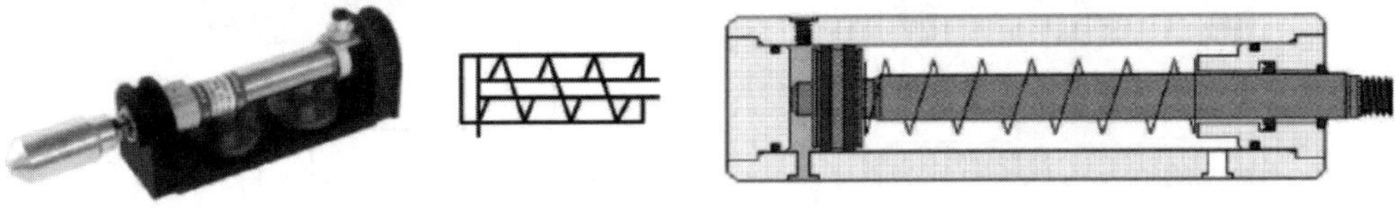

(a)　　(b)　　(c)

图 2-2-5　弹簧复位单活塞杆液压缸

(a)实物图　(b)图形符号　(c)结构原理图

2. 柱塞式液压缸

活塞式液压缸的内表面加工要求高,若缸体较长则加工困难。柱塞式液压缸的缸体内壁和柱塞不接触,缸体内壁可不加工或仅做粗加工,因此只对柱塞及其支承部分进行精加工。柱塞式液压缸结构简单,制造容易,适用于行程较长的导轨磨床、龙门床和压力机等设备。

图 2-2-6 为柱塞式液压缸结构简图。压力油从左端油口进入缸内,推动柱塞向右运动。柱塞缸只能做单向运动,其回程需借助外力(自重、弹簧力等)。若想实现往复运动,柱塞式压缸应成对使用。

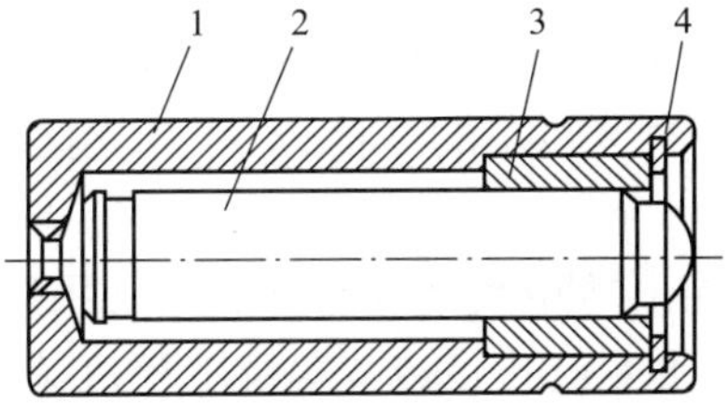

1—缸体;2—柱塞;3—导套;4—卡圈

图 2-2-6　柱塞式液压缸结构简图

3. 摆动式液压缸

摆动式液压缸也称摆动液压马达。当它通入压力油时,它的主轴能输出小于 360° 的往复摆动运动,常用于工具夹紧装置、送料装置、转位装置以及需要周期性进给的系统中。

图 2-2-7(a)所示为单叶片式摆动液压缸。若从油口通入高压油,叶片 1 做顺时针摆动,低压力从油口排出。单叶片式摆动缸的工作压力小于 10 MPa,摆动角度一般不超过 300°。

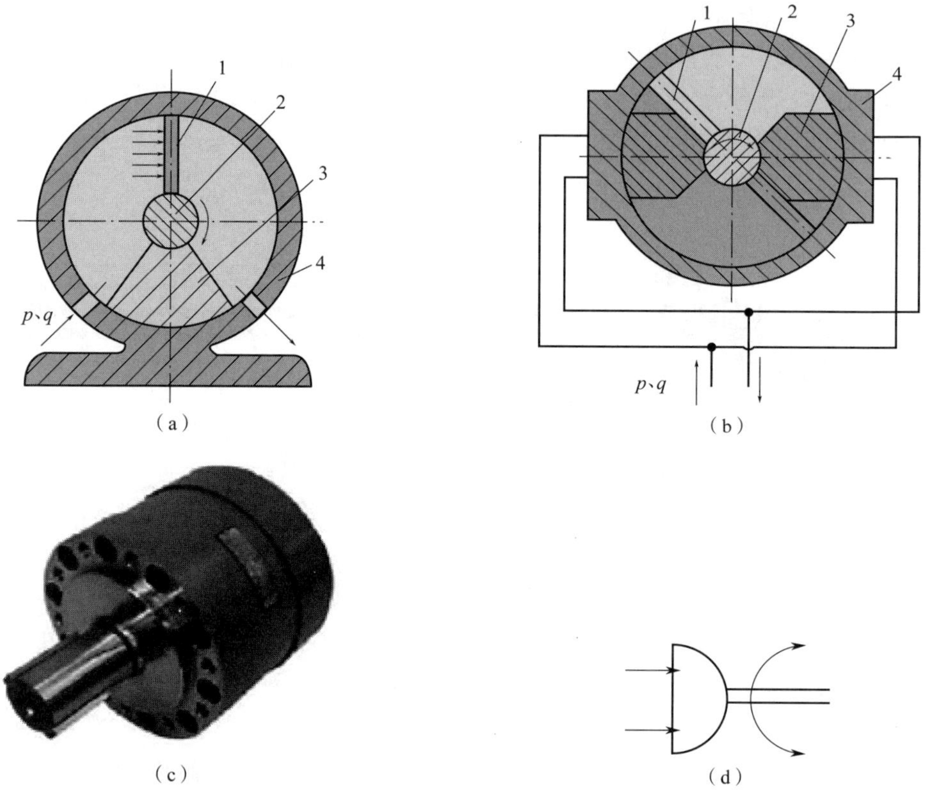

1 —叶片;2 —摆动轴;3 —定子块;4 —缸体

图 2-2-7　摆动式液压缸

(a)单叶片式摆动液压缸　(b)双叶片式摆动液压缸　(c)摆动缸实物图　(d)图形符号

图 2-2-7(b)所示为双叶片式摆动液压缸。在径向尺寸和工作压力相同的条件下,其输出转矩是单叶片式摆动液压缸输出转矩的 2 倍,双叶片式摆动液压缸的回转角度一般小于 150°。

摆动式液压缸结构紧凑,输出转矩大,但密封困难,常用于机床的送料装置、间歇进给机构、回转夹具、工业机器人手臂和手腕的回转装置及工程机械回转机构等的液压系统中。

4. 伸缩套筒式液压缸

图 2-2-8 为多级伸缩套筒式液压缸。这种液压缸在自卸卡车上比较常见。这种缸的特点是活塞杆伸出行程大,收缩后结构尺寸小。它的推力和速度是分级变化的。伸出时,有效工作面积大的套筒活塞先运动,其速度慢,推力大;当套筒活塞全部伸出后,活塞才开始运动,此时,运动速度快,推力小。缩回时,一般在活塞全部缩回后,套筒活塞才开始返回。这种液压缸结构紧凑,适用于自卸汽车、起重机及自动线的输送带等。

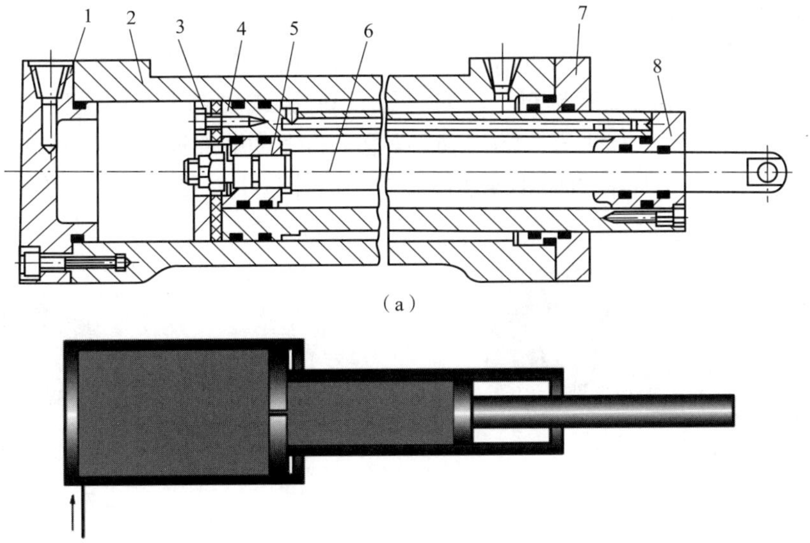

(a)

(b)

1、7、8—端盖；2—缸体；3—压板；4—套筒活塞；5—活塞；6—活塞杆

图 2-2-8　多级伸缩套筒式液压缸

(a)结构　(b)工作原理图

2.2.4　液压缸的结构

图 2-2-9 所示为一种工程用单活塞杆液压缸的结构。它由缸底 1、缸筒 10、活塞 5、活塞杆 15、导向套 12 和缸盖 13 等主要零件组成。缸底与缸筒焊接成一体，盖与缸筒采用螺纹连接。为防止油液由高压腔向低压腔泄漏或向外泄漏，在活塞与活塞杆、活塞与缸筒、导向套与缸筒、导向套与活塞杆之间均设置有密封圈。为防止活塞快速退回到行程终端时撞击缸底，活塞杆后端设置了缓冲柱塞。为了防止脏物进入液压缸内部，在缸盖外侧还装有防尘圈。

由图 2-2-9 可知，液压缸主要由缸体组件（缸筒、缸盖等）、活塞组件（活塞、活塞杆等）、密封件等基本部分组成。此外，一般液压缸还设有缓冲装置和排气装置。

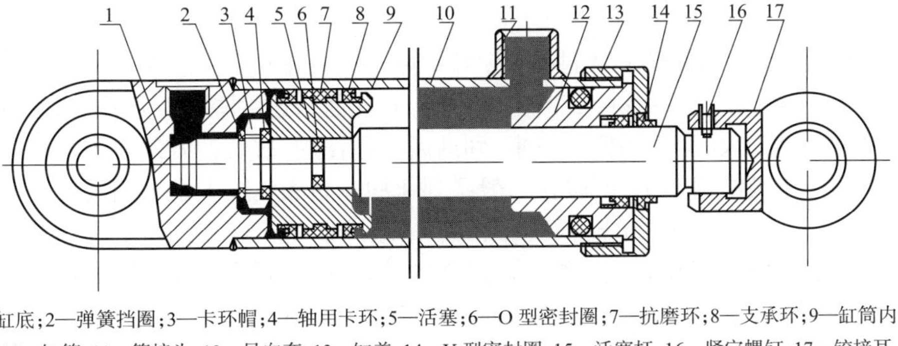

1—缸底；2—弹簧挡圈；3—卡环帽；4—轴用卡环；5—活塞；6—O 型密封圈；7—抗磨环；8—支承环；9—缸筒内壁；10—缸筒；11—管接头；12—导向套；13—缸盖；14—Y 型密封圈；15—活塞杆；16—紧定螺钉；17—铰接耳

图 2-2-9　单活塞杆液压缸的结构

1. 液压缸的安装定位

液压缸在机体上的安装定位有法兰式、耳环式、耳轴式和底脚式等多种方式，如图 2-2-10 所示。当缸筒与机体间没有相对运动时，可采用底脚或法兰来安装定位。如果液压缸两端都有底脚，一般固定一端，使另一端浮动，以适应热胀冷缩的需要。如果缸筒与机体间需要有相对摆动，则可采用耳轴和耳环等连接方式。具体选用时可参考有关手册。

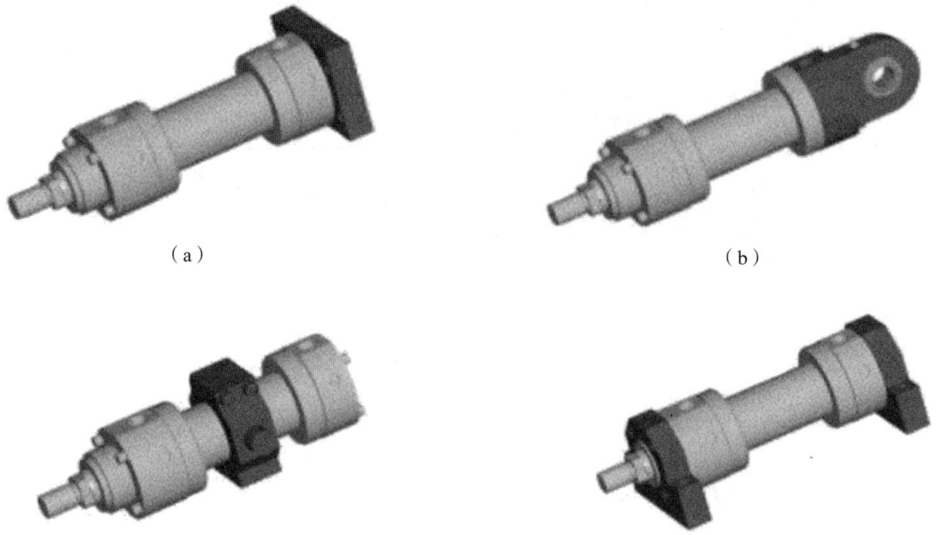

(a) (b) (c) (d)

图 2-2-10　液压缸的安装定位

(a)法兰式　(b)耳环式　(c)耳轴式　(d)底脚式

2. 缓冲、排气与密封

1)缓冲装置

当液压缸驱动质量较大、移动速度较快的工作部件时，一般应在液压缸内设置缓冲装置，以免产生液压冲击、噪声，甚至造成液压缸的损坏。尽管液压缸中缓冲装置的结构形式很多，但它们的工作原理都是相同的，即当活塞快速运动到接近缸盖时，增大排油阻力，使液压缸的排油腔产生足够大的缓冲压力，使活塞减速，从而避免与缸盖快速相撞。常见的缓冲装置如图 2-2-11 所示。

图 2-2-11(a)所示为间隙式缓冲装置，当缓冲柱塞 1 进入缸盖上的内孔时，被封闭的油液只能经环形间隙排出，缓冲油腔 2 产生缓冲压力，使活塞速度降低。这种装置在缓冲开始时产生的缓冲制动力大，但很快便降下来，到最后不起作用，故缓冲效果很差，并且缓冲压力不可调节。但由于其结构简单，所以在一般系列化的成品液压缸中多采用这种缓冲装置。

图 2-2-11(b)所示为可调节流式缓冲装置，当缓冲柱塞 1 进入缸盖上的内孔时，回油口被柱塞堵住，只能通过节流阀回油，缓冲油腔 2 内的缓冲压力升高，使活塞减速，其缓冲特性类似于间隙式，缓冲效果较差。当活塞反向运动时，液压油通过单向阀 4 很快进入液压缸内，故活塞不会因推力不足而产生启动缓慢的现象。这种缓冲装置可以根据负载情况调整节流阀 3 开度的大小，从而改变缓冲压力的大小，因此适用范围较广。

施图 2-2-11（c）所示为可变节流式缓冲装置，缓冲柱塞 1 上开有三角形节流沟槽，节流面积随着缓冲行程的增大而逐渐减小，由于这种缓冲装置在缓冲过程中能自动改变节流口的大小，因而缓冲作用均匀，冲击压力小，但结构较复杂。

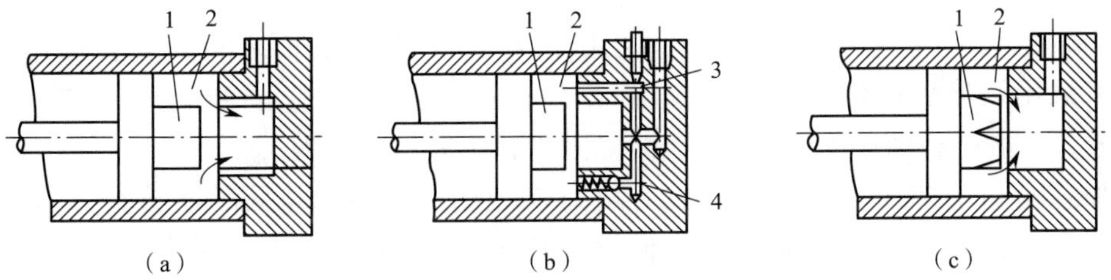

1—缓冲柱塞；2—缓冲油腔；3—节流阀；4—单向阀

图 2-2-11　液压缸的缓冲装置

（a）间隙式　（b）可调节流式　（c）可变节流式

2）排气装置

在安装过程中或在停止工作一段时间后，液压系统中往往会有空气渗入。液压系统，特别是液压缸中存在空气时，会使液压缸产生爬行或振动。因此，应考虑在液压缸上安装排气装置。

对于要求不高的液压缸往往不设专门的排气装置，而是将油口布置在缸筒两端的最高处，这样可使空气随油液排往油箱，再从油面逸出；对于速度稳定性要求较高的液压缸或大型液压缸，常在液压缸两侧的最高处设置专门的排气装置，如排气塞、排气阀等，如图 2-2-12 所示。

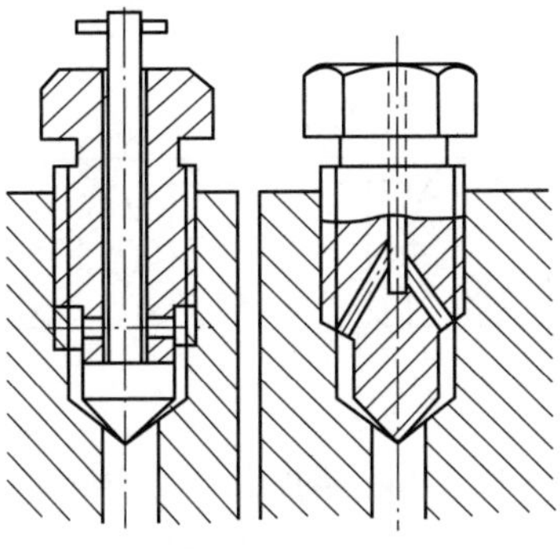

图 2-2-12　排气塞

3）液压缸的密封

液压缸工作的时候，一边为高压腔，一边为低压腔，高压腔中的油液会向低压腔泄漏，称为内泄漏。液压缸中的油液也可能向外部泄漏，叫作外泄漏。由于液压缸存在内泄漏和外泄漏，使得液压缸的容积效率降低，从而影响液压缸的工作性能，严重时会使系统压力上不去，甚至无法工作，并且外泄漏还会污染环境，为了防止泄漏的产生，液压缸中需要密封的地方必须采取相应的密封措施。虽然密封件是液压设备中的辅件，但其质量在一定程度上制约着液压元件和液压系统的性能和可靠性，以及液压系统的使用寿命。

液压缸的密封主要有:为防止液压缸两腔之间相互内漏或者窜漏,需要对活塞进行密封;为防止液压油泄漏到缸外或者发生其他外泄漏,需要对活塞杆、缸盖进行密封;为防止外界灰尘等进入缸内,需要对活塞杆进行防尘密封。

液压缸常见的密封形式主要有间隙密封和密封圈密封。

(1)间隙密封。间隙密封的原理是利用相对运动零件配合面之间的微小间隙来防止泄漏。活塞采用间隙密封时,常在其上切出若干条平衡槽,其作用是:自动对中,减小偏心量;储存油液,自动润滑,减小摩擦力;增大泄漏阻力,提高密封性能。

间隙式密封结构简单,摩擦阻力小,耐高温,但泄漏较多,并且泄漏随着时间延长而增加,加工要求高,主要用于尺寸小、压力低、运动速度快的液压缸或各种阀。

(2)密封圈密封。液压缸密封圈有 O 型、Y 型、小 Y 型、V 型和组合式等类型,用于对液压缸各部分进行密封,如图 2-2-13~图 2-2-17 所示。

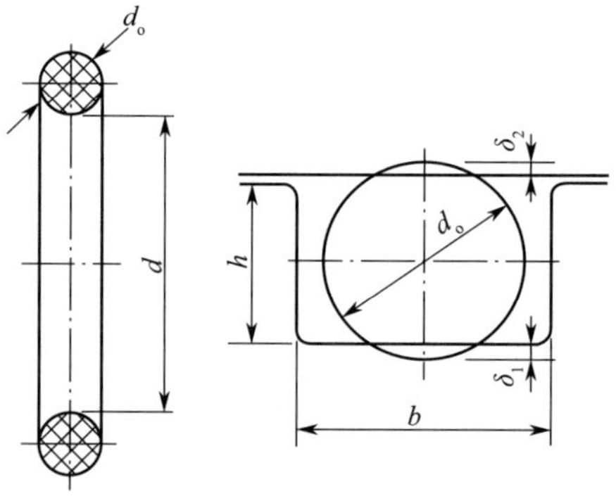

图 2-2-13　O 型密封圈(右图为放大图)

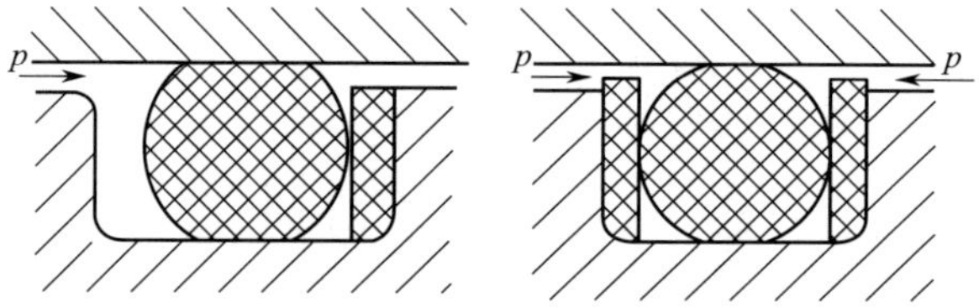

(a)　　(b)

图 2-2-14　带挡圈 O 型密封圈

(a)单侧受高压　(b)双侧受高压

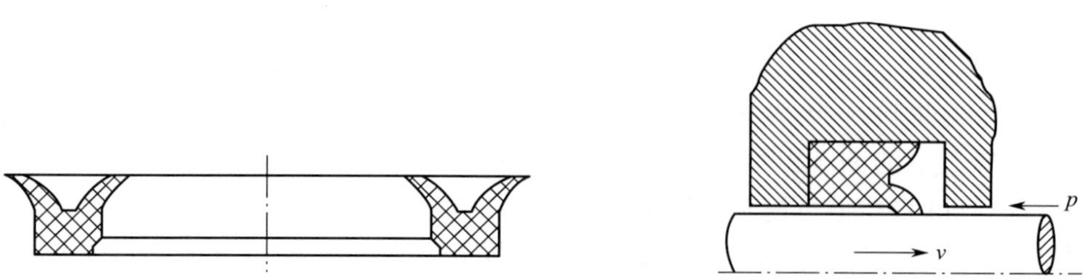

(a)　　(b)

图 2-2-15　Y 型密封圈

(a)Y 型密封圈　(b)小 Y 型密封圈

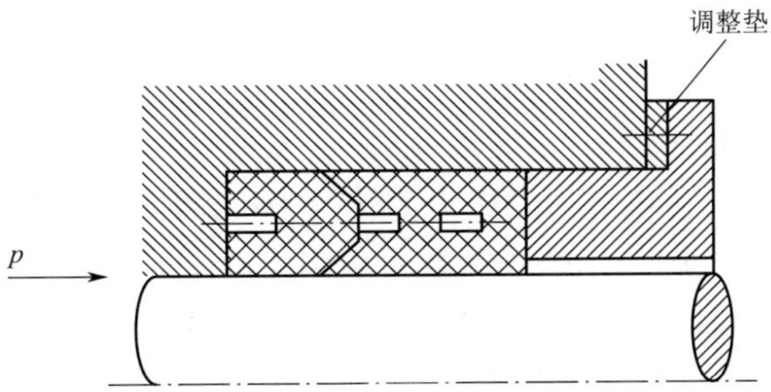

图 2-2-16　V 型密封圈

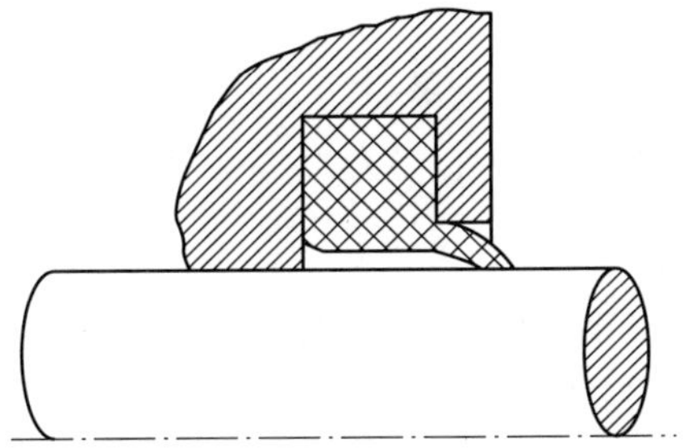

图 2-2-17　防尘圈

2.2.5　液压缸常见故障及排除

液压缸常见故障及排除方法如表 2-2-3 所示。

表 2-2-3　液压缸常见故障及排除方法

故障类型	故障的可能原因	故障排除方法
工作部件爬行	（1）系统中有空气； （2）液压缸中心线与导轨面不平行； （3）液压缸活塞杆的密封件扭曲或润滑不良； （4）液压缸的回油腔背压不足； （5）工作进给速度太低	（1）以最大速度往复运动几个全行程，将液压缸中的空气排出； （2）调整液压缸与导轨面的平行度； （3）调整或更换密封件，改善润滑条件； （4）调整背压阀； （5）调整工作进给速度
负载增加时进给速度显著下降	液压缸活塞处或有关环节泄漏过大	更换密封装置，排除各环节过大的泄漏
冲击	（1）活塞与缸体内径间隙过大或节流阀等缓冲装置失灵； （2）纸垫密封被冲破，大量油泄漏	（1）保证设计间隙，过大则应更换活塞，检查修复缓冲装置； （2）更换新纸垫，保证密封
系统压力调不上去	油缸中有较大泄漏	更换密封装置；若油缸显著磨损时，应镗孔并更换活塞
空行程时系统压力过高	活塞或活塞杆密封装置的摩擦力太大	调整或更换密封装置

2.2.6 液压马达

1. 液压马达的工作原理

液压马达是执行元件,它将液体的压力能转换为机械能,输出转矩和转速。从原理上讲,液压马达可以当作液压泵使用,液压泵也可以当作液压马达使用。事实上,同类型的泵和马达虽然在结构上相似,但由于两者的使用目的不一样,导致它们在结构上的某些差异。例如,液压马达需要正、反转,所以在内部结构上应具有对称性,其进、出油口大小相等;而液压泵一般是单方向旋转,因而没有这一要求,但为了改善吸油性能,其吸油口通常大于压油口,故只有少数泵能当作液压马达使用。液压马达的图形符号如图 2-2-18 所示。

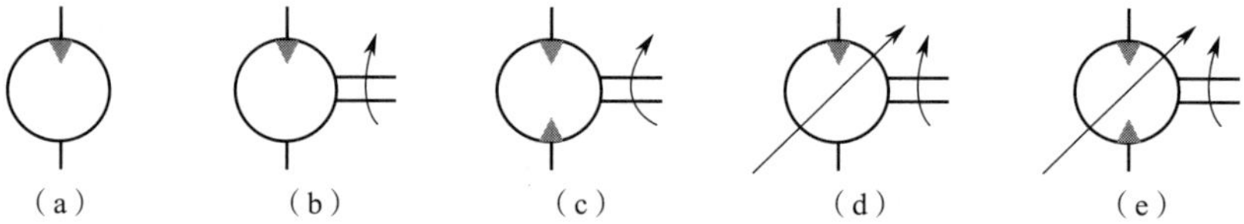

图 2-2-18 液压马达的图形符号

(a)一般符号 (b)单向定量 (c)双向定量 (d)单向变量 (e)双向变量

2. 液压马达的分类

液压马达与液压泵一样,按结构形式分为齿轮式、叶片式和柱塞式;按其排量是否可调分为定量式和变量式。

液压马达一般根据转速来分类,有高速液压马达和低速液压马达两类。一般认为,额定转速高于 500 r/min 的马达属于高速液压马达;额定转速低于 500 r/min 的马达属于低速液压马达。低速液压马达的输出转矩较大,所以又称为低速大转矩液压马达。低速液压马达的主要缺点是体积大,转动惯量大,制动较为困难。

3. 液压马达的结构特点

(1)液压马达是依靠输入压力油来启动的,密封容腔必须有可靠的密封。

(2)液压马达往往要求能正、反转,因此它的配流机构应该对称,进、出油口的大小应相等。

(3)液压马达是依靠泵输出压力来进行工作的,因此不需要具备自吸能力。

(4)液压马达要实现双向转动,高、低压油口要能相互变换,故采用外泄式结构。

(5)液压马达应有较大的启动转矩,为使启动转矩尽可能接近工作状态下的转矩,要求马达的转矩脉动小,内部摩擦小,齿数、叶片数、柱塞数比泵多一些。同时,马达轴向间隙补偿装置的压紧力系数也比泵小,以减小摩擦。

[子任务 2-2-2] 认识液压实训台上的液压缸

(1)任务描述:查看液压实训台上液压缸的型号规格,进行记录。

(2)分析实训台上液压缸的铭牌,确定液压泵的类型,并对铭牌参数进行识读和记录。

(3)依据液压缸的性能参数,分析实训台上液压缸的使用条件。

(4)实验完毕,将实训台上所有物品恢复原位。

练习题

1. 填空题

（1）液压缸的主要性能参数包括__________、__________、__________和__________、__________。

（2）__________液压缸在液压力的作用下只能向一个方向运动，其反向运动需要靠__________或__________等外力来实现；__________液压缸靠液压力可实现正、反两个方向的运动。

（3）液压缸主要由__________（缸筒、缸盖等）、__________（活塞、活塞杆等）、__________等基本部分组成。

（4）液压马达是执行元件，它将液体的压力能转换为__________，输出__________和__________。

2. 简答题

（1）列举液压缸的公称压力序列。

（2）分析单活塞杆液压缸与双活塞杆液压缸的区别。

（3）液压缸在机体上的安装方式有哪些？

任务完成报告

<table>
<tr><td>姓名</td><td></td><td>学习日期</td><td></td></tr>
<tr><td>任务名称</td><td colspan="3">液压缸的选用</td></tr>
<tr><td rowspan="5">学习自评</td><td colspan="2">考核内容</td><td>完成情况</td></tr>
<tr><td colspan="2">(1)能描述液压缸的工作原理</td><td>□好 □良好 □一般 □差</td></tr>
<tr><td colspan="2">(2)说出液压缸的主要性能参数</td><td>□好 □良好 □一般 □差</td></tr>
<tr><td colspan="2">(3)熟悉不同液压缸的分类</td><td>□好 □良好 □一般 □差</td></tr>
<tr><td colspan="2">(4)描述液压缸的安装方式</td><td>□好 □良好 □一般 □差</td></tr>
<tr><td>学习心得</td><td colspan="3"></td></tr>
</table>

任务 2.3　汽车起重机升降换向回路的搭建

起重机进行重物吊装起降作业时,重物的吊起和放下通过一个双作用液压缸活塞杆的伸出和缩回来实现。液压缸活塞杆的伸出及缩回是通过液压系统换向回路实现的,需采用不同的换向阀实现对液压油路的控制,从而使液压缸实现不同的动作。

任务要求

(1)理解不同换向阀的工作原理及用途。
(2)识别常见换向阀的实物及图形符号。
(3)分析方向控制回路的工作原理图。
(4)选用换向阀实现换向回路的搭建。

知识目标

(1)熟悉不同换向阀的工作原理及用途。
(2)认识常见换向阀的实物及图形符号。
(3)识读液压换向回路的工作原理图。
(4)熟悉液压换向回路的组成。

能力目标

(1)能理解不同换向阀的工作原理及用途。
(2)能区分不同换向阀的实物及图形符号。
(3)能识读液压换向回路的工作原理图。
(4)能进行液压换向回路的搭建。

素养目标

(1)培养学生理论结合实际的能力。
(2)培养学生的实际动手操作能力。

2.3.1　液压阀综述

各类液压阀尽管形式不同,功能各异,但也具有共性。在结构上,所有阀都是由阀体、阀芯和驱动阀芯运动的零件(如弹簧)等组成的;在工作原理上,所有阀的阀口大小、进出口压差以及通过阀的流量之间的关系都符合孔口流量公式,仅是各种阀的控制参数不同而已。

对液压阀的基本要求主要有:

（1）动作灵敏，使用可靠，工作时的冲击和振动小；

（2）油液通过时的压力损失小；

（3）密封性能好；

（4）结构紧凑，安装、调节、使用及维护方便，且通用性和互换性良好，使用寿命长。

液压阀按用途可分为方向控制阀、压力控制阀和流量控制阀；按控制原理可分为定值或开关控制阀、电液比例阀、伺服控制阀和数字控制阀；按连接方式不同可分为管式阀、板式阀、叠加阀和插装阀；按结构还可分为滑阀、转阀、座阀和射流管阀等。

2.3.2 换向阀

方向控制阀通过控制液压系统中液流的通断或流动方向来控制执行元件的启动、停止及运动方向。它可分为单向阀和换向阀两种。液压换向阀的工作原理和结构与气动换向阀类似。图 2-3-1 所示为几种常见液压换向阀。

（a）　　（b）　　（c）　　（d）

图 2-3-1　常见液压换向阀

（a）机动换向阀　（b）电磁换向阀　（c）电液换向阀　（d）手动换向阀

1. 液压换向阀的结构原理图和图形符号

常用液压换向阀的结构原理图和图形符号见表 2-3-1。

表 2-3-1　常用液压换向阀的结构原理图和图形符号

名称	结构原理图	图形符号	备注
二位二通阀	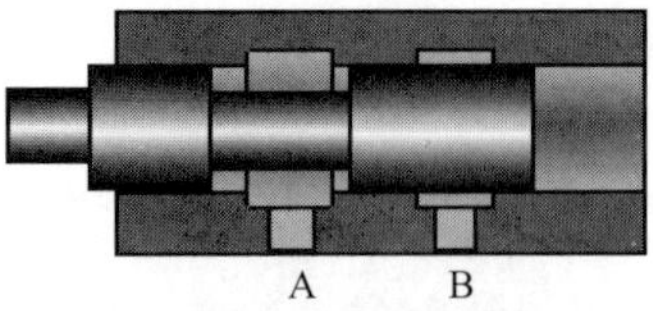	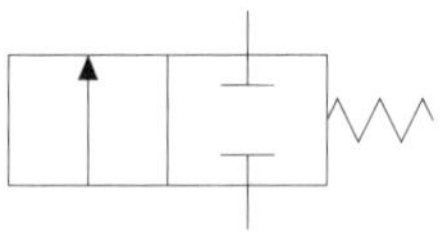	控制油路的接通与切断（相当于一个开关）
二位三通阀	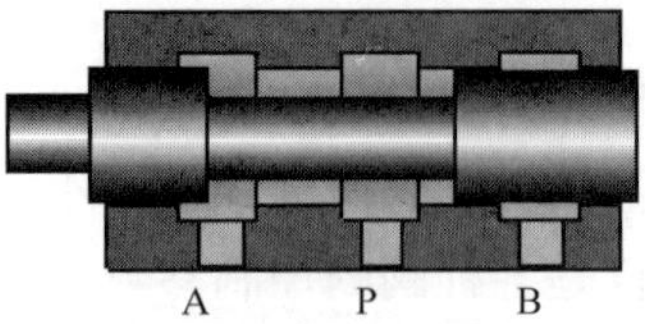	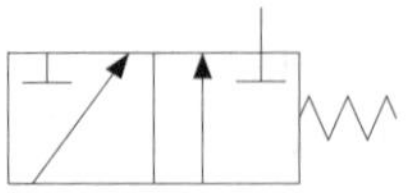	控制液流方向（从一个方向变换成另一个方向）

续表

<table>
<tr><th>名称</th><th>结构原理图</th><th>图形符号</th><th colspan="3">备注</th></tr>
<tr><td>二位四通阀</td><td>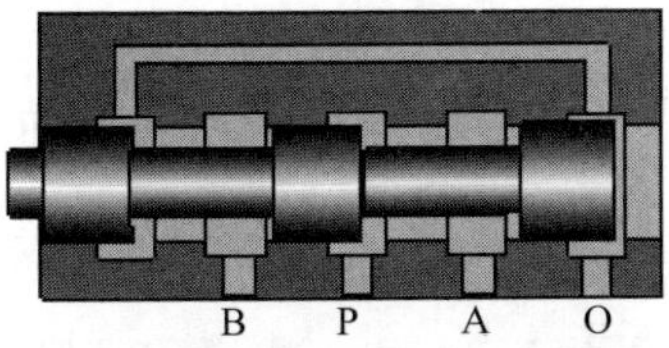
</td><td>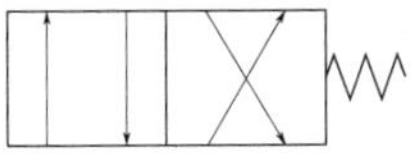</td><td rowspan="3">控制执行元件换向</td><td>不能使执行元件在任意位置处停止运动</td><td rowspan="2">执行元件正、反向运动时回油方式相同</td></tr>
<tr><td>三位四通阀</td><td>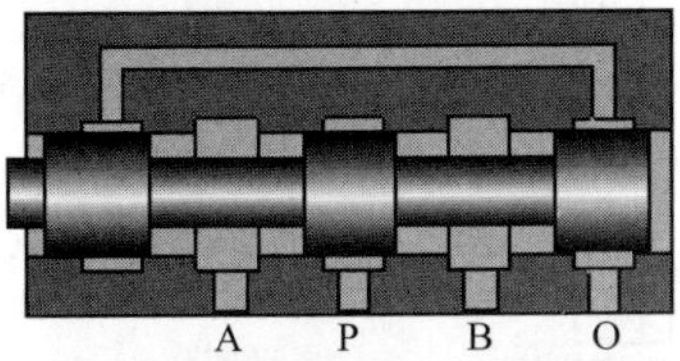
</td><td>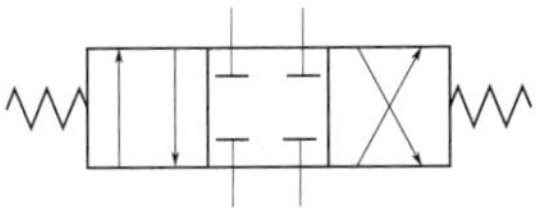</td><td>能使执行元件在任意位置处停止运动</td></tr>
<tr><td>三位五通阀</td><td>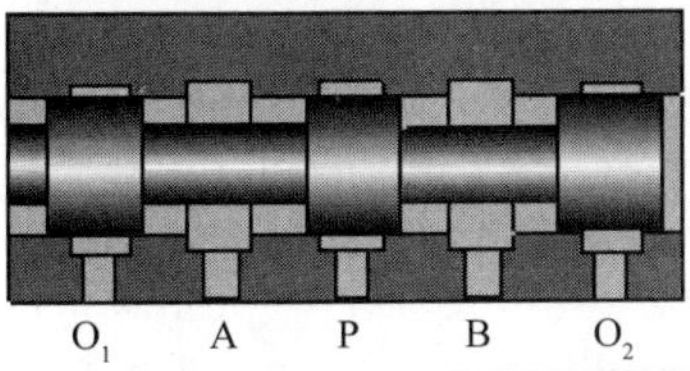
</td><td>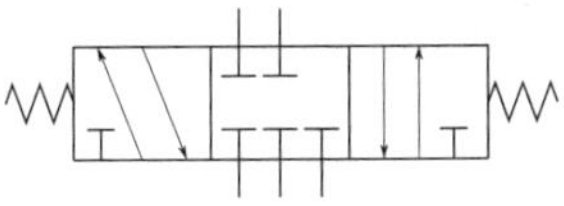</td><td>能使执行元件在任意位置处停止运动</td><td>执行元件正、反向运动时可以得到不同的回油方式</td></tr>
</table>

表 2-3-1 中换向阀的图形符号与气动换向阀类似，含义如下：

（1）用方框表示阀的工作位置，有几个方框就表示有几个位；

（2）方框内的箭头表示在这一位置上油路处于接通状态，但箭头的方向并不一定表示油液的实际流向；

（3）方框内符号“⊥”或“⊤”表示此通路被阀芯封闭，即该通路不通；

（4）一个方框的上边和下边与外部连接的接口（油口）数是几个，就表示几通；

（5）一般情况下，阀的进油口用 P 表示，回油口用 T 表示，工作油口用 A、B 等表示。

[子任务 2-3-1] 认识液压实训台上的换向阀

（1）任务描述：查看液压实训台上换向阀的类型及型号规格，进行记录。

（2）分析实训台上换向阀的类型，绘制其图形符号。

（3）依据不同换向阀的类型及图形符号，分析其油路连接的方式。

2. 换向阀的中位机能

换向阀各阀口的连通方式称为阀的机能，不同的机能可满足系统的不同要求。对于三位阀，阀芯处于中间位置（即常态位）时各油口的连通形式称为中位机能。

表 2-3-2 所列为常见三位换向阀中位机能的类型、结构简图和中位符号，不同的中位机能是通过改变阀芯的形状和尺寸而得到的。

表 2-3-2　常见三位换向阀的中位机能

类型	结构简图	图形符号	中位油口状况、特点及应用
O 型	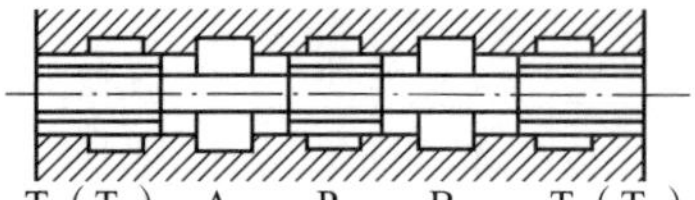	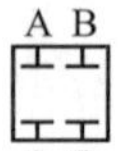	P、A、B、T 四口全封闭；执行元件闭锁，可用于多个换向阀并联工作
H 型	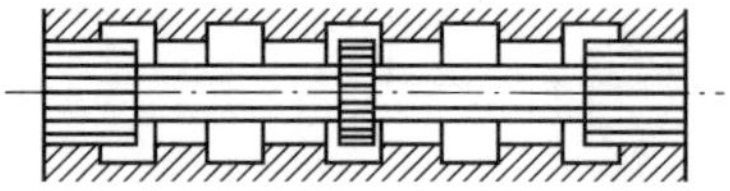	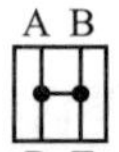	P、A、B、T 四口全通；执行元件两腔与回油箱连通，在外力作用下可移动，泵卸荷
P 型	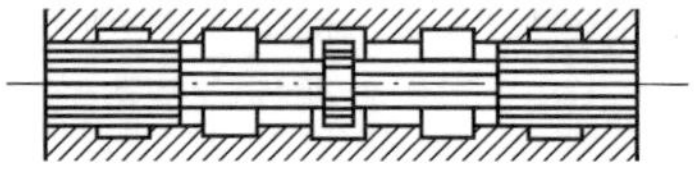	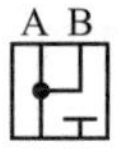	P、A、B 口相通，T 封闭；泵与执行元件两腔相通，可组成差动回路
X 型	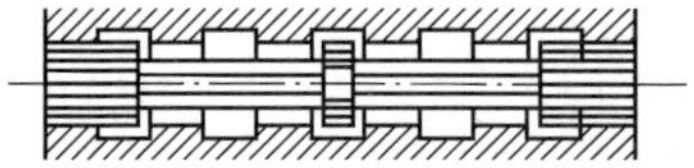	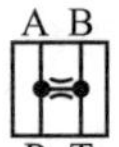	四油口处于半开启状态，泵基本上卸荷，但仍保持一定压力
Y 型	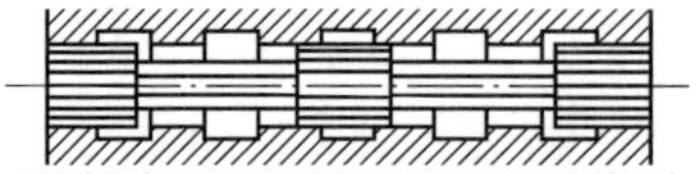	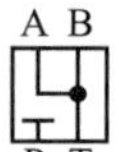	P 封闭，A、B、T 口相通；执行元件两腔与回油箱连通，在外力作用下可移动，泵不卸荷
M 型		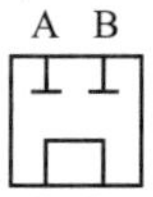	P、T 口相通，A 与 B 均封闭；执行元件两油口都封闭，泵卸荷，也可用多个 M 型换向阀并联工作

在分析和选择三位换向阀的中位机能时，通常需要考虑以下几点。

（1）系统保压与卸荷：当 P 口被堵塞时，如 O 型、Y 型中位机能，系统保压，液压泵能用于多缸液压系统；当 P 口和 T 口相通时，如 H 型、M 型中位机能，系统卸荷。

（2）换向精度和换向平稳性：当工作油口 A 和 B 都堵塞时，如 O 型、M 型中位机能，换向精度高，但换向过程中易产生液压冲击，换向平稳性差；当油口 A 和 B 都通 T 口时，如 H 型、Y 型中位机能，换向时液压冲击小、平稳性好，但换向精度低。

（3）启动平稳性：阀处于中位时，A 口和 B 口都不通油箱，如 O 型、P 型、M 型中位机能，启动时油液起缓冲作用，易于保证启动的平稳性。

（4）液压缸浮动和在任意位置处锁住：当 A 口和 B 口接通时，如 H 型、Y 型中位机能，卧式液压缸处于浮动状态，可以通过其他机构使工作台移动，以调整其位置；当 A 口和 B 口都被堵塞时，如 O 型、M 型中位机能，则可使液压缸在任意位置处停止并被锁住。

[子任务 2-3-2] 分析液压实训台上的换向阀

（1）任务描述：查看液压实训台上换向阀的中位符号，进行记录。

（2）依据不同换向阀的中位符号，分析其中位机能及使用场景。

液压与气动技术(实训手册)

田立宁　何昕昱　主编

天津大学出版社
TIANJIN UNIVERSITY PRESS

目录

Contents

项目1 认识液压千斤顶的液压系统

实训1 液压千斤顶的操作

1. 实训内容

通过操纵液压千斤顶(图1),学习液压千斤顶的基本工作原理。

图1 液压千斤顶

2. 实训要求

(1)掌握液压千斤顶的正确使用方法。

(2)理解液压千斤顶的维护和保养知识。

(3)具备一定的机械基础知识和安全意识。

3. 实训目标

(1)熟练操作液压千斤顶,确保安全和高效地完成工作。

(2)掌握液压千斤顶的常见故障处理方法。

(3)培养团队合作和沟通能力。

4. 实训场所

液压与气动实训室。

5. 实训课时

2 课时。

6. 实训设备及人员分组

实训设备及人员分组见表 1。

表 1　实训设备及人员分组

设备名称	数量/组	每组人数
液压千斤顶	3	6
安全帽、手套、防护眼镜等个人防护装备		

7. 实训耗材

无。

8. 实训步骤

步骤 1:教师介绍液压千斤顶的工作原理和结构。

步骤 2:教师演示操作液压千斤顶的正确方法。

步骤 3:学员按照指导进行实际操作(包括举升、稳固、放下等)训练。

步骤 4:教师根据实际操作情况进行指导和纠正。

9. 实训问答

(1)液压千斤顶中液压油的压力与什么因素有关?

(2)液压千斤顶举升重物时,其举升速度与什么因素有关?

(3)液压千斤顶在工作过程中,其能量是如何传递的?

10. 项目验收

将项目验收情况记入表 2 中。

表 2　项目验收报告

姓名		实施日期		分数	
项目名称	液压千斤顶的操作				
项目验收	验收内容			完成情况	
	(1)说出液压千斤顶的工作过程			□完成　□未完成	
	(2)描述液压系统的组成及特点			□完成　□未完成	
	(3)完成液压千斤顶的指定操作			□完成　□未完成	
实训总结	实训过程				
	遇到问题				
	解决办法				
	心得体会				

实训 2　液压油的加注及排出

1. 实训内容

通过液压实训台（图 1），进行液压站中液压油的加注及排出。

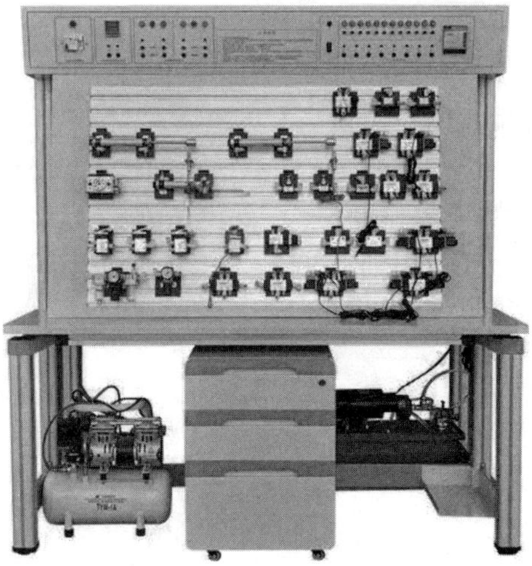

图 1　液压实训台

2. 实训要求

（1）掌握液压油加注的方法。

（2）掌握液压油排出的方法。

（3）掌握液压油维护和保养的知识。

3. 实训目标

（1）熟练掌握液压油加注及排出的方法。

（2）掌握液压油维护和保养的方法。

（3）培养团队合作和沟通能力。

4. 实训场所

液压与气动实训室。

5. 实训课时

2 课时。

6. 实训设备及人员分组

实训设备及人员分组见表 1。

表 1　实训设备及人员分组

<table>
<tr><th>设备名称</th><th>数量/组</th><th>每组人数</th></tr>
<tr><td>液压实训台、液压油</td><td rowspan="2">3</td><td rowspan="2">6</td></tr>
<tr><td>安全帽、手套、防护眼镜等个人防护装备</td></tr>
</table>

7. 实训耗材

无。

8. 实训步骤

步骤 1:准备实训器材,包括液压站、液压缸、油管、油桶等。

步骤 2:观察液压站的结构,连接油管,将液压站内的液压油排出,接到油桶里。

步骤 3:液压油在油桶内静置,观察液压油的污染情况。

污染程度的测定:在有条件的情况下,可用各种仪器测定液压油的污染程度,但在生产现场往往没有专门的仪器来测定液压油受污染的程度,大多用眼看鼻闻的方法直接观察液压油的污染程度。一般人眼睛的能见度为 40 μm,所以看上去很脏的油实际上已经污染较为严重了。表 2 为液压油污染的目测项目及判断、处理措施。

表 2　液压油污染的目测项目及判断、处理措施

外观颜色	气味	污染情况	处理措施
透明	正常	良好	继续使用
透明	变淡	正常	混入别种油液,检查黏度,如符合要求,继续使用
变成乳白色	正常	混入空气和水分	分离水分,部分换油或全部换油
变成黑褐色	有臭味	氧化变质	全部换油
透明,有小黑点	正常	混入杂质	过滤后使用或换油
透明而闪光	正常	混入金属粉末	过滤或换油,并检查原因

步骤 4:观察液压油的污染情况,确定处理措施,记入表 3 中,并对液压油进行相应处理。

表 3　液压油污染情况与处理措施

液压油污染情况	处理措施

步骤 5:将处理后的液压油加注到液压站中,并观察油窗至指定位置。

步骤 6:将实训台上所有物品恢复原位。

9. 实训问答

(1)液压油加注过程中用到的工具有哪些?

(2)造成液压油污染的因素有哪些?

10. 项目验收

将项目验收情况记入表 4 中。

表 4　项目验收报告

<table>
<tr><td>姓名</td><td></td><td>实施日期</td><td></td><td>分数</td><td></td></tr>
<tr><td>项目名称</td><td colspan="5">液压油的加注及排出</td></tr>
<tr><td rowspan="4">项目验收</td><td colspan="3">验收内容</td><td colspan="2">完成情况</td></tr>
<tr><td colspan="3">(1)进行液压油的排出操作</td><td colspan="2">□完成　□未完成</td></tr>
<tr><td colspan="3">(2)依据液压油的污染情况,对液压油进行相应的处理</td><td colspan="2">□完成　□未完成</td></tr>
<tr><td colspan="3">(3)完成液压油的加注</td><td colspan="2">□完成　□未完成</td></tr>
<tr><td rowspan="4">实训总结</td><td>实训过程</td><td colspan="4"></td></tr>
<tr><td>遇到问题</td><td colspan="4"></td></tr>
<tr><td>解决办法</td><td colspan="4"></td></tr>
<tr><td>心得体会</td><td colspan="4"></td></tr>
</table>

实训 3　液压实训台千斤顶回路的搭建

1. 实训内容

通过液压实训台(图 1),搭建一个简单的手动换向液压回路。

图 1　液压千斤顶

2. 实训要求

(1)掌握液压实训台的正确使用方法。

(2)理解液压实训台的维护和保养知识。

(3)完成手动换向液压回路的搭建,并完成相应的动作。

3. 实训目标

(1)熟练掌握液压实训台的使用方法,确保安全和高效地完成工作。

(2)掌握液压回路的搭建流程。

(3)培养团队合作和沟通能力。

4. 实训场所

液压与气动实训室。

5. 实训课时

2 课时。

6. 实训设备及人员分组

实训设备及人员分组见表 1。

表1　实训设备及人员分组

设备名称	数量/组	每组人数
液压实训台	3	6
安全帽、手套、防护眼镜等个人防护装备		

7. 实训耗材

无。

8. 实训步骤

步骤1:准备实训器材,包括液压站、O型二位二通换向阀电磁换向阀、液压缸、油管、分油块等。

步骤2:进行原理图(图2)分析。

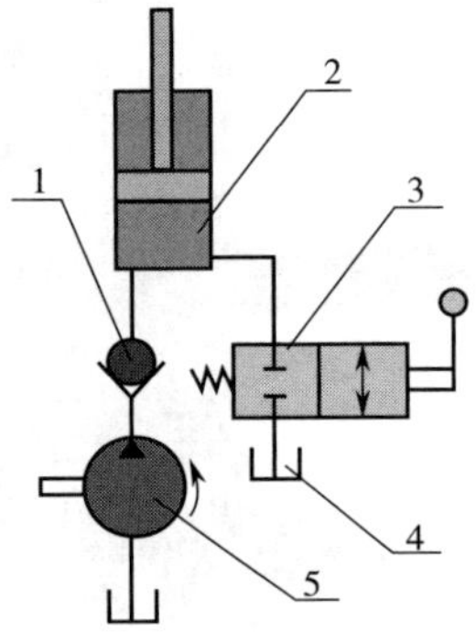

1—单向阀;2—液压缸;3—二位二通换向阀;4—油箱;5—液压泵

图2　液压千斤顶符号表达图

步骤3:油路连接与演示。根据液压回路图进行回路安装和连接,根据电气原理图连接控制回路。对照回路图逐步检查元件安装位置是否正确,各接口是否连接正确和牢固,确保无泄漏现象发生。

步骤4:开车调试,观察实训效果。

步骤5:停车。按下电动机的急停开关,使液压泵停止工作,然后对设备进行卸压。卸压完毕后关闭电源总开关。

9. 实训问答

(1)液压千斤顶中油路搭建需要用到哪些元件?

(2)油路搭建中用到的主要元件,分别对应液压千斤顶的哪一部分?

10. 项目验收

将项目验收情况记入表2中。

表 2　项目验收报告

<table>
<tr><td>姓名</td><td></td><td>实施日期</td><td></td><td>分数</td><td></td></tr>
<tr><td>项目名称</td><td colspan="5">液压实训台千斤顶回路的搭建</td></tr>
<tr><td rowspan="4">项目验收</td><td colspan="3">验收内容</td><td colspan="2">完成情况</td></tr>
<tr><td colspan="3">(1)说出液压站的组成及工作原理</td><td colspan="2">□完成　□未完成</td></tr>
<tr><td colspan="3">(2)描述回路搭建的主要元件</td><td colspan="2">□完成　□未完成</td></tr>
<tr><td colspan="3">(3)完成千斤顶液压回路的搭建</td><td colspan="2">□完成　□未完成</td></tr>
<tr><td rowspan="4">实训总结</td><td>实训过程</td><td colspan="4"></td></tr>
<tr><td>遇到问题</td><td colspan="4"></td></tr>
<tr><td>解决办法</td><td colspan="4"></td></tr>
<tr><td>心得体会</td><td colspan="4"></td></tr>
</table>

项目 2

汽车起重机液压系统的搭建

实训 4　液压泵的安装、检查及维护

1. 实训内容

通过液压实训台（图 1），对液压泵进行安装、检查及维护。

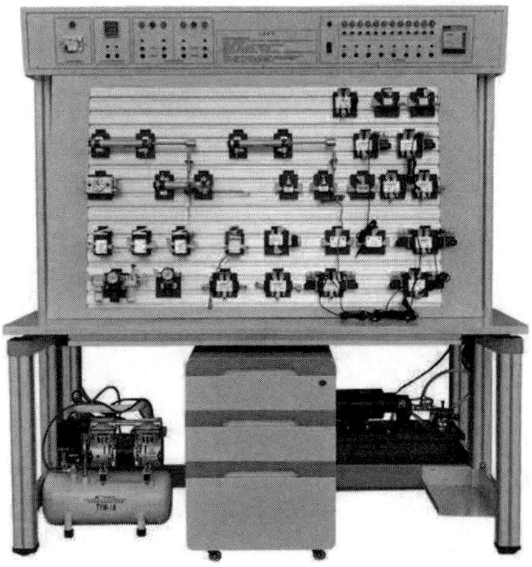

图 1　液压实训台

2. 实训要求

（1）掌握液压泵的安装方法。

（2）掌握液压泵的检查和维护方法。

3. 实训目标

（1）熟练掌握液压泵的安装方法。

（2）掌握液压泵的检查内容，并能对液压泵进行维护。

（3）培养团队合作和沟通能力。

4. 实训场所

液压与气动实训室。

5. 实训课时

2 课时。

6. 实训设备及人员分组

实训设备及人员分组见表 1。

表 1　实训设备及人员分组

设备名称	数量/组	每组人数
液压实训台	3	6
安全帽、手套、防护眼镜等个人防护装备		

7. 实训耗材

无。

8. 实训步骤

步骤 1：准备实训器材液压泵。

步骤 2：依据液压泵的连接结构，进行液压泵的安装。

注意事项：液压泵的支架、机座均须有足够的刚度。与驱动机连接的液压泵以及与被驱动机连接的高速液压马达均须用弹性联轴器连接，其同轴度≤0.1 mm。低速液压马达与被驱动机构连接时可选用链轮等。应合理选择联轴器与输出轴的配合尺寸。安装时不得用锤敲打。如必须用带轮等驱动，应设托架支承，以免液压泵和液压马达承受径向力。

步骤 3：对液压泵进行运转检查，并进行记录。检查内容主要包括：

（1）液压泵和液压马达安装是否正确、可靠，螺钉是否拧紧，联轴器安装是否符合要求；

（2）壳体内是否灌满了工作油液；

（3）液压泵转向是否与进出油口相符；

（4）液压元件安装是否正确、可靠；

（5）液压系统中的安全阀是否调整到规定压力值，各类阀的启闭是否正确、可靠。

步骤 4：连接油管，运转液压泵，在运转过程中观察以下事项，并进行记录。

（1）初始运转或长期停运后使用，应在无负荷工况下跑合 1 h，观察液压元件工作是否正常。

（2）工作压力和使用转速应符合产品的额定值。

（3）运转过程中如发生异常温升、泄漏、振动及噪声，应立即停车，进行检查，分析原因，清除故障。

（4）一般油液的工作温度以 25~55 ℃为最佳，最高不超过 60 ℃，若使用 40 号稠化液压油，最高温升可到 75 ℃左右；最低启动油温为 15 ℃，若低于 15 ℃，应将油液加热到 15 ℃以上的温度。

(5)对于工作温度在 0 ℃以下的地区,为了保证液压泵、液压马达正常工作,在液压泵、液压马达启动前,应在液压泵和液压马达壳体内通入 15 ℃以上的循环油液,待液压泵、液压马达各部件温度上升到 15 ℃以上时,再启动液压泵和液压马达。

步骤 5:停止液压泵的运转,将实训台上所有物品恢复原位。

步骤 6:液压泵的检查及维护。为了保证液压元件正常工作,防止意外故障,同时延长液压元件的使用寿命,在使用过程中必须检查下列事项。

(1)要经常检查液压泵、液压马达的壳体温度,壳全外露面的最高温度一般不得超过 80 ℃。

(2)要定期检查工作油液的水分、机械杂质、黏度、酸值等,若超过规定值,应采取净化措施或更换新油。绝对禁止使用未经过净化处理的废油,以及净化后未达到规定标准的假冒伪劣油液。

(3)及时更换堵塞的过滤器的滤芯。新滤芯必须确认其过滤精度,达不到所要求的过滤精度的滤芯,不得使用。

(4)主机进行定期检修时,液压泵和液压马达等主要液压元件,不要轻易拆开。当确定发生故障要拆开时,务必注意拆装工具和拆装环境的清洁,拆下的零件要严防划伤碰毛;装配时,各个零件要清洗干净,加油润滑,并注意安装部位,不要装错。

(5)液压泵、液压马达长期不用时,应将原壳体内油液放出,再灌满含酸值较低的油液,外露加工面涂上防锈油,各油口须用螺塞封好,以防污物进入。

9. 实训问答

(1)液压泵进行安装后,应检查哪些事项?

(2)液压泵在长期使用中应进行哪些检查和维护?

10. 项目验收

将项目验收情况记入表 2 中。

表 2　项目验收报告

<table>
<tr><td>姓名</td><td></td><td>实施日期</td><td></td><td>分数</td><td></td></tr>
<tr><td>项目名称</td><td colspan="5">液压泵的安装、检查及维护</td></tr>
<tr><td rowspan="4">项目验收</td><td colspan="3">验收内容</td><td colspan="2">完成情况</td></tr>
<tr><td colspan="3">(1)完成液压泵的安装</td><td colspan="2">□完成　□未完成</td></tr>
<tr><td colspan="3">(2)对液压泵进行检查</td><td colspan="2">□完成　□未完成</td></tr>
<tr><td colspan="3">(3)对液压泵进行使用和维护</td><td colspan="2">□完成　□未完成</td></tr>
<tr><td rowspan="4">实训总结</td><td>实训过程</td><td colspan="4"></td></tr>
<tr><td>遇到问题</td><td colspan="4"></td></tr>
<tr><td>解决办法</td><td colspan="4"></td></tr>
<tr><td>心得体会</td><td colspan="4"></td></tr>
</table>

实训5　认识液压缸动作执行

1. 实训内容

通过液压实训台(图1),进行液压缸动作执行及检测。

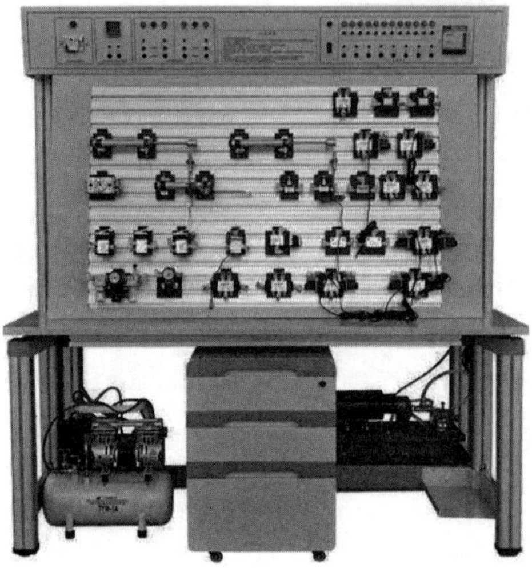

图1　液压实训台

2. 实训要求

(1)掌握液压缸装配的方法。

(2)掌握液压缸的工作压力和速度检测方法。

3. 实训目标

(1)能够在实训台上进行液压缸的装配及拆卸。

(2)能够进行液压缸的工作压力及速度检测。

(3)培养团队合作和沟通能力。

4. 实训场所

液压与气动实训室。

5. 实训课时

2课时。

6. 实训设备及人员分组

实训设备及人员分组见表1。

表1　实训设备及人员分组

<table>
<tr><th>设备名称</th><th>数量/组</th><th>每组人数</th></tr>
<tr><td>液压实训台</td><td rowspan="2">3</td><td rowspan="2">6</td></tr>
<tr><td>安全帽、手套、防护眼镜等个人防护装备</td></tr>
</table>

7. 实训耗材

无。

8. 实训步骤

步骤 1:准备实训器材,包括液压站、液压缸、油管等。

步骤 2:将液压缸安装在实训台上,并用油管进行连接,组成简单回路。

步骤 3:运行液压泵,开启液压阀,查看液压缸的运行速度及压力,并计入表 2 中。

表 2　液压缸的运行速度及压力

液压缸压力	液压缸运行速度

步骤 4:调整液压泵的压力,并开启液压阀,查看液压缸的运行速度及压力,并计入表 3 中。

表 3　液压缸的运行速度及压力

液压缸压力	液压缸运行速度

步骤 5:关闭液压系统,从实训台上拆下液压缸。

注意:从液压系统中拆卸液压油缸,首先应使液压回路卸压,否则,当把与油缸相连接的油管接头拧松时,回路中的高压油会迅速喷出。液压回路卸压时应先使压力油卸荷,然后切断电源或动力源,使液压装置停止运转。

拆卸时应防止损伤活塞杆顶端螺纹、油口螺纹和活塞杆表面、缸套内壁等。为了防止活塞杆等细长杆件发生弯曲或变形,放置时应用垫木支承均衡。

步骤 6:将实训台上所有物品恢复原位。

9. 实训问答

(1)安装及拆卸液压缸时用到的工具有哪些?

(2)液压缸的运行速度与压力有什么关系?

10. 项目验收

将项目验收情况记入表 4 中。

表4　项目验收报告

<table>
<tr><td>姓名</td><td colspan="2"></td><td>实施日期</td><td></td><td>分数</td><td></td></tr>
<tr><td>项目名称</td><td colspan="6">认识液压缸动作执行</td></tr>
<tr><td rowspan="4">项目验收</td><td colspan="4">验收内容</td><td colspan="2">完成情况</td></tr>
<tr><td colspan="4">(1)进行液压缸的安装及连接</td><td colspan="2">□完成　□未完成</td></tr>
<tr><td colspan="4">(2)调整不同压力,进行液压缸动作执行</td><td colspan="2">□完成　□未完成</td></tr>
<tr><td colspan="4">(3)记录相关压力及速度,并进行分析</td><td colspan="2">□完成　□未完成</td></tr>
<tr><td rowspan="4">实训总结</td><td>实训过程</td><td colspan="5"></td></tr>
<tr><td>遇到问题</td><td colspan="5"></td></tr>
<tr><td>解决办法</td><td colspan="5"></td></tr>
<tr><td>心得体会</td><td colspan="5"></td></tr>
</table>

实训 6　汽车起重机升降换向回路的搭建

1. 实训内容

通过液压实训台,进行汽车起重机升降换向回路的搭建。

2. 实训要求

(1)掌握换向阀的使用方法。

(2)掌握多支路换向回路的搭建方法。

3. 实训目标

(1)能够在实训台上进行换向回路的搭建。

(2)能够进行汽车起重机多支路换向回路的搭建。

(3)培养团队合作和沟通能力。

4. 实训场所

液压与气动实训室。

5. 实训课时

4 课时。

6. 实训设备及人员分组

实训设备及人员分组见表 1。

表 1　实训设备及人员分组

设备名称	数量/组	每组人数
液压实训台	3	6
安全帽、手套、防护眼镜等个人防护装备		

7. 实训耗材

无。

8. 实训步骤

步骤 1:准备实训器材,包括液压站、液压缸、换向阀、分油块、油管等。

步骤 2:采用三位四通换向阀进行换向回路的搭建。

步骤 3:运行液压泵,开启液压阀,查看液压缸的运行状态,并记入表 2 中。

表 2　液压缸运行状态

液压阀动作	液压缸运行状态

步骤 4:依据汽车起重机换向回路,将搭建的换向回路扩充至四路换向回路。

步骤 5:运行液压泵,开启液压阀,查看不同液压缸的运行状态,并记入表 3 中。

表 3　液压缸运行状态

液压阀动作	液压缸运行状态

步骤 6:关闭液压泵,将实训台上所有物品恢复原位。

9. 实训问答

(1)换向回路搭建中用到的主要元件有哪些?

(2)多支路换向回路的连接方式有哪些?

10. 项目验收

将项目验收情况记入表 4 中。

表 4　项目验收报告

姓名		实施日期		分数	
项目名称	汽车起重机升降换向回路的搭建				
项目验收	验收内容			完成情况	
	(1)进行换向回路的搭建			□完成　□未完成	
	(2)控制换向阀,完成系统的换向运行			□完成　□未完成	
	(3)完成多支路换向系统的搭建			□完成　□未完成	
实训总结	实训过程				
	遇到问题				
	解决办法				
	心得体会				

实训7　汽车起重机支腿锁紧回路的搭建

1. 实训内容

通过液压实训台,进行汽车起重机支腿锁紧回路(图1)的搭建。

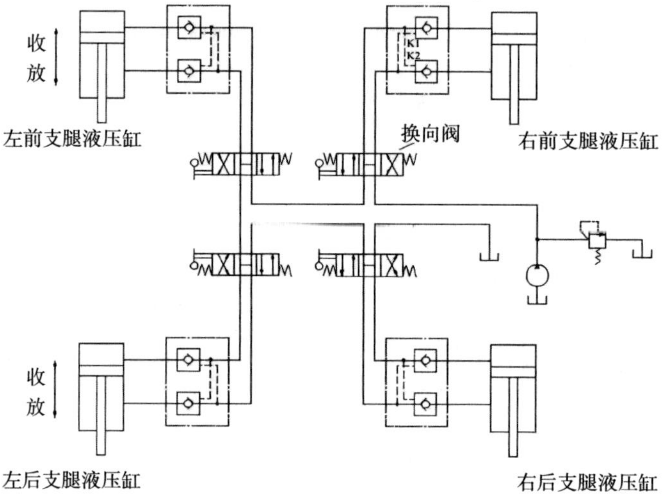

图1　汽车起重机锁紧回路

2. 实训要求

(1)掌握换向阀、单向阀的使用方法。

(2)掌握多支路锁紧回路的搭建方法。

3. 实训目标

(1)能够在实训台上进行锁紧回路的搭建。

(2)能够进行汽车起重机多支路锁紧回路的搭建。

(3)培养学生的团队合作和沟通能力。

4. 实训场所

液压与气动实训室。

5. 实训课时

4课时。

6. 实训设备及人员分组

实训设备及人员分组见表1。

表1　实训设备及人员分组

设备名称	数量/组	每组人数
液压实训台	3	6
安全帽、手套、防护眼镜等个人防护装备		

7. 实训耗材

无。

8. 实训步骤

步骤 1:准备实训器材,包括液压站、液压缸、换向阀、单向阀、分油块、油管等。

步骤 2:采用三位四通换向阀、单向阀进行单支路换向回路的搭建。

步骤 3:运行液压泵,开启液压阀,用手拉动或压入液压缸,查看液压缸的运行状态,并记入表 2 中。

表 2　液压缸运行状态

液压阀动作	液压缸运行状态

步骤 4:依据汽车起重机换向回路,将搭建的锁紧回路扩充至四路锁紧回路。

步骤 5:运行液压泵,开启液压阀,查看不同液压缸的运行状态,并同时用手拉动或压入液压缸,将其状态记入表 3 中。

表 3　液压缸运行状态

液压阀动作	液压缸运行状态

步骤 6:关闭液压泵,将实训台上所有物品恢复原位。

9. 实训问答

(1)锁紧回路搭建中用到的主要元件有哪些?

(2)锁紧回路中,液压缸不能用手拖动的原因是什么?

10. 项目验收

将项目验收情况记入表 4 中。

表4　项目验收报告

姓名		实施日期		分数	
项目名称	汽车起重机支腿锁紧回路的搭建				
项目验收	验收内容			完成情况	
	(1)进行锁紧回路的搭建			□完成　□未完成	
	(2)完成多支路锁紧系统的搭建			□完成　□未完成	
	(3)拖动验证锁紧回路的性能			□完成　□未完成	
实训总结	实训过程				
	遇到问题				
	解决办法				
	心得体会				

项目 3

定位夹紧机构液压系统的搭建

实训 8　定位夹紧机构调压回路的搭建

1. 实训内容

通过液压实训台，搭建液压系统调压回路。

2. 实训要求

（1）掌握液压实训台的正确使用方法。

（2）理解调压回路的原理。

（3）搭建定位夹紧机构调压回路，并完成相应的动作。

3. 实训目标

（1）熟练掌握液压实训台的使用方法，确保安全和高效地完成工作。

（2）掌握调压回路的搭建及使用方法。

（3）培养学生的团队合作和沟通能力。

4. 实训场所

液压与气动实训室。

5. 实训课时

2 课时。

6. 实训设备及人员分组

实训设备及人员分组见表 1。

表 1　实训设备及人员分组

设备名称	数量/组	每组人数
液压实训台	3	6
安全帽、手套、防护眼镜等个人防护装备		

7. 实训耗材

无。

8. 实训步骤

步骤1：准备实训器材，包括液压站、三位四通电磁换向阀、调压阀、液压缸、油管、分油块等。

步骤2：对调压回路进行分析。

步骤3：油路连接与演示。根据液压回路图进行回路安装和连接，根据电气原理图连接控制回路。对照回路图逐步检查元件安装位置是否正确，各接口是否连接正确和牢固，确保无泄漏现象发生。

步骤4：开车调试，观察液压缸的动作，并通过调压阀调节液压系统压力，观察液压缸的动作并记录。

步骤5：停车。按下电动机的急停开关，使液压泵停止工作，然后对设备进行卸压。卸压完毕后关闭电源总开关。

9. 实训问答

（1）调压回路进行调压的原理是什么？

（2）调压回路中，调节不同的压力时，液压缸的动作有何变化？

10. 项目验收

将项目验收情况记入表2中。

表2　项目验收报告

<table>
<tr><td>姓名</td><td></td><td>实施日期</td><td></td><td>分数</td><td></td></tr>
<tr><td>项目名称</td><td colspan="5">定位夹紧机构调压回路的搭建</td></tr>
<tr><td rowspan="4">项目验收</td><td colspan="3">验收内容</td><td colspan="2">完成情况</td></tr>
<tr><td colspan="3">(1)说出调压回路的工作原理</td><td colspan="2">□完成　□未完成</td></tr>
<tr><td colspan="3">(2)完成调压回路的搭建</td><td colspan="2">□完成　□未完成</td></tr>
<tr><td colspan="3">(3)调节不同的压力,观察液压缸的动作</td><td colspan="2">□完成　□未完成</td></tr>
<tr><td rowspan="4">实训总结</td><td>实训过程</td><td colspan="4"></td></tr>
<tr><td>遇到问题</td><td colspan="4"></td></tr>
<tr><td>解决办法</td><td colspan="4"></td></tr>
<tr><td>心得体会</td><td colspan="4"></td></tr>
</table>

实训9　定位夹紧机构减压回路的搭建

1. 实训内容

通过液压实训台,搭建液压系统减压回路。

2. 实训要求

(1)掌握液压实训台的正确使用方法。

(2)理解减压回路的原理。

(3)搭建定位夹紧机构减压回路,并完成相应的动作。

3. 实训目标

(1)熟练掌握液压实训台的使用方法,确保安全和高效地完成工作。

(2)掌握减压回路的搭建及使用方法。

(3)培养学生的团队合作和沟通能力。

4. 实训场所

液压与气动实训室。

5. 实训课时

2课时。

6. 实训设备及人员分组

实训设备及人员分组见表1。

表1　实训设备及人员分组

设备名称	数量/组	每组人数
液压实训台	3	6
安全帽、手套、防护眼镜等个人防护装备		

7. 实训耗材

无。

8. 实训步骤

步骤1:准备实训器材,包括液压站、三位四通电磁换向阀、减压阀、液压缸、油管、分油块等。

步骤2:进行减压回路分析。

步骤3:油路连接与演示。根据液压回路图进行回路安装和连接,根据电气原理图连接控制回路。对照回路图逐步检查元件安装位置是否正确,各接口是否连接正确和牢固,确保无泄漏现象发生。

步骤4:开车调试,观察液压缸的动作,并通过减压阀调节液压系统压力,观察液压缸的动作并记录。

步骤5:停车。按下电动机的急停开关,使液压泵停止工作,然后对设备进行卸压。卸压完毕后关闭电源总开关。

9. 实训问答

(1)减压回路进行调压的原理是什么?

(2)减压回路中,调节不同的压力时,液压缸的动作有何变化?

10. 项目验收

将项目验收情况记入表2中。

表2　项目验收报告

<table>
<tr><td>姓名</td><td></td><td>实施日期</td><td></td><td>分数</td><td></td></tr>
<tr><td>项目名称</td><td colspan="5">定位夹紧机构减压回路的搭建</td></tr>
<tr><td rowspan="4">项目验收</td><td colspan="3">验收内容</td><td colspan="2">完成情况</td></tr>
<tr><td colspan="3">1. 说出减压回路的工作原理</td><td colspan="2">□完成　□未完成</td></tr>
<tr><td colspan="3">2. 完成减压回路的搭建</td><td colspan="2">□完成　□未完成</td></tr>
<tr><td colspan="3">3. 调节不同的压力,观察液压缸的动作</td><td colspan="2">□完成　□未完成</td></tr>
<tr><td rowspan="4">实训总结</td><td>实训过程</td><td colspan="4"></td></tr>
<tr><td>遇到问题</td><td colspan="4"></td></tr>
<tr><td>解决办法</td><td colspan="4"></td></tr>
<tr><td>心得体会</td><td colspan="4"></td></tr>
</table>

实训 10　定位夹紧机构平衡回路的搭建

1. 实训内容

通过液压实训台，搭建液压系统平衡回路。

2. 实训要求

(1)掌握液压实训台的正确使用方法。

(2)理解平衡回路的原理。

(3)搭建定位夹紧机构平衡回路，并完成相应的动作。

3. 实训目标

(1)熟练掌握液压实训台的使用方法，确保安全和高效地完成工作。

(2)掌握平衡回路的搭建及使用方法。

(3)培养团队合作和沟通能力。

4. 实训场所

液压与气动实训室。

5. 实训课时

2 课时。

6. 实训设备及人员分组

实训设备及人员分组见表 1。

表 1　实训设备及人员分组

设备名称	数量/组	每组人数
液压实训台	3	6
安全帽、手套、防护眼镜等个人防护装备		

7. 实训耗材

无。

8. 实训步骤

步骤 1：准备实训器材，包括液压站、三位四通电磁换向阀、顺序阀、液压缸、油管、分油块等。

步骤 2：进行平衡回路分析。

步骤 3：油路连接与演示。根据液压回路图进行回路安装和连接，根据电气原理图连接控制回路。对照回路图逐步检查元件安装位置是否正确，各接口是否连接正确和牢固，确保无泄漏现象发生。

步骤 4：开车调试，观察液压缸的动作，并通过顺序阀调节液压回路的通断，观察液压缸的动作并记录其平衡状态。

步骤 5：停车。按下电动机的急停开关，使液压泵停止工作，然后对设备进行卸压。卸压完毕后关闭电源总开关。

9. 实训问答

(1)平衡回路进行回路调节的原理是什么?

(2)平衡回路中,平衡回路通断时,液压缸的动作有何变化?

10. 项目验收

将项目验收情况记入表 2 中。

表 2　项目验收报告

姓名		实施日期		分数	
项目名称	定位夹紧机构平衡回路的搭建				
项目验收	验收内容			完成情况	
	(1)说出平衡回路的工作原理			□完成　□未完成	
	(2)完成平衡回路的搭建			□完成　□未完成	
	(3)调节不同的压力,观察液压缸的动作			□完成　□未完成	
实训总结	实训过程				
	遇到问题				
	解决办法				
	心得体会				

项目 4 组合机床动力滑台液压系统的搭建

实训 11 动力滑台节流调速回路的搭建

1. 实训内容

通过液压实训台,进行动力滑台节流调速回路的搭建。

2. 实训要求

(1)掌握节流阀的使用方法。

(2)掌握节流调速回路的搭建方法。

3. 实训目标

(1)能够在实训台上进行节流调速回路的搭建。

(2)能够进行动力滑台节流调速回路的搭建。

(3)培养团队合作和沟通能力。

4. 实训场所

液压与气动实训室。

5. 实训课时

4 课时。

6. 实训设备及人员分组

实训设备及人员分组见表 1。

表 1 实训设备及人员分组

设备名称	数量/组	每组人数
液压实训台	3	6
安全帽、手套、防护眼镜等个人防护装备		

7. 实训耗材

无。

8. 实训步骤

步骤 1:准备实训器材,包括液压站、液压缸、换向阀、节流阀、分油块、油管等。

步骤 2:采用三位四通换向阀、节流阀进行节流调速回路的搭建。

步骤 3:运行液压泵,将节流阀流量调至最小,调节换向阀,将液压缸的运行时间记入表 2 中。

表 2　液压缸运行时间

节流阀最小	液压缸运行时间

步骤 4:进一步将节流阀流量调至最大,调节换向阀,将液压缸的运行时间记入表 3 中。

表 3　液压缸运行时间

节流阀最大	液压缸运行时间

步骤 5:改变节流阀的不同状态,分别调节换向阀,将液压缸的运行时间记入表 4 中,并对液压缸的运行时间进行对比分析。

表 4　液压缸运行时间

节流阀状态	液压缸运行时间

步骤 6:关闭液压泵,将实训台上所有物品恢复原位。

9. 实训问答

(1)节流调速回路中,用到的主要元件有哪些?

(2)进行流量调节时,液压缸速度改变的原因是什么?

10. 项目验收

将项目验收情况记入表 5 中。

表 5　项目验收报告

<table>
<tr><td>姓名</td><td colspan="2"></td><td>实施日期</td><td></td><td>分数</td><td></td></tr>
<tr><td>项目名称</td><td colspan="6">动力滑台节流调速回路的搭建</td></tr>
<tr><td rowspan="4">项目验收</td><td colspan="4">验收内容</td><td colspan="2">完成情况</td></tr>
<tr><td colspan="4">(1)进行节流调速回路的搭建</td><td colspan="2">□完成　□未完成</td></tr>
<tr><td colspan="4">(2)完成节流调速回路的运行及调节</td><td colspan="2">□完成　□未完成</td></tr>
<tr><td colspan="4">(3)分析速度改变的原因</td><td colspan="2">□完成　□未完成</td></tr>
<tr><td rowspan="4">实训总结</td><td>实训过程</td><td colspan="5"></td></tr>
<tr><td>遇到问题</td><td colspan="5"></td></tr>
<tr><td>解决办法</td><td colspan="5"></td></tr>
<tr><td>心得体会</td><td colspan="5"></td></tr>
</table>

实训 12　动力滑台调速节流调速回路的搭建

1. 实训内容

通过液压实训台，进行动力滑台节流调速回路的搭建。

2. 实训要求

(1)掌握调速阀的使用方法。

(2)掌握节流调速回路的搭建方法。

3. 实训目标

(1)能够在实训台上进行节流调速回路的搭建。

(2)能够进行动力滑台节流调速回路的搭建。

(3)培养团队合作和沟通能力。

4. 实训场所

液压与气动实训室。

5. 实训课时

4 课时。

6. 实训设备及人员分组

实训设备及人员分组见表 1。

表 1　实训设备及人员分组

设备名称	数量/组	每组人数
液压实训台	3	6
安全帽、手套、防护眼镜等个人防护装备		

7. 实训耗材

无。

8. 实训步骤

步骤 1:准备实训器材，包括液压站、液压缸、换向阀、调速阀、分油块、油管等。

步骤 2:采用三位四通换向阀、调速阀进行节流调速回路的搭建。

步骤 3:运行液压泵，将调速阀流量调至最小，调节换向阀，将液压缸的运行时间记入表 2 中。

表 2　液压缸运行时间

调速阀最小	液压缸运行时间

步骤 4:进一步将调速阀流量调至最大，调节换向阀，将液压缸的运行时间记入表 3 中。

表3 液压缸运行时间

调速阀最大	液压缸运行时间

步骤5:改变调速阀的不同状态,分别调节换向阀,将液压缸的运行时间记入表4中,并对液压缸的运行时间进行对比分析。

表4 液压缸运行时间

节流阀状态	液压缸运行时间

步骤6:关闭液压泵,将实训台上所有物品恢复原位。

9. 实训问答

(1)节流调速回路中用到的主要元件有哪些?

(2)进行调速阀调节时,液压缸速度改变的原因是什么?

10. 项目验收

将项目验收情况记入表 5 中。

表 5　项目验收报告

<table>
<tr><td>姓名</td><td></td><td>实施日期</td><td></td><td>分数</td><td></td></tr>
<tr><td>项目名称</td><td colspan="5">动力滑台调速节流调速回路的搭建</td></tr>
<tr><td rowspan="4">项目验收</td><td colspan="3">验收内容</td><td colspan="2">完成情况</td></tr>
<tr><td colspan="3">(1)进行调速节流调速回路的搭建</td><td colspan="2">□完成　□未完成</td></tr>
<tr><td colspan="3">(2)完成调速节流调速回路的运行及调节</td><td colspan="2">□完成　□未完成</td></tr>
<tr><td colspan="3">(3)分析速度改变的原因</td><td colspan="2">□完成　□未完成</td></tr>
<tr><td rowspan="4">实训总结</td><td>实训过程</td><td colspan="4"></td></tr>
<tr><td>遇到问题</td><td colspan="4"></td></tr>
<tr><td>解决办法</td><td colspan="4"></td></tr>
<tr><td>心得体会</td><td colspan="4"></td></tr>
</table>

实训13　动力滑台快速运动回路的搭建

1. 实训内容

通过液压实训台,进行动力滑台快速运动回路(图1)的搭建。

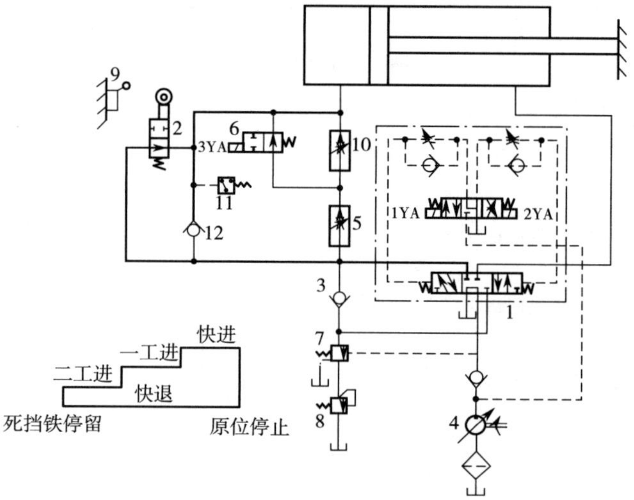

1—换向阀;2—行程阀;3、12—单向阀;4—液压泵;5、10—调速阀;6—换向阀;7—溢流阀;8—调压阀;9—行程开关;11—压力继电器

图1　动力滑台快速运动回路

2. 实训要求

(1)掌握调速阀的使用方法。

(2)掌握快速运动回路的搭建方法。

3. 实训目标

(1)能够在实训台上进行快速运动回路的搭建。

(2)能够进行动力滑台快速运动回路的搭建。

(3)培养团队合作和沟通能力。

4. 实训场所

液压与气动实训室。

5. 实训课时

4课时。

6. 实训设备及人员分组

实训设备及人员分组见表1。

表1　实训设备及人员分组

设备名称	数量/组	每组人数
液压实训台	3	6
安全帽、手套、防护眼镜等个人防护装备		

7. 实训耗材

无。

8. 实训步骤

步骤 1:准备实训器材,包括液压站、液压缸、换向阀、调速阀、分油块、油管等。

步骤 2:采用三位四通换向阀、调速阀进行快速运动回路的搭建。

步骤 3:运行液压泵,将调速阀流量调至最小,调节换向阀,将液压缸的运行时间记入表 2 中。

表 2　液压缸运行时间

调速阀最小	液压缸运行时间

步骤 4:进一步将调速阀流量调至最大,调节换向阀,将液压缸的运行时间记入表 3 中。

表 3　液压缸运行时间

调速阀最大	液压缸运行时间

步骤 5:改变调速阀的不同状态,分别调节换向阀,将液压缸的运行时间记入表 4 中,并对液压缸的运行时间进行对比分析。

表 4　液压缸运行时间

调速阀状态	液压缸运行时间

步骤 6:关闭液压泵,将实训台上所有物品恢复原位。

9. 实训问答

(1)快速运动回路中用到的主要元件有哪些?

(2)快速运动回路可应用到哪些场合中?

10. 项目验收

将项目验收情况记入表 5 中。

表 5　项目验收报告

<table>
<tr><td>姓名</td><td></td><td>实施日期</td><td></td><td>分数</td><td></td></tr>
<tr><td>项目名称</td><td colspan="5">动力滑台快速运动回路的搭建</td></tr>
<tr><td rowspan="4">项目验收</td><td colspan="3">验收内容</td><td colspan="2">完成情况</td></tr>
<tr><td colspan="3">(1)进行快速运动回路的搭建</td><td colspan="2">□完成　□未完成</td></tr>
<tr><td colspan="3">(2)完成快速运动回路的运行及调节</td><td colspan="2">□完成　□未完成</td></tr>
<tr><td colspan="3">(3)分析速度改变的原因</td><td colspan="2">□完成　□未完成</td></tr>
<tr><td rowspan="4">实训总结</td><td>实训过程</td><td colspan="4"></td></tr>
<tr><td>遇到问题</td><td colspan="4"></td></tr>
<tr><td>解决办法</td><td colspan="4"></td></tr>
<tr><td>心得体会</td><td colspan="4"></td></tr>
</table>

项目 5

压力机液压系统的搭建

实训 14 压力机顺序动作回路的搭建

1. 实训内容

通过液压实训台，进行压力机顺序动作回路的搭建。

2. 实训要求

(1)掌握压力继电器的使用方法。

(2)掌握压力机顺序动作回路的搭建方法。

3. 实训目标

(1)能够在实训台上进行压力机顺序动作回路的搭建。

(2)能够进行压力机顺序动作回路的调试运行。

(3)培养团队合作和沟通能力。

4. 实训场所

液压与气动实训室。

5. 实训课时

4 课时。

6. 实训设备及人员分组

实训设备及人员分组见表 1。

表 1 实训设备及人员分组

设备名称	数量/组	每组人数
液压实训台	3	6
安全帽、手套、防护眼镜等个人防护装备		

7. 实训耗材

无。

8. 实训步骤

步骤1:准备实训器材,包括液压站、液压缸、换向阀、压力继电器、分油块、油管等。

步骤2:采用三位四通换向阀、压力继电器进行顺序动作回路的搭建。

步骤3:运行液压泵,调节换向阀,记录液压缸的运行次序,并进一步改变压力继电器的设定压力,将液压缸的运行时间记入表2中。

表2　液压缸运行时间

压力继电器压力	液压缸运行时间

步骤4:将压力继电器拆除,改用单向阀进行顺序动作回路的搭建。

步骤5:运行液压泵,调节换向阀,将液压缸的运行次序记入表3中。

表3　液压缸运行次序

调节换向阀	液压缸运行次序

步骤6:关闭液压泵,将实训台上所有物品恢复原位。

9. 实训问答

(1)顺序动作回路中用到的主要元件有哪些?

(2)多缸顺序动作时,进行顺序控制的要点是什么?

10. 项目验收

将项目验收情况记入表4中。

表 4　项目验收报告

<table>
<tr><td>姓名</td><td></td><td>实施日期</td><td colspan="2"></td><td>分数</td><td></td></tr>
<tr><td>项目名称</td><td colspan="6">压力机顺序动作回路的搭建</td></tr>
<tr><td rowspan="4">项目验收</td><td colspan="3">验收内容</td><td colspan="3">完成情况</td></tr>
<tr><td colspan="3">(1)进行顺序动作回路的搭建</td><td colspan="3">□完成　□未完成</td></tr>
<tr><td colspan="3">(2)完成顺序动作回路的运行及调节</td><td colspan="3">□完成　□未完成</td></tr>
<tr><td colspan="3">(3)分析产生顺序动作的原因</td><td colspan="3">□完成　□未完成</td></tr>
<tr><td rowspan="4">实训总结</td><td>实训过程</td><td colspan="5"></td></tr>
<tr><td>遇到问题</td><td colspan="5"></td></tr>
<tr><td>解决办法</td><td colspan="5"></td></tr>
<tr><td>心得体会</td><td colspan="5"></td></tr>
</table>

实训15　PLC 控制压力机液压系统的测试

1. 实训内容

通过液压实训台,进行压力机控制回路(图1)的搭建,并进行PLC系统的控制。

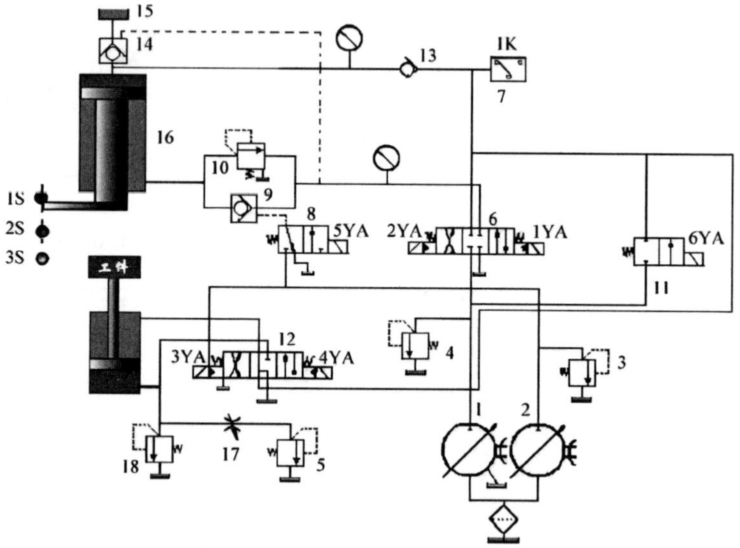

1、2—液压泵;3、4、5、10、18—溢流阀;6、12—三位四通电磁换向阀;7—压力继电器;8—二位三通电磁换向阀;9—液控单向阀;11—二位二通电磁换向阀;13、14—单向阀;15—油箱;16—液压缸;17—节流阀

图1　压力机控制回路

2. 实训要求

(1)掌握压力机回路的实现方法。

(2)掌握压力机回路PLC控制的实现方法。

3. 实训目标

(1)能够在实训台上进行压力机回路的搭建。

(2)能够进行压力机回路的PLC控制调试运行。

(3)培养团队合作和沟通能力。

4. 实训场所

液压与气动实训室。

5. 实训课时

4课时。

6. 实训设备及人员分组

实训设备及人员分组见表1。

表 1　实训设备及人员分组

设备名称	数量/组	每组人数
液压实训台	3	6
安全帽、手套、防护眼镜等个人防护装备		

7. 实训耗材

无。

8. 实训步骤

步骤 1:准备实训器材。

步骤 2:采用实训元件,进行压力机回路的搭建。

步骤 3:采用 PLC 进行控制元件程序的下载和使用。

步骤 4:运行液压泵,调节换向阀,观察液压缸运行的规律。

步骤 5:运行 PLC,对液压系统运行进行控制,是否实现压力机的规定动作。

步骤 6:关闭液压泵,将实训台上所有物品恢复原位。

9. 实训问答

(1)压力机回路中用到的主要元件有哪些?

(2)采用 PLC 进行控制元件程序下载和使用的步骤有哪些?

10. 项目验收

将项目验收情况记入表 2 中。

表 2　项目验收报告

<table>
<tr><td>姓名</td><td></td><td>实施日期</td><td></td><td>分数</td><td></td></tr>
<tr><td>项目名称</td><td colspan="5">PLC 控制压力机液压系统的测试</td></tr>
<tr><td rowspan="4">项目验收</td><td colspan="3">验收内容</td><td colspan="2">完成情况</td></tr>
<tr><td colspan="3">(1)进行压力机回路的搭建</td><td colspan="2">□完成　□未完成</td></tr>
<tr><td colspan="3">(2)完成 PLC 控制压力机液压系统的运行及调节</td><td colspan="2">□完成　□未完成</td></tr>
<tr><td colspan="3">(3)控制压力机回路完成指定动作</td><td colspan="2">□完成　□未完成</td></tr>
<tr><td rowspan="4">实训总结</td><td>实训过程</td><td colspan="4"></td></tr>
<tr><td>遇到问题</td><td colspan="4"></td></tr>
<tr><td>解决办法</td><td colspan="4"></td></tr>
<tr><td>心得体会</td><td colspan="4"></td></tr>
</table>

项目 6

工件夹紧气压回路的搭建

实训 16　工件夹紧气压回路的搭建

1. 实训内容

识读工件夹紧气压回路的控制原理图，理解并抄画控制原理图图纸，根据原理图选择合适的气压传动系统元器件，并按照控制原理图进行工件夹紧气压回路的搭建，掌握基础控制系统调试的方法。

2. 实训要求

(1)严格按照气动元件安装规范连接气路，气管插入接头深度需达到标准要求，避免因连接松动导致漏气；调试前必须核对原理图与实际回路连接的一致性，确保无错接、漏接现象。

(2)实训过程中，气压系统压力不得超过设备额定压力，防止元件爆裂或管路脱落；实训结束后，需关闭气源总阀、排空管路余压，并将拆卸的元件、工具分类归位，保持实训区域整洁。

3. 实训目标

(1)正确识读工件夹紧气压回路的控制原理图。

(2)学会根据气压控制原理图选择合适的气压传动系统元器件。

(3)能够独立搭建并调试工件夹紧气压回路系统。

4. 实训场所

液压与气动实训室。

5. 实训课时

2 学时。

6. 实训设备

实训设备：YTHYQ-1 型液压与气动综合实训装置。

实训所需要的器材见表1。

表1　实训器材清单

序号	名称	型号与规格	单位	数量	备注
1	气源装置		套	1	
2	气控脚踏式二位四通方向阀		个	1	
3	单向节流阀		个	4	
4	双作用单杆气缸		台	3	
5	气控式二位三通方向阀		个	1	
6	气控式二位四通方向阀		个	1	
7	气控滚轮式二位三通方向阀		个	1	
8	工件模型		个	1	
9	气管		米	若干	
10	管接头		个	若干	

7. 实训耗材

无。

8. 实训步骤

1)工件夹紧气压回路的控制原理图

图1为工件夹紧气压回路的控制原理图。

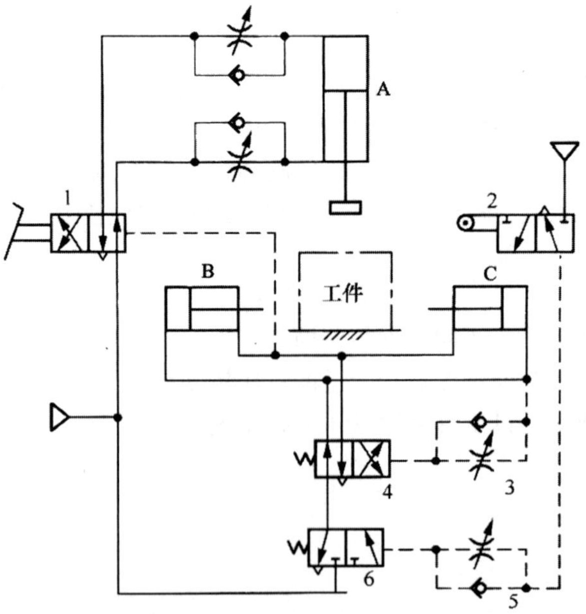

1、4—二位四通换向阀;2、6—二位三通换向阀;3、5—单向节流阀;A—垂直夹紧气缸;B、C—侧向夹紧气缸

图1　工件夹紧气压回路的控制原理图

2)控制回路搭建

步骤 1:准备实训器材。根据工件夹紧气压回路的控制原理图,选用相应的气动元件。

步骤 2:进行调压回路分析。

步骤 3:气路连接与演示。将气动元件用管路及管接头正确地连接起来,并检查其是否安装牢固,不要漏气。

步骤 4:开车调试。按照工件夹紧气压回路的控制原理,操作气动控制阀测试系统功能。

步骤 5:停车并将实验器材复位。工件夹紧气压回路测试完毕后,将所有元器件复位。

9. 实训问答

(1)在理解工件夹紧气压回路的基础上,抄画控制原理图图纸。

(2)根据所学知识及工件夹紧气压回路,分析完整的气压传动系统一般包括哪几部分,以及各部分在控制系统中的功能。

10. 项目验收

将项目验收情况记入表 2 中。

表 2　项目验收报告

<table>
<tr><td>姓名</td><td colspan="2"></td><td>实施日期</td><td></td><td>分数</td><td></td></tr>
<tr><td>项目名称</td><td colspan="6">工件夹紧气压回路的搭建</td></tr>
<tr><td rowspan="4">项目验收</td><td colspan="4">验收内容</td><td colspan="2">完成情况</td></tr>
<tr><td colspan="4">（1）绘制工件夹紧气压回路的控制原理图</td><td colspan="2">□完成　□未完成</td></tr>
<tr><td colspan="4">（2）完成工件夹紧气压回路的搭建</td><td colspan="2">□完成　□未完成</td></tr>
<tr><td colspan="4">（3）调节压力和流速，控制气缸伸缩速度</td><td colspan="2">□完成　□未完成</td></tr>
<tr><td rowspan="4">实训总结</td><td>实训过程</td><td colspan="5"></td></tr>
<tr><td>遇到问题</td><td colspan="5"></td></tr>
<tr><td>解决办法</td><td colspan="5"></td></tr>
<tr><td>心得体会</td><td colspan="5"></td></tr>
</table>

项目 7

公共汽车安全门气动系统的搭建

实训 17　公共汽车安全门气动系统的搭建

1. 实训内容

理解并抄画公共汽车安全门气动系统控制原理图图纸，能够根据气压控制原理图选择合适的气压传动系统元器件，并按照控制原理图进行公共汽车安全门气动系统控制回路的搭建。

2. 实训要求

（1）正确识读公共汽车安全门气动系统控制原理图。

（2）掌握根据气压控制原理图选择合适的气压传动系统元器件的方法。

（3）能够独立搭建并调试公共汽车安全门气动系统气压回路。

3. 实训目标

（1）掌握公共汽车安全门气动系统控制原理图并学会分析其气压回路的工作原理。

（2）掌握公共汽车安全门气动系统各个元器件的工作原理及选型方法。

（3）在理解公共汽车安全门气动系统控制原理的基础上，掌握独立搭建并调试该控制回路的方法。

4. 实训场所

液压与气动实训室。

5. 实训课时

2 学时。

6. 实训设备

实训设备：YTHYQ-1 型液压与气动综合实训装置。

实训所需要的器材见表 1。

表1　实训器材清单

序号	名称	型号与规格	单位	数量	备注
1	气源装置		套	1	
2	按钮式二位三通方向阀		个	4	
3	或门型梭阀		个	3	
4	双气控式二位四通方向阀		个	1	
5	单向节流阀		个	2	
6	双作用单活塞杆缸		台	1	
7	滚轮式二位三通方向阀		个	1	
8	气管		米	若干	
9	管接头		个	若干	

7. 实训耗材

无。

8. 实训步骤

1)公共汽车安全门气动系统控制原理图

图1为公共汽车安全门气动系统控制原理图。

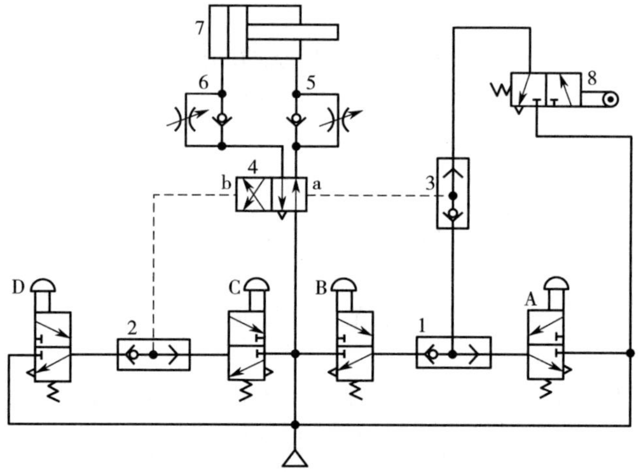

1、2、3—或门梭阀;4—双气控阀;5、6—单向速度控制阀;7—气缸;8—先导阀;A、B、C、D—按钮阀

图1　公共汽车安全门气动系统控制原理图

2)控制回路搭建步骤

(1)根据公共汽车安全门气动系统控制原理图,选用相应的气动元件。

(2)将气动元件用管路及管接头正确地连接起来。

(3)按照公共汽车安全门气动系统控制原理图,操作气动控制阀测试系统功能。

(4)公共汽车安全门气动系统测试完毕后,将所有元器件复位。

9. 实训问答

（1）详细说明按钮式二位三通方向阀在整个汽车安全门气压控制系统中的具体作用。

（2）实训中发现阀 C 保持压下时，触发阀 8 仍能开启车门（安全保护失效），从气路逻辑看，可能是哪些元件或连接问题导致？

10. 项目验收

将项目验收情况记入表 2 中。

表 2　项目验收报告

<table>
<tr><td>姓名</td><td></td><td>实施日期</td><td></td><td>分数</td><td></td></tr>
<tr><td>项目名称</td><td colspan="5">公共汽车安全门气动系统的搭建</td></tr>
<tr><td rowspan="3">项目验收</td><td colspan="3">验收内容</td><td colspan="2">完成情况</td></tr>
<tr><td colspan="3">(1)绘制公共汽车安全门气动系统控制原理图</td><td colspan="2">□完成　□未完成</td></tr>
<tr><td colspan="3">(2)搭建公共汽车安全门气动系统</td><td colspan="2">□完成　□未完成</td></tr>
<tr><td rowspan="4">实训总结</td><td>实训过程</td><td colspan="4"></td></tr>
<tr><td>遇到问题</td><td colspan="4"></td></tr>
<tr><td>解决办法</td><td colspan="4"></td></tr>
<tr><td>心得体会</td><td colspan="4"></td></tr>
</table>

项目 8

机械手气压回路的搭建

实训 18　机械手方向控制回路的搭建

1. 实训内容

理解并抄画机械手方向控制回路原理图图纸,能够根据原理图选择合适的气压传动系统元器件,并按照控制原理图进行方向控制回路的搭建。

2. 实训要求

(1)正确识读方向控制回路的原理图。

(2)独立搭建并调试方向控制回路。

3. 实训目标

(1)加深对方向控制回路组成原理及回路特性的理解。

(2)能够完成方向控制回路的连接与调试。

4. 实训场所

液压与气动实训室。

5. 实训课时

2 学时。

6. 实训设备

实训设备:YTHYQ-1 型液压与气动综合实训装置。

实训所需要的器材见表 1。

表 1　实训器材清单

序号	名称	型号与规格	单位	数量	备注
1	气源装置		套	1	

续表

序号	名称	型号与规格	单位	数量	备注
2	二位三通换向阀		个	3	
3	机动换向阀		个	1	
4	二位五通换向阀		个	1	
5	单向节流阀		个	2	
6	双作用气缸		台	1	
7	单作用气缸		台	1	
8	双压阀		个	1	
9	气管		米	若干	
10	管接头		个	若干	

7. 实训耗材

无。

8. 实训步骤

1)方向控制回路控制原理图

图1为方向控制回路原理图。

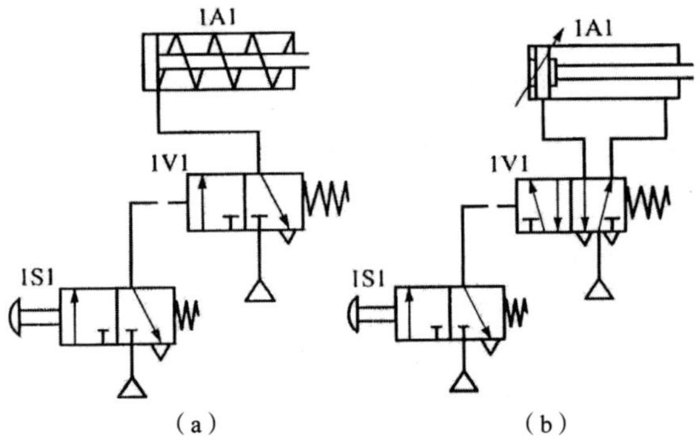

图1　方向控制回路原理图

(a)采用单作用气缸　(b)采用双作用气缸

2)控制回路搭建步骤

(1)根据方向控制回路原理图,选用相应的气动元件。

(2)将气动元件用管路及管接头正确地连接起来。

(3)操作气动控制阀测试系统功能。

(4)测试完毕后,将所有元器件复位。

9. 实训问答

(1)如果图1(b)回路中要求气缸快速返回,则应增加哪种控制阀?

(2)说明双压阀的作用。

10. 项目验收

将项目验收情况记入表 2 中。

表 2　项目验收报告

<table>
<tr><td>姓名</td><td></td><td>实施日期</td><td></td><td>分数</td><td></td></tr>
<tr><td>项目名称</td><td colspan="5">机械手方向控制回路的搭建</td></tr>
<tr><td rowspan="3">项目验收</td><td colspan="3">验收内容</td><td colspan="2">完成情况</td></tr>
<tr><td colspan="3">（1）说出方向控制阀的工作原理</td><td colspan="2">□完成　□未完成</td></tr>
<tr><td colspan="3">（2）搭建方向控制回路</td><td colspan="2">□完成　□未完成</td></tr>
<tr><td rowspan="4">实训总结</td><td>实训过程</td><td colspan="4"></td></tr>
<tr><td>遇到问题</td><td colspan="4"></td></tr>
<tr><td>解决办法</td><td colspan="4"></td></tr>
<tr><td>心得体会</td><td colspan="4"></td></tr>
</table>

实训 19　机械手压力控制回路的搭建

1. 实训内容

理解并抄画机械手压力控制回路原理图图纸，能够根据压力控制回路原理图选择合适的气压传动系统元器件，并按照控制原理图进行压力控制回路的搭建。

2. 实训要求

（1）正确识读压力控制回路的原理图。

（2）独立搭建并调试压力控制回路。

3. 实训目标

（1）加深对压力控制回路组成原理及回路特性的理解。

（2）能够完成压力控制回路的连接与调试。

4. 实训场所

液压与气动实训室。

5. 实训课时

2 学时。

6. 实训设备

实训设备：YTHYQ-1 型液压与气动综合实训装置。

实训所需要的器材见表 1。

实训器材清单

序号	名称	型号与规格	单位	数量	备注
1	气源装置		套	1	
2	气动三联件		套	1	
3	溢流阀		个	1	
4	节流阀		个	2	
5	二位三通换向阀		个	2	
6	三位五通换向阀		个	1	
7	双作用气缸		台	1	
8	压力表		个	1	
9	气管		米	若干	
10	管接头		个	若干	

7. 实训耗材

无。

8. 实训步骤

1)压力控制回路原理图

图 1 为压力控制回路原理图,根据所学内容,理解并抄画压力控制回路原理图。

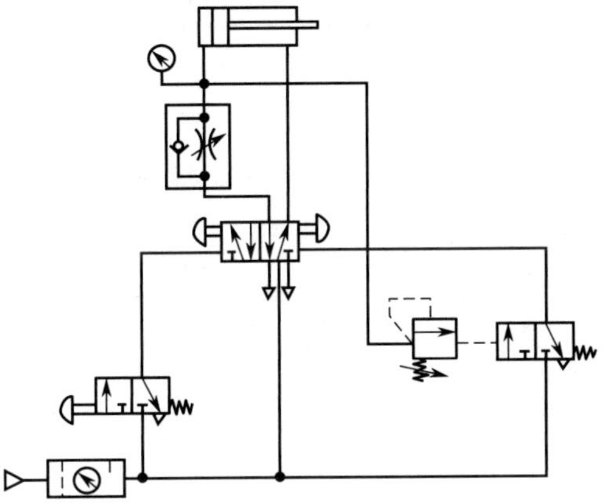

图 1　压力控制回路原理图

2)控制回路搭建

(1)根据压力控制回路原理图,选用相应的气动元件。

(2)将气动元件用管路及管接头正确地连接起来。

(3)按照压力控制回路原理图,操作气动控制阀测试系统功能。

(4)测试完毕后,将所有元器件复位。

9. 实训问答

分析说明压力控制回路的组成原理及特点。

10. 项目验收

将项目验收情况记入表 2 中。

表 2　项目验收报告

<table>
<tr><td>姓名</td><td></td><td>实施日期</td><td></td><td>分数</td><td></td></tr>
<tr><td>项目名称</td><td colspan="5">机械手压力控制回路的搭建</td></tr>
<tr><td rowspan="3">项目验收</td><td colspan="3">验收内容</td><td colspan="2">完成情况</td></tr>
<tr><td colspan="3">（1）说出压力控制阀的工作原理</td><td colspan="2">□完成　□未完成</td></tr>
<tr><td colspan="3">（2）搭建压力控制回路</td><td colspan="2">□完成　□未完成</td></tr>
<tr><td rowspan="4">实训总结</td><td>实训过程</td><td colspan="4"></td></tr>
<tr><td>遇到问题</td><td colspan="4"></td></tr>
<tr><td>解决办法</td><td colspan="4"></td></tr>
<tr><td>心得体会</td><td colspan="4"></td></tr>
</table>

实训 20　机械手速度控制回路的搭建

1. 实训内容

理解并抄画机械手速度控制回路的原理图图纸,能够根据速度控制回路原理图选择合适的气压传动系统元器件,并按照控制原理图进行速度控制回路的搭建。

2. 实训要求

(1)正确识读速度控制回路的原理图。

(2)独立搭建并调试气动速度控制回路。

3. 实训目标

(1)加深对速度控制回路组成原理及回路特性的理解。

(2)能够完成速度控制回路的连接与调试。

4. 实训场所

液压与气动实训室。

5. 实训课时

2 学时。

6. 实训设备

实训设备:YTHYQ-1 型液压与气动综合实训装置。

实训所需要的器材见表 1。

表 1　实训器材清单

序号	名称	型号与规格	单位	数量	备注
1	气源装置		套	1	
2	气动三联件		套	1	
3	单向节流阀		个	4	
4	二位三通电磁阀		个	1	
5	二位五通电磁阀		个	1	
6	单作用气缸		台	1	
7	双作用气缸		台	1	
8	气管		米	若干	
9	管接头		个	若干	

7. 实训耗材

无。

8. 实训步骤

1)速度控制回路原理图

图 1 为速度控制回路原理图,根据所学内容,理解并抄画速度控制回路原理图。

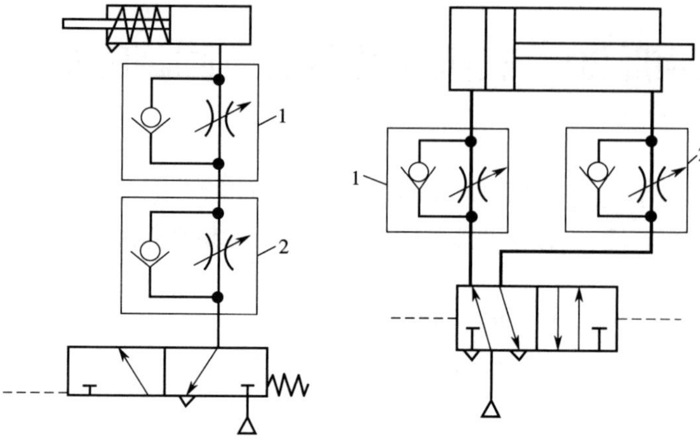

1、2—单向节流阀

图 1　速度控制回路原理图

2)控制回路搭建

(1)根据速度控制回路原理图,选用相应的气动元件。

(2)将气动元件用管路及管接头正确地连接起来。

(3)按照速度控制回路原理图,操作气动控制阀测试系统功能。

(4)测试完毕后,将所有元器件复位。

9. 实训问答

回路中节流阀有何作用?

10. 项目验收

将项目验收情况记入表 2 中。

表 2　项目验收报告

<table>
<tr><td>姓名</td><td></td><td>实施日期</td><td></td><td>分数</td><td></td></tr>
<tr><td>项目名称</td><td colspan="5">机械手速度控制回路的搭建</td></tr>
<tr><td rowspan="3">项目验收</td><td colspan="3">验收内容</td><td colspan="2">完成情况</td></tr>
<tr><td colspan="3">（1）说出速度控制阀的工作原理</td><td colspan="2">□完成　□未完成</td></tr>
<tr><td colspan="3">（2）搭建速度控制回路</td><td colspan="2">□完成　□未完成</td></tr>
<tr><td rowspan="4">实训总结</td><td>实训过程</td><td colspan="4"></td></tr>
<tr><td>遇到问题</td><td colspan="4"></td></tr>
<tr><td>解决办法</td><td colspan="4"></td></tr>
<tr><td>心得体会</td><td colspan="4"></td></tr>
</table>

实训 21 机械手气压回路的搭建

1. 实训内容

掌握机械手气压回路的控制原理,能够根据控制原理图选择合适的气动系统元器件,并按照图纸进行机械手气压回路的搭建与调试。

2. 实训要求

(1)了解机械手的应用场景,正确识读机械手气压回路的控制原理图。

(2)能够独立搭建并调试机械手气压回路。

3. 实训目标

(1)熟悉气动系统的组成和工作原理。

(2)熟练掌握机械手气压回路的安装、调试步骤和方法。

(3)学会系统中各调节元件的调节方法。

4. 实训场所

液压与气动实训室。

5. 实训课时

2 学时。

6. 实训设备

实训设备:YTHYQ-1 型液压与气动综合实训装置。

实训所需要的器材见表 1。

表 1 实训器材清单

序号	名称	型号与规格	单位	数量	备注
1	气源装置		套	1	
2	气动三联件		套	1	
3	三位四通电磁换向阀		个	4	
4	单向节流阀		个	8	
5	回转气缸		台	1	
6	升降气缸		台	1	
7	伸缩气缸		台	1	
8	气动夹爪		个	1	
9	磁性开关		个	8	
10	气管		米	若干	
11	管接头		个	若干	

7. 实训耗材

无。

8. 实训步骤

1)机械手气动控制系统原理图

图 1 为机械手气动控制系统原理图,根据所学内容,理解并抄画机械手气动控制系统原理图。

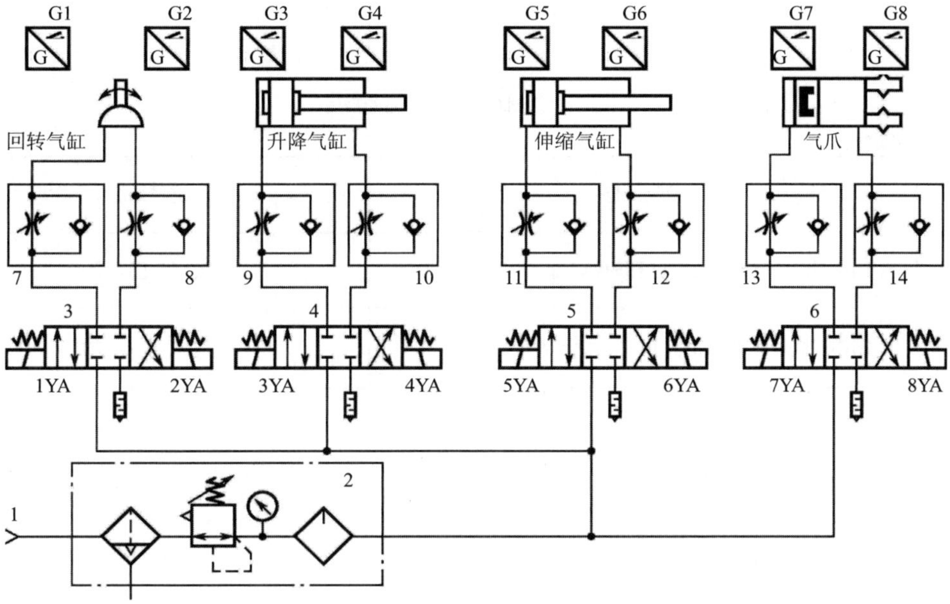

1—气源;2—气源处理装置;3~6—三位四通电磁换向阀;7~14—单向换向阀;G1~G8—传感器

图 1　机械手气动控制系统原理图

2)控制回路搭建

(1)根据机械手气动控制系统原理图,选用相应的气动元件。

(2)将气动元件用管路及管接头正确地连接起来。

(3)按照机械手气动控制系统原理图,操作气动控制阀测试系统功能。

(4)机械手气动控制系统测试完毕后,将所有元器件复位。

9. 实训问答

根据所学知识,说明机械手气压回路的优点及缺点,并对其缺点提出针对性的解决方法。

10. 项目验收

将项目验收情况记入表 2 中。

表 2　项目验收报告

<table>
<tr><td>姓名</td><td></td><td>实施日期</td><td></td><td>分数</td><td></td></tr>
<tr><td>项目名称</td><td colspan="5">机械手气压回路的搭建</td></tr>
<tr><td rowspan="3">项目验收</td><td colspan="3">验收内容</td><td colspan="2">完成情况</td></tr>
<tr><td colspan="3">(1)绘制出机械手气动控制系统原理图</td><td colspan="2">□完成　□未完成</td></tr>
<tr><td colspan="3">(2)搭建机械手气压回路</td><td colspan="2">□完成　□未完成</td></tr>
<tr><td rowspan="4">实训总结</td><td>实训过程</td><td colspan="4"></td></tr>
<tr><td>遇到问题</td><td colspan="4"></td></tr>
<tr><td>解决办法</td><td colspan="4"></td></tr>
<tr><td>心得体会</td><td colspan="4"></td></tr>
</table>

项目 9

数控加工中心气动换刀系统的搭建

实训 22　数控加工中心气动换刀系统的搭建

1. 实训内容

掌握数控加工中心气动换刀系统的控制原理,能够根据控制原理图选择合适的气动系统元器件,并按照图纸进行控制回路的搭建。

2. 实训要求

(1)根据实训要求完成原理图绘制。

(2)按照原理图完成硬件系统的搭建。

(3)编写控制程序并调试。

3. 实训目标

掌握数控加工中心气动换刀系统气动控制回路的搭建方法。

4. 实训场所

液压与气动实训室。

5. 实训课时

2 学时。

6. 实训设备

实训设备:YTHYQ-1 型液压与气动综合实训装置。

实训所需要的器材见表 1。

表 1　实训器材清单

序号	名称	型号与规格	单位	数量	备注
1	气源装置		套	1	
2	气动三联件		套	1	
3	电磁换向阀		个	4	
4	单向节流阀		个	8	
5	快速排气阀		个	2	
6	双作用气缸		台	2	
7	单作用气缸		台	1	
5	回转气缸		台	1	
6	升降气缸		台	1	
7	伸缩气缸		台	1	
8	气动夹爪		个	1	
9	磁性开关		个	8	
10	气管		米	若干	
11	管接头		个	若干	

7. 实训耗材

无。

8. 实训步骤

1)绘制数控加工中心气动换刀系统原理图

根据所学内容,理解并绘制数控加工中心气动换刀系统原理图。

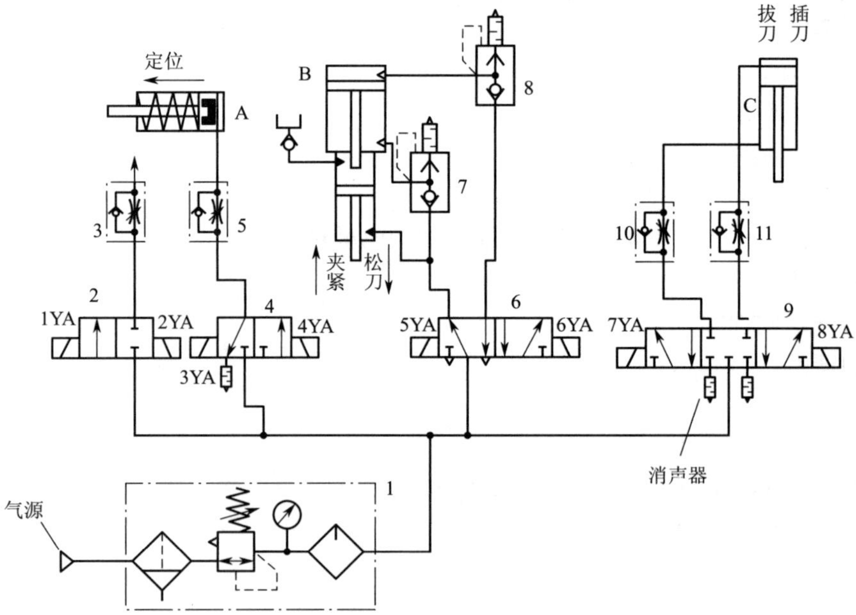

1—气动三联件;2—二位二通换向阀;3、5、10、11—单向节流阀;4—二位三通换向阀;6—二位五通换向阀;7、8—快速排气阀; 9—三位五通电磁换向阀

图 1　数控加工中心气动换刀系统原理图

2)控制回路搭建

(1)根据数控加工中心气动换刀系统原理图,选用相应的气动元件。

(2)将气动元件用管路及管接头正确地连接起来。

(3)按照数控加工中心气动换刀系统原理图,操作气动控制阀测试系统功能。

(4)数控加工中心气动换刀系统测试完毕后,将所有元器件复位。

3)编写控制程序并调试

(1)根据所需动作编写控制程序。

(2)使用程序控制换刀系统运行。

(3)调试、修改程序直至能顺畅完成任务。

9. 实训问答

(1)气缸为什么要安装限位传感器?

(2)描述自动换刀的工作流程。

10. 项目验收

将项目验收情况记入表 2 中。

表 2　项目验收报告

<table>
<tr><td>姓名</td><td></td><td>实施日期</td><td></td><td>分数</td><td></td></tr>
<tr><td>项目名称</td><td colspan="5">数控加工中心气动换刀系统的搭建</td></tr>
<tr><td rowspan="4">项目验收</td><td colspan="3">验收内容</td><td colspan="2">完成情况</td></tr>
<tr><td colspan="3">（1）数控加工中心换刀系统的搭建</td><td colspan="2">□完成　□未完成</td></tr>
<tr><td colspan="3">（2）完成 PLC 控制系统的运行及调节</td><td colspan="2">□完成　□未完成</td></tr>
<tr><td colspan="3">（3）编写程序并调试</td><td colspan="2">□完成　□未完成</td></tr>
<tr><td rowspan="4">实训总结</td><td>实训过程</td><td colspan="4"></td></tr>
<tr><td>遇到问题</td><td colspan="4"></td></tr>
<tr><td>解决办法</td><td colspan="4"></td></tr>
<tr><td>心得体会</td><td colspan="4"></td></tr>
</table>

3. 常用换向阀的形式

1)机动换向阀

机动换向阀常用于控制机械设备的行程,又称为行程阀。它是利用安装在运动部件上的凸轮或铁块使阀芯移动而实现换向的。机动换向阀通常是二位阀,有二通、三通、四通和五通几种。二通、三通阀又分为常开和常闭两种形式。图 2-3-2(a)为二位二通常开机动换向阀的结构原理图。图示位置在弹簧 4 的作用下,阀芯 3 处于左端位置,油口 P 和 A 不连通;当挡铁压住滚轮 2 使阀芯 3 移到右端位置时,油口 P 和 A 接通。图 2-3-2(b)所示为其图形符号。

机动换向阀具有结构简单、工作可靠、位置精度高等优点。改变挡铁的斜角 α,就可改变换向时阀芯的移动速度,即可调节换向过程的时间。机动换向阀必须安装在运动部件附近,故连接管路较长。

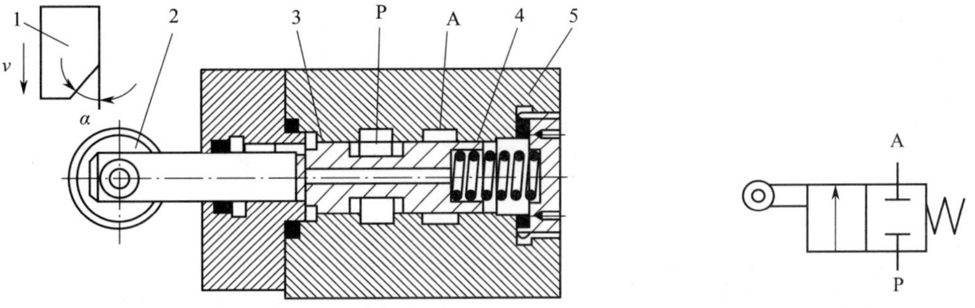

1—挡铁;2—滚轮;3—阀芯;4—弹簧;5—阀体

图 2-3-2　二位二通机动换向阀

(a)结构原理图　(b)图形符号

2)电磁换向阀

电磁换向阀是利用电磁铁的吸力来推动阀芯移动,从而改变阀芯位置的换向阀。它的工作位置一般有二位和三位,通道数有二通、三通、四通和五通。电磁换向阀按使用的电源不同,有交流型和直流型两种。交流电磁铁的使用电压多为 220 V,其换向时间短(0.01~0.03 s),启动力大,电气控制电路简单,但工作时冲击和噪声大,容易因阀芯吸不到位而烧毁线圈,所以寿命短,其允许切换频率一般为 10 次/min。直流电磁铁的电压多为 24 V,其换向时间长(0.05~0.08 s),启动力小,冲击和噪声小,对过载或低电压不敏感,工作可靠,寿命长,切换频率可达 120 次/min,故需配备专门的直流电源,因此费用较高。

图 2-3-3(a)为二位三通电磁换向阀的结构原理图。图示位置电磁铁不通电,油口 P 和 A 连通,油口 B 断开;当电磁铁通电时,衔铁 1 吸合,推杆 2 将阀芯 3 推向右端,使油口 P 和 A 断开,与 B 接通。图 2-3-3(b)所示为其图形符号。

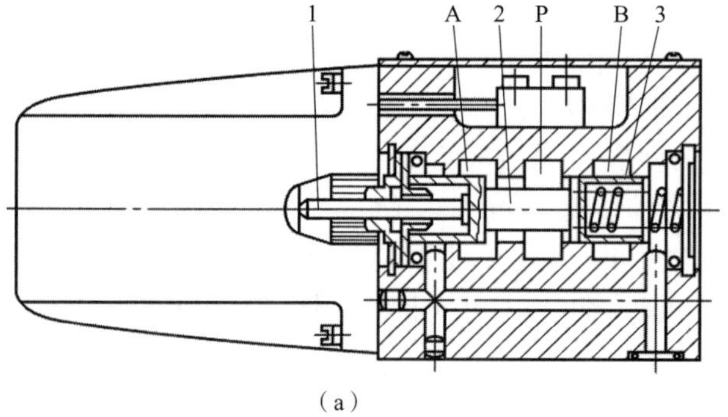

（a）

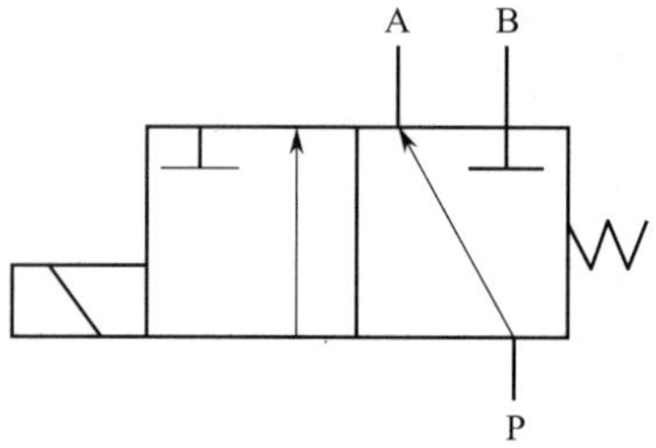

（b）

1—衔铁；2—推杆；3—阀芯

图 2-3-3　二位三通电磁换向阀

（a）结构原理图　（b）图形符号

图 2-3-4（a）为三位四通电磁铁换向阀的结构原理图。当两边电磁铁都不通电时，阀芯 3 在两边对中弹簧 4 的作用下处于中位，油口 P、T、A、B 互不相通；当左边电磁铁通电时，左边衔铁吸合，推杆 2 将阀芯 3 推向右端，油口 P 与 B 接通，A 与 T 接通；当右边电磁铁通电时，油口 P 与 A 接通，B 与 T 接通。其图形符号如图 2-3-4（b）所示。

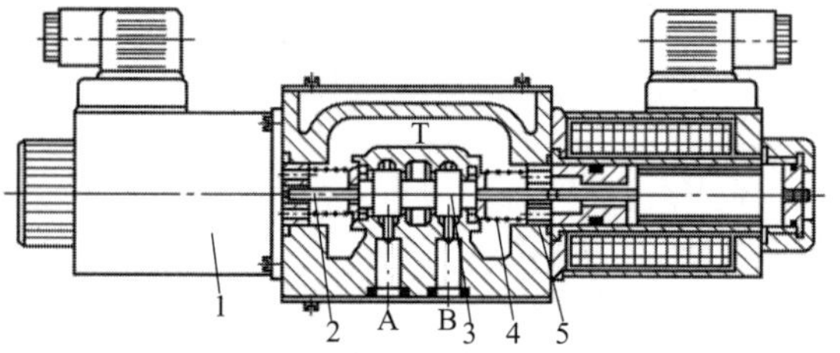

（a）

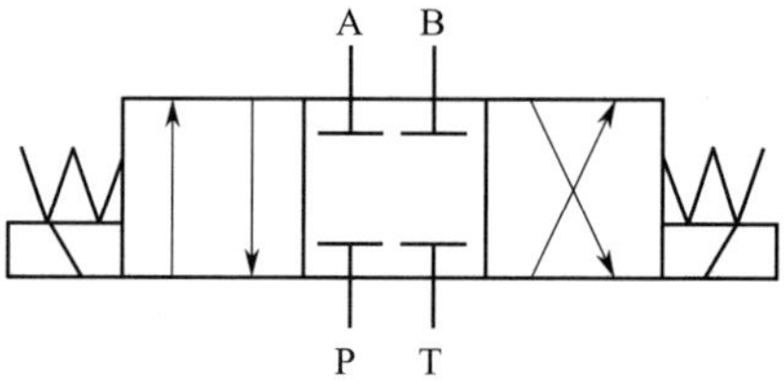

（b）

1—外壳；2—推杆；3—阀芯；4—弹簧；5—阀体

图 2-3-4　三位四通电磁换向阀

（a）结构原理图　（b）图形符号

电磁换向阀具有换向灵敏、操作方便、布置灵活、易于实现设备的自动化等特点，因而应用最为广泛。但由于电磁铁吸力有限，因而要求切换的流量不能太大，一般在 63 L/min 以下，且回油口背压不宜过高，否则易烧毁电磁铁线圈。

3）*液动换向阀*

液动换向阀是利用控制油路中的液压油来推动阀芯移动，从而改变阀芯位置的换向阀。图 2-3-5（a）为三位四通液动换向阀的结构原理图。阀上设有两个控制油口 K_1 和 K_2，当两个控油口都未通液压油时，阀芯 2 在两端对中弹簧 4、7 的作用下处于中位，油口 P、T、A、B 互不相通，当 K_1 通液压油、K_2 接油箱时，阀芯在液压油的作用下右移，油口 P 与 B 接通，A 与 T 接通；反之，当 K_2 通液压油、K_1 接油箱时，阀芯左移，油口 P 与 A 接通，B 与 T 接通。其图形符号如图 2-3-5（b）所示。

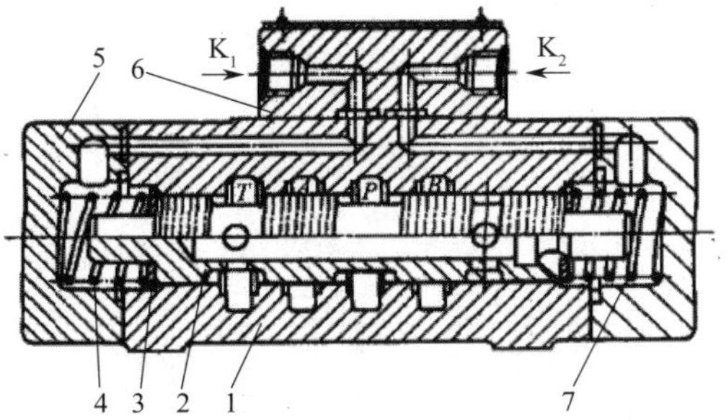

（a）

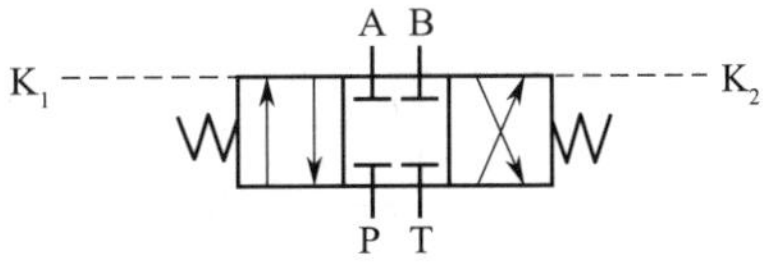

（b）

1—阀体；2—阀芯；3—挡圈；4、7—弹簧；5—端盖；6—盖板

图 2-3-5　三位四通液动换向阀

液动换向阀常用于切换流量大、压力高的场合。它常与电磁换向阀组合成电液换向阀，以实现自动换向。

4）电液换向阀

电液换向阀是由电磁换向阀和液动换向阀组合而成的复合阀。其中，电磁换向阀起先导阀的作用，用来改变液动换向阀控制油路的方向，从而控制液动换向阀的阀芯位置；液动换向阀为主阀，实现主油路的换向。由于推动主阀芯的液压力可以很大，故主阀芯的尺寸可以做得很大，允许大流量液流通过。这样就可以实现用小规格的电磁铁方便地控制大流量液动换向阀的目的。

图 2-3-6（a）所示为电液换向阀的结构原理图。当先导阀的电磁铁都不通电时，先导阀的阀芯在对中弹簧作用下处于中位，主阀芯左、右两腔的控制油液通过先导阀中间位置与油箱连通，主阀芯在对中弹簧作用下也处于中位，主阀的油口 P、A、B、T 均不通。当先导阀左边电磁铁通电时，先导阀阀芯右移，控制油液经先导阀再经左边单向阀进入主阀左腔，推动主阀芯向右移动，这时主阀右腔的油液经右边的节流阀及先导阀回油箱，使主阀油口 P 与 A 接通，B 与 T 接通，反之，先导阀右边电磁铁通电时，可使油口 P 与 B 接通，A 与 T 接通（主阀芯移动速度可由节流阀的开口大小调节）。图 2-3-6（b）、（c）、（d）所示分别为电液换向阀的实物结构、详细图形符号和简化图形符号。

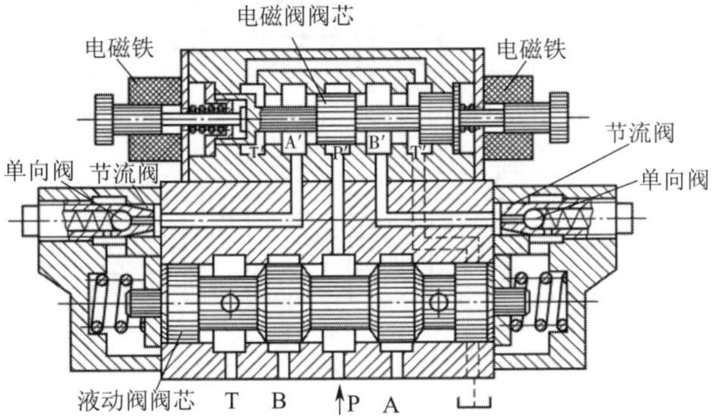

（a）

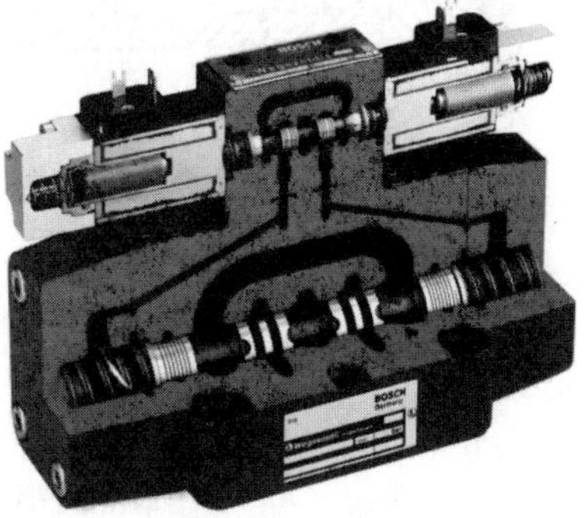

（b）

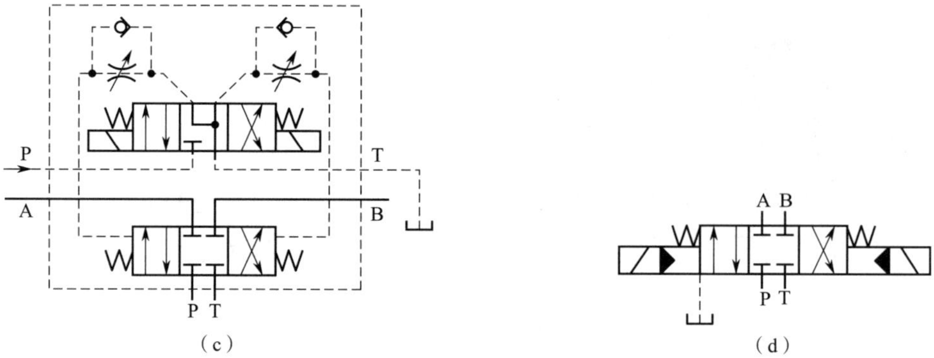

图 2-3-6　电液换向阀

(a)结构原理图 (b)实物结构图 (c)详细图形符号 (d)简化图形符号

5)手动换向阀

手动换向阀是利用手动杠杆操纵阀芯运动,以实现换向的换向阀。它有弹簧自动复位式和钢球定位式两种类型。图 2-3-7(a)所示为自动复位式手动换向阀。向右推动手柄 4 时,阀芯 2 向左移动,使油口 P、A 接通, B、T 接通;若向左推动手柄,阀芯向右运动,则 P 与 B 相通, A 与 T 相通。松开手柄后,阀芯依靠复位弹簧的作用自动弹回到中位,油口 P、T、A、B 互不相通。图 2-3-7(c)所示为其图形符号。

自动复位式手动换向阀适用于动作频繁、持续工作时间较短的场合,其操作比较安全,常用于工程机械的液压系统中。

若将该阀右端弹簧的部位改为图 2-3-7(b)所示的形式,即可成为在左、中、右三个位置定位的钢球定位式手动换向阀。当阀芯向左或向右移动后,就可借助钢球使阀芯保持在左端或右端的工作位置上。图 2-3-7(d)所示为其图形符号。该阀适用于机床、压力机、船舶等需保持工作状态时间较长的场合。

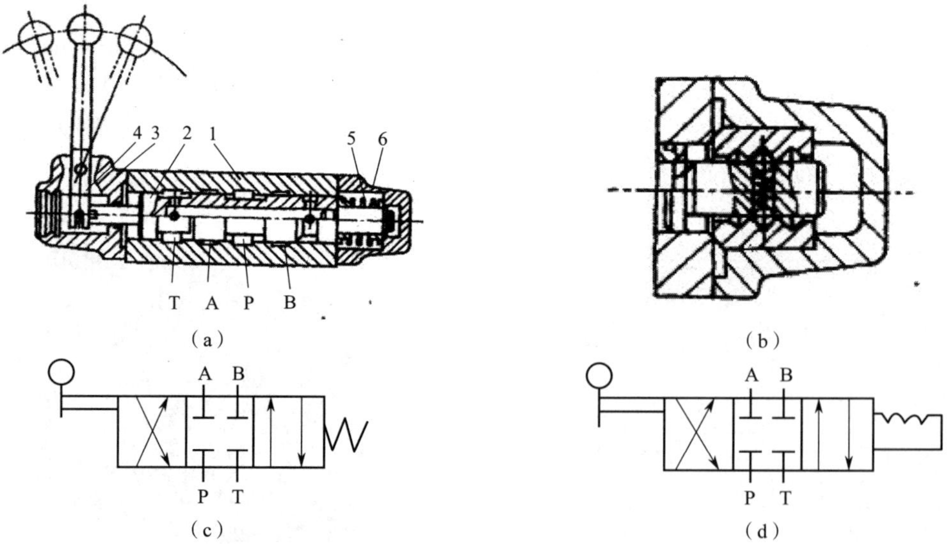

1—阀体;2—阀芯;3—前盖;4—手柄;5—弹簧;6—后盖

图 2-3-7　三位四通手动换向阀

(a)自动复位式 (b)钢球定位式 (c)自动复位式图形符号 (d)钢球定位式图形符号

[子任务 2-3-3] 液压实训台上换向阀的控制

（1）任务描述：查看液压实训台上换向阀的控制方式，分类并进行记录。

（2）依据不同换向阀的控制方式，分析其使用时如何进行控制，并分别进行记录。

2.3.3　液压换向回路

方向控制回路的作用是利用各种方向控制元件来控制流体的通断和流向，以控制执行元件的启动、停止和换向。

1. 采用换向阀的换向回路

运动部件的换向一般可采用各种换向阀来实现。在容积调速的闭式回路中，也可以利用双向变量泵控制油流的方向来实现液压缸（或液压马达）的换向。

依靠重力或弹簧返回的单作用液压缸，可采用二位三通换向阀进行换向；双作用液压缸一般可采用二位四通（或五通）及三位四通（或五通）换向阀进行换向，如图 2-3-8 所示。按不同用途还可选用采用不同控制方式的换向回路。采用电磁换向阀的换向回路应用最为广泛，尤其是在自动化程度要求较高的组合机床液压系统中被普遍采用，这种换向回路曾多次出现于上面许多回路中，这里不再赘述。对于流量较大和换向平稳性要求较高的场合，采用电磁换向阀的换向回路已不能适应上述要求，往往采用将手动换向阀或机动换向阀作为先导阀，而以液动换向阀为主阀的换向回路，或者采用电液换向阀的换向回路。

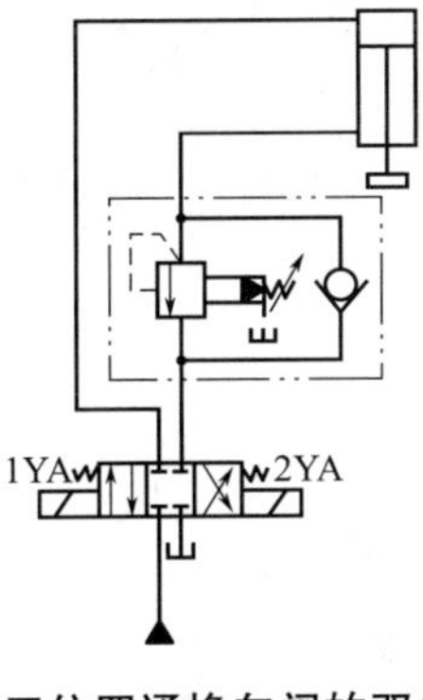

图 2-3-8　采用三位四通换向阀的双作用缸换向回路

图 2-3-9 所示为手动换向阀（先导阀）控制液动换向阀的换向回路。回路中用辅助泵 2 提供低压控制油，通过手动先导阀 3（三位四通换向阀）来控制液动换向阀 4 的阀芯移动，实现主油路的换向。当先导阀 3 在右位时，控制油进入液动换向阀 4 的左端，右端的油液经先导阀 3 回油箱，使液动换向阀 4 左侧接入，工件活塞下移。当先导阀 3 切换至左位时，即控制油使液动换向阀 4 换向，活塞向上退回。当先导阀 3 处于中位时，液动换向阀 4 两端的控制油通油箱，在弹簧力的作用下使阀芯回复到中位，主泵 1 卸荷。在机床夹具、油压机和起重机等不需要自动换向的场合，常常采用手动换向阀进行换向。在液动换向阀或电液换向阀的换向回路中，控制油液除了由辅助泵供给外，在一般的系统中也可以把控制油路直接接入主油路。但是，当主阀采用 M 型或 H 型中位机能时，必须在回路中设置背压阀，以保证控制油液有一定的压力，从而控制换向阀阀芯的移动。

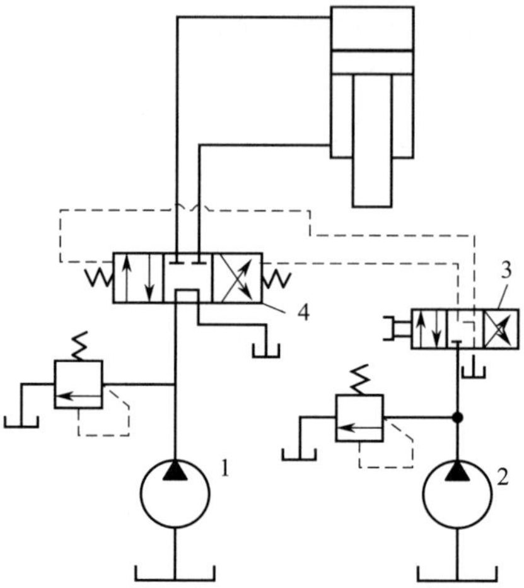

1—主泵;2—辅助泵;3—手动先导阀;4—液动换向阀

图 2-3-9　先导阀控制液动换向阀的换向回路

[子任务 2-3-4] 液压实训台上换向回路的搭建(一)

(1)任务描述:采用二位四通换向阀进行换向回路的搭建。

(2)采用二位四通换向阀的换向回路见图 2-3-10。

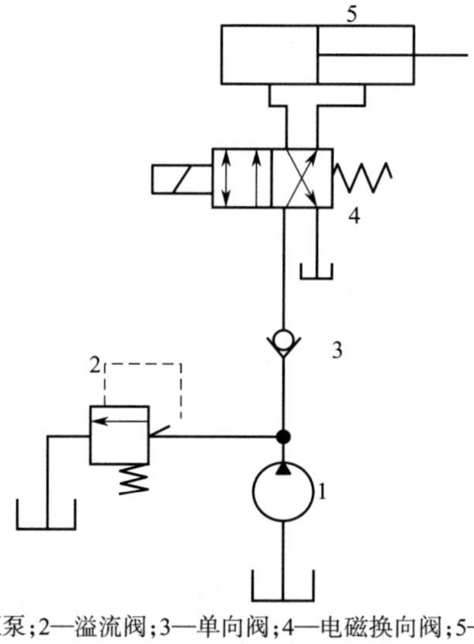

1—液压泵;2—溢流阀;3—单向阀;4—电磁换向阀;5—液压缸

图 2-3-10　采用二位四通换向阀的换向回路

(3)元器件明细表如表 2-3-3 所示。

表 2-3-3　元器件明细表

序号	名称	型号与规格	单位	数量	备注
1	液压泵		台	1	
2	溢流阀		个	1	
3	单向阀		个	1	

续表

序号	名称	型号与规格	单位	数量	备注
4	电磁换向阀		个	1	
5	液压缸		个	1	
6	油管		米	若干	
7	管接头		个	若干	

(4)换向回路的搭建及测试:

① 控制换向阀的动作,观察液压缸的动作并进行记录;

② 更换先导阀控制液动换向阀,看液压缸能否完成相应的动作,思考不同换向阀的区别;

③ 采用二位三通换向阀进行换向回路的搭建,并控制完成液压缸的动作,对两种不同换向阀的控制动作进行分析;

④ 实验完毕,将实训台上所有物品恢复原位。

2. 采用双向变量泵的换向回路

采用双向变量泵的换向回路如图 2-3-11 所示,常用于闭式油路中,采用变更供油方向的方法来实现液压缸或液压马达的换向。当双向变量泵 1 吸油侧供油不足时,可由补油泵 2 通过单向阀 3 来补充油液;泵 1 吸油侧多余的油液可通过液压缸 5 进油侧由压力控制的二位二通换向阀 4 和溢流阀 6 流回油箱。

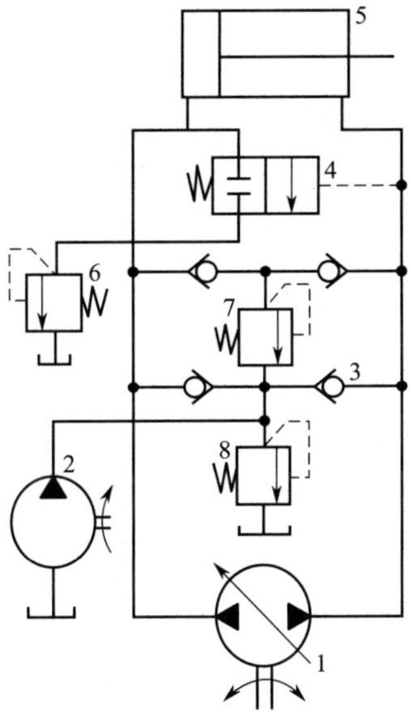

1—双向变量泵;2—补油泵;3—单向阀;4—二位二通换向阀;5—液压缸;6、8—溢流阀;7—安全阀

图 2-3-11　采用双向变量泵的换向回路

溢流阀 6 和 8 的作用是使液压缸活塞向右或向左运动时泵的吸油侧有一定的吸入压力以改善泵的吸油性能,同时使活塞运动平稳。溢流阀 7 同时也是防止系统过载的安全阀。

[子任务 2-3-5] 液压实训台上换向回路的搭建(二)

(1)任务描述:采用三位四通换向阀进行换向回路的搭建。

(2)采用三位四通换向阀的换向回路如图 2-3-12 所示。

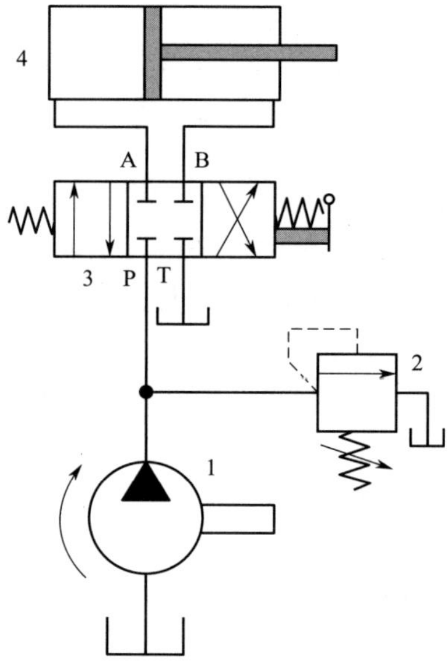

1—定量油泵;2—溢流阀;3—三位四通 O 型手动换向阀;4—双作用液压缸

图 2-3-12 采用三位四通换向阀的换向回路

(3)元器件明细表如表 2-3-4 所示。

表 2-3-4 元器件明细表

序号	名称	型号与规格	单位	数量	备注
1	液压泵		台	1	
2	溢流阀		个	1	
3	三位四通换向阀		个	1	
4	液压缸		个	1	
5	油管		米	1	
6	管接头		个	若干	

(4)换向回路的搭建及测试:

① 手动控制换向阀的动作,观察液压缸的动作并进行记录;

② 将手动换向阀改为电磁换向阀进行换向回路的搭建,并控制完成液压缸的动作,对比两种换向阀的控制方式;

③ 实验完毕,将实训台上所有物品恢复原位。

练习题

1. 填空题

（1）方向控制阀通过控制液压系统中液流的__________或__________来控制执行元件的__________、__________及__________。

（2）电磁换向阀是利用__________的吸力来推动阀芯移动，从而改变__________的换向阀。电磁换向阀按使用的电源不同，有__________和__________两种。

（3）行程阀是利用安装在运动部件上的___________或___________使阀芯移动而实现换向的。

（4）单作用液压缸可以采用___________换向阀进行换向，双作用液压缸一般可采用___________及___________换向阀进行换向。

2. 简答题

（1）液压系统对液压阀的基本要求有哪些？

（2）列举三种及以上常见三位换向阀的中位机能。

（3）液压系统换向回路的实现方式有哪些？

任务完成报告

<table>
<tr><td>姓名</td><td></td><td>学习日期</td><td></td></tr>
<tr><td>任务名称</td><td colspan="3">汽车起重机升降换向回路的搭建</td></tr>
<tr><td rowspan="5">学习自评</td><td colspan="2">考核内容</td><td>完成情况</td></tr>
<tr><td colspan="2">（1）描述换向阀的工作原理</td><td>□好 □良好 □一般 □差</td></tr>
<tr><td colspan="2">（2）说出常见三位换向阀的中位机能</td><td>□好 □良好 □一般 □差</td></tr>
<tr><td colspan="2">（3）说出常用换向阀的形式</td><td>□好 □良好 □一般 □差</td></tr>
<tr><td colspan="2">（4）进行液压系统换向回路的搭建</td><td>□好 □良好 □一般 □差</td></tr>
<tr><td>学习心得</td><td colspan="3"></td></tr>
</table>

任务 2.4　汽车起重机支腿锁紧回路的搭建

起重机工作时，要求支腿机构中的四条液压支腿将整车抬起，使汽车轮胎离开地面，以保证载荷不会直接作用在轮胎上，且液压支腿能长时间保持位置不变。液压支腿的支撑状态是通过液压锁紧回路实现的，需采用单向阀对液压油路进行控制，从而使液压缸保持稳定动作。

任务要求

（1）理解单向阀的工作原理及用途。
（2）识别不同单向阀的实物及图形符号。
（3）分析液压锁紧回路的工作原理图。
（4）选用单向阀实现液压锁紧回路的搭建。

知识目标

（1）熟悉单向阀的工作原理及用途。
（2）认识不同单向阀的实物及图形符号。
（3）识读液压锁紧回路的工作原理图。
（4）熟悉液压锁紧回路的组成。

能力目标

（1）能理解单向阀的工作原理及用途。
（2）能区分不同单向阀的实物及图形符号。
（3）能识读液压锁紧回路的工作原理图。
（4）能进行液压锁紧回路的搭建。

素养目标

（1）培养学生理论结合实际的能力。
（2）培养学生的实际动手操作能力。

2.4.1　单向阀

对起重机支腿油路有支承锁紧和悬挂锁紧两项锁紧要求。根据不同油路的要求，每个支腿可采用仅能起单向锁紧作用的单向液压锁紧，或由两个液控单向阀交叉连接而成的双向液压锁紧，采用后一种方案更加可靠，且每个支腿锁紧装置都必须独立设置。

单向阀是控制油液单方向流动的方向控制阀。常用的单向阀有普通单向阀和液控单向阀两种。

1. 普通单向阀

1）工作原理

普通单向阀允许油液沿着一个方向流动，反向将被截止。如图 2-4-1（a）所示，当油液从进油口 P_1 流入时，克服弹簧 3 在阀芯 2 上的作用力以及阀芯 2 与阀体 1 之间的摩擦力而顶开阀芯，并通过阀芯上的径向孔 a、轴向孔 b 从出油口 P_2 流出；当油液反向从 P_2 口流入时，在液压力和弹簧力共同作用下，阀芯压紧在阀座上，阀口关闭，实现反向截止。普通单向阀的图形符号与实物图如图 2-4-1（b）、（c）所示。

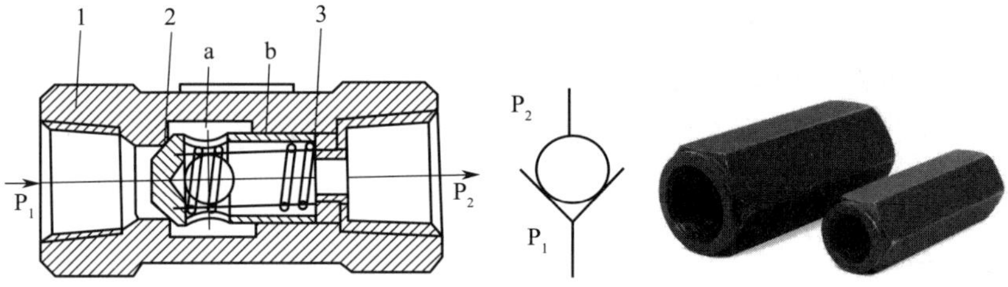

（a）　（b）　（c）

1—阀体；2—阀芯；3—弹簧

图 2-4-1　单向阀

（a）结构原理图　（b）图形符号　（c）实物图

单向阀中的弹簧仅用于克服阀芯的摩擦阻力和惯性力，所以其刚度较小，开启压力很小（一般为 0.035~0.05 MPa）。若将单向阀中的弹簧换成刚度较大的弹簧，则单向阀可用作背压阀，其开启压力为 0.3~0.5 MPa。

2）应用

普通单向阀的应用如下：

（1）常被安装在泵的出口处，用来防止因压力冲击而影响泵的正常工作，并防止泵不工作时系统中的油液倒流；

（2）用于隔离高、低压区；

（3）与其他阀并联组成单向节流阀、单向减压阀、单向顺序阀，使其在单方向上起作用；

（4）安装在回油路中用作背压阀，此时单向阀的开启压力为 0.3~0.5 MPa。

2. 液控单向阀

1）工作原理

与普通单向阀相比，液控单向阀在结构上增加了一个控制活塞 1 和控制油口 K，如图 2-4-2（a）所示。液控单向阀除了可以实现普通单向阀的功能外，还可以根据需要由外部油压来控制，以实现逆向流动。当控制油口 K 没有通入液压油时，它的工作原理与普通单向阀相同，即液压油从 P_1 口流入，从 P_2 口流出，反向被截止；当控制油口 K 通入液压油时，控制活塞向右移动，顶开阀芯 3，使油口 P_1 和 P_2 相通，油液反向通过。为了减小控制活塞移动时的阻力，控制压力最小应为主油路压力的 30% ~50%。其图形符号和实物图如图 2-4-2（b）、（c）所示。

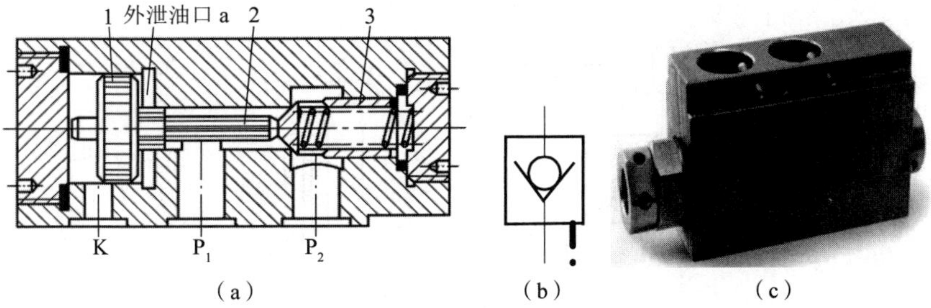

1—控制活塞；2—顶杆；3—阀芯

图 2-4-2　液控单向阀

（a）结构原理图　（b）图形符号　（c）实物图

2）应用

液控单向阀在机床液压系统中的应用十分普遍，常用于保压、锁紧和平衡回路。

（1）保持压力。滑阀式换向阀都有间隙泄漏现象，只能短时间保压。当有保压要求时，可在油路上加一个液控单向阀，利用锥阀关闭的严密性，使油路长时间保压，如图 2-4-3（a）所示。

（2）实现液压缸锁紧。当换向阀处于中位时，两个液控单向阀关闭，可严密封闭液压缸两腔的油液，这时活塞就不能因外力作用而产生移动，如图 2-4-3（b）所示。

（3）实现对液压缸的“支撑”。在立式液压缸中，由于滑阀和管的泄漏，在活塞和活塞杆的重力作用下，活塞和活塞杆可能下滑。将液控单向阀接于液压缸下腔的油路中，可防止液压缸的活塞和滑块等活动部分下滑，如图 2-4-3（c）所示。

（4）大流量排油。液压缸两腔的有效工作面积相差很大。在活塞退回时，液压缸无杆腔的排油量骤然增大，此时若采用小流量的滑阀，会产生节流作用，限制活塞的后退速度；若加设液控单向阀，在液压缸活塞后退时，控制液压油将液控单向阀打开，便可以顺利地将无杆腔的油液排出，如图 2-4-3（d）所示。

（5）用作充油阀。立式液压缸的活塞在高速下降过程中，因高压油和自重的作用下降迅速，产生吸空和负压，必须增设补油装置。液控单向阀作为充油阀使用，可以完成补油功能，如图 2-4-3（e）所示。

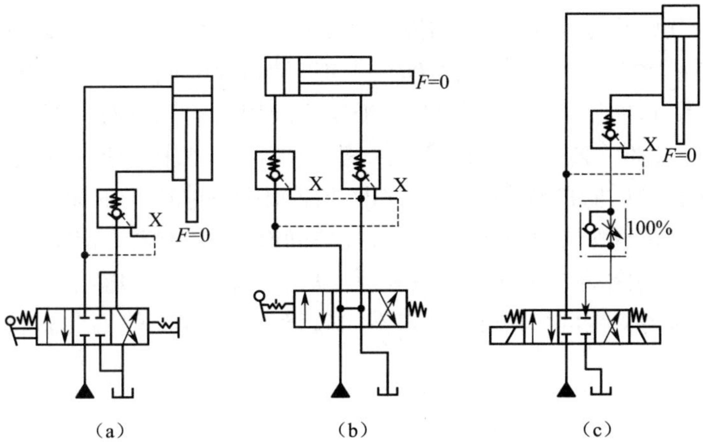

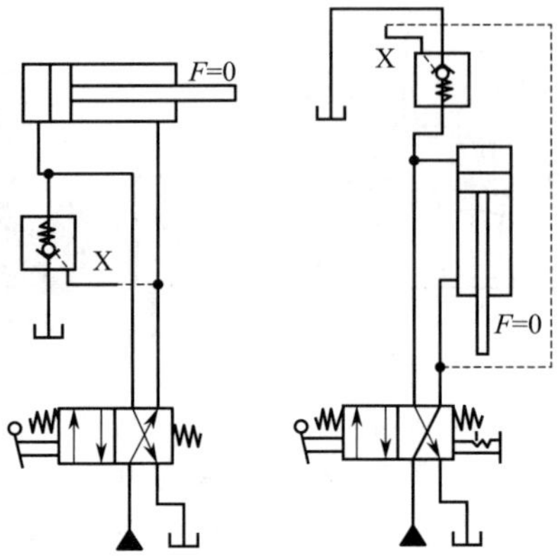

（d）　　（e）

图 2-4-3　液控单向阀的应用

（a）保持压力　（b）实现液压缸锁紧　（c）实现对液压缸的“支撑”　（d）大流量排油　（e）用作充油阀

2.4.2　液压锁紧回路

液压锁紧回路的作用是在执行元件不工作时，使其准确地停留在原来的位置上，不能因泄漏或外界因素而改变位置。常用的液压锁紧回路主要有以下三种。

1. 单向阀锁紧回路

如图 2-4-4（a）所示，当液压泵停止工作时，液压缸活塞向右的运动被单向阀锁紧，向左则可以运动。只有当活塞向左运动到极限位置时，才能实现双向锁紧。这种回路的锁紧精度也受换向阀内泄漏量的影响。

2. 三位换向阀锁紧回路

如图 2-4-4（b）所示，使液压缸锁紧的最简单方法是利用三位换向阀的 M 型或 O 型中位机能来封闭缸的两腔。但由于滑阀的泄漏，不能长时间保持在某位置上停止不动，锁紧精度不高。

3. 双液控单向阀（液压锁）锁紧回路

如图 2-4-4（c）所示，在工程机械的液压系统中常采用双液控单向阀锁紧回路。当三位四通电磁换向阀处于中位时，两个液控单向阀的进油口及控制油口都与油箱相通，使两个液控单向阀迅速关闭，可实现对液压缸的双向锁紧。液控单向阀具有良好的锥面密封性，液压缸可以长时间地被锁紧。配合液压锁最好采用 H 型或 Y 型中位机能的换向阀，这种换向阀一旦回到中位，液控单向阀的控制压力便立即卸掉，因而液控单向阀将马上关闭。假如采用 O 型中位机能，在换向阀处于中位时，由于液控单向阀的控制腔液压油被闭死而不能使其立即关闭，直至由于换向阀的内泄漏使控制腔泄压后，液控单向阀才能关闭，影响其锁紧精度。双向液压锁一般直接装在液压缸上，中间不用软管连接，这样就不会因软管爆裂而引发事故，具有安全保护作用。

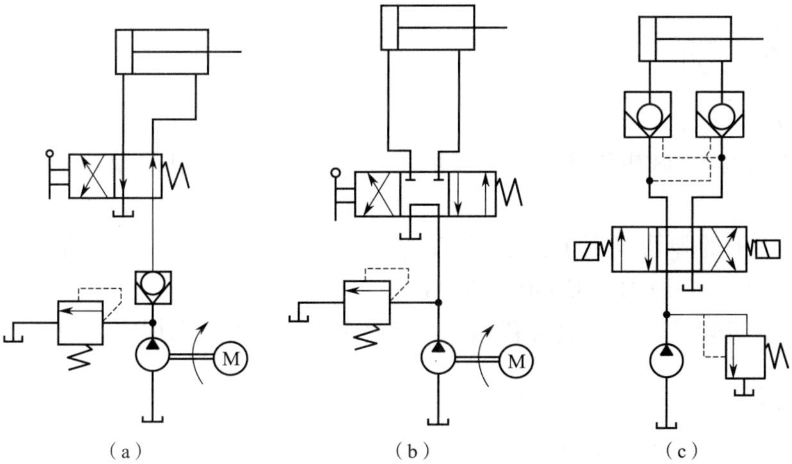

图 2-4-4　常用的液压锁紧回路

(a)单向阀锁紧　(b)三位换向阀锁紧　(c)双液控单向阀(液压锁)锁紧

[子任务 2-4-1] 液压实训台上液控单向阀锁紧回路的搭建

(1)任务描述:采用液控单向阀进行锁紧回路的连接搭建。

(2)双液控单向阀锁紧回路如图 2-4-4(c)所示。

(3)元器件明细表如表 2-4-1 所示。

表 2-4-1　元器件明细表

序号	名称	型号与规格	单位	数量	备注
1	液压泵		台	1	
2	溢流阀		个	1	
3	三位四通换向阀		个	1	
4	单向阀		个	2	
5	液压缸		个	1	
6	油管		米	若干	
7	管接头		个	若干	

(4)锁紧回路的搭建及测试:

① 进行锁紧回路的搭建,并控制换向阀的动作,观察液压缸的动作并进行记录;

② 在液压泵停止后,用手拉动或压入液压缸,记录能否使液压缸动作;

③ 思考上一步中液压缸不能动作的原因;

④ 实验完毕,将实训台上所有物品恢复原位。

练习题

1. 填空题

（1）单向阀是控制油液单方向流动的__________。常用的单向阀有__________和__________两种。

（2）单向阀中的弹簧仅用于克服阀芯的__________和__________，所以其刚度较小，开启压力__________（一般为 0.035~0.05 MPa）。

（3）液控单向阀除了可以实现普通单向阀的功能外，还可以根据需要由___________来控制，以实现___________。

2. 简答题

（1）描述单向阀的应用场景。

（2）描述液控单向阀的应用场景。

（3）液压系统锁紧回路的实现方式有哪些？

任务完成报告

姓名		学习日期	
任务名称	汽车起重机支腿锁紧回路的搭建		
学习自评	考核内容		完成情况
	(1)描述单向阀的工作原理		□好 □良好 □一般 □差
	(2)说出常用单向阀的形式		□好 □良好 □一般 □差
	(3)描述液压系统锁紧回路的实现形式		□好 □良好 □一般 □差
	(4)进行液压锁紧回路的搭建		□好 □良好 □一般 □差
学习心得			

项目 3 定位夹紧机构液压系统的搭建

学习情境描述

在自动化生产线上，经常要将物料切割成定长尺寸，或在长度方向上均匀地打孔等。在进行以上操作之前，需将物料输送到规定位置，再夹紧。本项目要求设计一种液压定位夹紧机构，实现物料机加工前的定位和夹紧。定位夹紧机构如图 3-1 所示，当物料从传送带上输送至位置 1 时，定位缸活塞伸出，将物料推送至位置 2，然后夹紧缸对物料实施夹紧，机加工缸（图中没画出）下行，对物料进行切削或钻孔等操作。

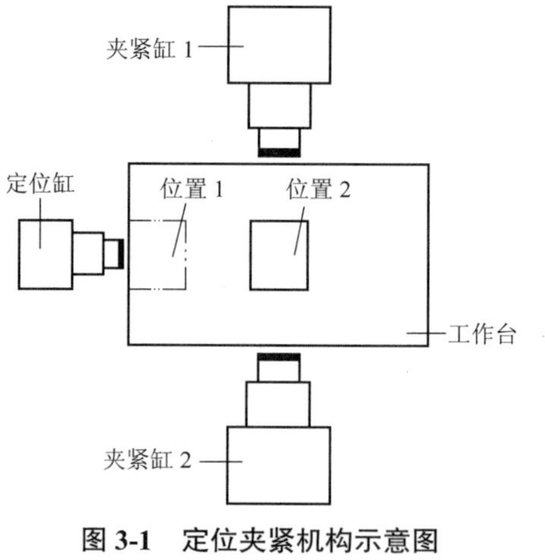

图 3-1 定位夹紧机构示意图

项目描述

在加工过程中，对定位夹紧装置有如下要求：工件的夹紧压力小于主系统工作压力，并可根据工件材料的硬度进行调整；在装夹的过程中，先对工件定位，确保定位完成后，方能实施夹紧；在加工过程中，夹紧力保持不变；在加工完成后，能快速松开工件，以便更换下一待加工工件，提高工作效率。针对以上要求，在不另外采用液压泵供油的情况下，要使用减压元件，将装夹回路压力降至设定值；工件的定位和夹紧动作由两个液压缸分别完成，夹紧工件时要利用液压元件控制两缸顺序动作，释放工件时两缸同时动作，以提高效率；采用与溢流阀功能相似的元件稳压，以确保加工过程中工件的夹紧力保持不变。

在本项目中，以定位夹紧机构为例，对定位夹紧液压系统进行学习，要实现的目标具体描述如下：

（1）分析定位夹紧机构调压回路，选取适当的溢流阀，进行调压回路的搭建；

（2）分析定位夹紧机构减压回路，选取适当的减压阀，进行减压回路的搭建；

（3）分析定位夹紧机构平衡回路，选取适当的顺序阀，进行平衡回路的搭建。

任务分解

本项目分为三个任务，逐步实现上述功能要求。

任务 3.1　定位夹紧机构调压回路的搭建

本任务要求学生理解溢流阀的工作原理及用途，识别溢流阀实物及图形符号，能够分析调压回路的工作原理图，能够选用溢流阀实现调压回路的搭建。

任务 3.2　定位夹紧机构减压回路的搭建

本任务要求学生理解减压阀的工作原理及用途，识别减压阀实物及图形符号，能够分析减压回路的工作原理图，能够选用减压阀实现减压回路的搭建。

任务 3.3　定位夹紧机构平衡回路的搭建

本任务要求学生理解顺序阀的工作原理及用途，识别顺序阀实物及图形符号，能够分析平衡回路的工作原理图，能够选用顺序阀实现平衡回路的搭建。

任务 3.1　定位夹紧机构调压回路的搭建

在液压系统中，控制油液压力高低的阀和通过压力信号实现动作控制的阀统称压力控制阀。它们是利用作用在阀芯上的液压力和弹簧力相平衡的原理来工作的。压力控制阀主要有溢流阀、减压阀、顺序阀和压力继电器等。

压力控制回路用压力阀来控制和调节液压系统主油路或某一支路的压力，以满足执行元件所需的力或力矩的要求。利用压力控制回路可对系统进行调压、减压、增压、卸荷、保压，以及实现工作机构的平衡等各种控制。

任务要求

（1）理解溢流阀的工作原理及用途。

(2)识别溢流阀实物及图形符号。
(3)分析调压回路的工作原理图。
(4)选用溢流阀实现调压回路的搭建。

知识目标

(1)熟悉溢流阀的工作原理及用途。
(2)认识溢流阀实物及图形符号。
(3)识读液压调压回路的工作原理图。
(4)熟悉液压调压回路的组成。

能力目标

(1)能理解溢流阀的工作原理及用途。
(2)能区分不同溢流阀的实物及图形符号。
(3)能识读液压调压回路的工作原理图。
(4)能进行液压调压回路的搭建。

素养目标

(1)培养学生理论结合实际的能力。
(2)培养学生的实际动手操作能力。

3.1.1 溢流阀

溢流阀在液压系统中通过阀口的溢流量来实现调压、稳压或限压,按结构不同可分为直动式和先导式两种。

1. 溢流阀的工作原理

1)直动式溢流阀

直动式溢流阀是靠系统中的液压油直接作用于阀芯上且与弹簧力相平衡的原理来工作的。图 3-1-1(a)为直动式溢流阀的结构原理图。P 是进油口,T 是回油口,液压油从 P 口进入,经主阀芯 4 上的径向小孔 c 和轴向阻尼小孔 d 作用在阀芯底部的锥孔 a 上,当进油压力升高,阀芯所受的液压力 p_A 超过弹簧力 F 时,阀芯上移,阀口被打开,油口 P 和 T 相通,实现溢流。阀口的开度经过一个过渡过程后,便稳定在某一位置上,进油口压力 p 也稳定在某一调定值上。调整调压螺母 1,可以改变调压弹簧 2 的预紧力,这样就可调节进油口的压力 p。阀芯上阻尼小孔 d 的作用是对阀芯的动作产生阻尼,提高阀的工作平稳性。L 为泄油口,溢流阀工作时,油液通过间隙泄漏到阀芯上端的弹簧腔中,通过阀体上的内泄孔道 b 与回油口 T 相通,此时 L 口堵塞,这种连接方式称为内泄;若将孔 b 堵塞,打开 L 口,泄漏油将直接引回油箱,这种连接方式称为外泄。当溢流阀稳定工作时,作用在阀芯上的液压力和弹

簧力相平衡（阀芯的自重、摩擦力等都忽略不计），则有

$$pA = F_s$$

$$p = \frac{F_s}{A} \qquad (3\text{-}1\text{-}1)$$

式中：p 为溢流阀调节压力；F_s 为调压弹簧力；A 为阀芯底部的有效作用面积。

对于特定的阀，A 值是恒定的，调节 F_s 就可调节进口压力 p。当系统压力变化时，阀芯会做相应的波动，然后在新的位置上达到平衡；与之相应的弹簧力也会发生变化，但相对于调定的弹簧力来说变化很小，所以认为 p 值基本保持恒定。

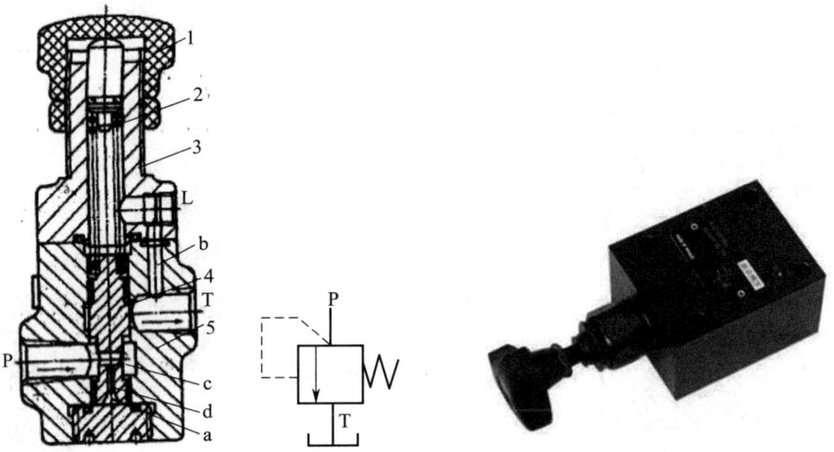

（a）　（b）　（c）

1—调压螺母；2—调压弹簧；3—上盖；4—主阀芯；5—阀体；a—锥孔；b—内泄孔道；c—径向小孔；d—轴向阻尼小孔

图 3-1-1　直动式溢流阀

（a）结构原理图　（b）图形符号　（c）实物图

直动式溢流阀具有结构简单、制造容易、成本低等优点，其缺点是油液压力直接和弹簧力平衡，所以压力稳定性差。当系统压力较高时，要求弹簧有很大的刚度，因此调节性能较差，一般只用于低压小流量场合。图 3-1-1（b）、（c）所示分别为直动式溢流阀的图形符号与实物图。

2）*先导式溢流阀*

先导式溢流阀由先导阀和主阀两部分组成。它是利用主阀芯上、下两端的压力差所形成的作用力和弹簧力相平衡的原理来工作的。如图 3-1-2（a）所示，P 是进油口，T 是出油口（因溢流阀出油口常接油箱，故常称为回油口），液压油从 P 口进入，通过阀芯上的轴向小孔 a 进入 A 腔，同时经 b 孔进入 B 腔，又经 d 孔作用在先导网的锥阀芯 8 上。当进油压力 p 较低，不足以克服调压弹簧 6 的弹簧力 F_{s6} 时，锥阀芯 8 关闭，主阀芯上、下两端压力相等，主阀芯在复位弹簧 3 的作用下处于最下端位置，阀口 P 和 T 不通，溢流口关闭。当进油压力升高，作用在锥阀芯上的液压力大于 F_{s6} 时，锥阀芯 8 被打开，液压油便经孔、回油口 T 流回油箱。由于孔 b 的作用，主阀芯 2 上端的压力小于下端压力，当这个压力差超过复位弹簧 3 的作用力 F_{s3} 时，主阀芯上移，进油口 P 和回油口 T 相通，实现溢流。所调节的进口压力 p

也要经过一个过渡过程才能达到平衡状态。当溢流阀稳定工作时，作用在主阀芯上的液压力和弹簧力相平衡（阀芯的自重、摩擦力等忽略不计），则有

$$pA = p_1A + F_{s3} \tag{3-1-2}$$

式中：p 为进口压力；p_1 为主阀芯上腔压力；F_{s3} 为主阀芯复位弹簧力；A 为主阀芯的有效作用面积。

由式（3-1-2）可知，由于 p_1 是由先导阀弹簧调定的，基本上为恒定值；主阀芯上腔的复位弹簧 3 的刚度较小，且 F_{s3} 的变化也较小，所以当溢流量发生变化时，溢流阀进口压力 p 的变化较小。先导式溢流阀相对于直动式溢流阀具有较好的稳压性能，但反应不如直动式溢流阀灵敏，一般适用于压力较高的场合。图 3-1-2（b）、（c）所示为其图形符号与实物图。

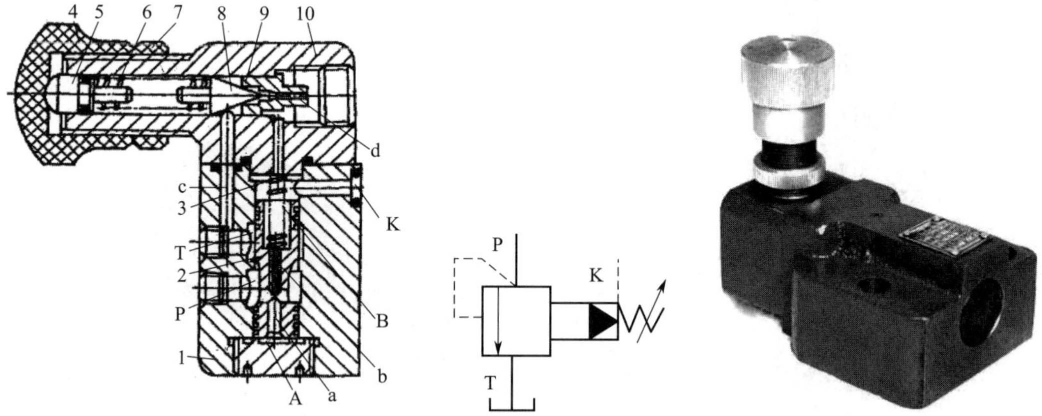

（a）　　（b）　　（c）

1—主阀体；2—主阀芯；3—复位弹簧；4—调节螺母；5—调节杆；6—调压弹簧；7—螺母；8—锥阀芯；9—阀座；10—阀盖；a、b—轴向小孔；c—流道；d—小孔；A—A 腔室；B—B 腔室；P—进油口；T—回油口；K—控制油口

图 3-1-2　先导式溢流阀

（a）结构原理图　（b）符号　（c）实物图

2. 溢流阀的应用

1）定压溢流

在定量泵供油的节流调速系统中，在泵的出口处并联溢流阀，与流量控制阀配合使用，将液压泵多余的油液溢流回油箱，保证泵的工作压力基本不变，如图 3-1-3（a）所示。

2）防止系统过载

在变量泵调速系统中，系统正常工作时，溢流阀常闭，当系统过载时，阀口打开，使油液排入油箱而起到安全保护作用，如图 3-1-3（b）所示。

3）用作背压阀

在液压系统的回油路上串接一个溢流阀，可以形成一定的回油阻力，这种压力称为背压。它可以改善执行元件的运动平稳性，如图 3-1-3（c）所示。

4）实现远程调压

先导式溢流阀有一个远程控制口 K，如果此口与另一个远程调压阀（其结构和先导阀部分相同）连接，可通过调节远程调压阀的弹簧力来调节主阀芯上腔的液压力，从而实现对

溢流阀进口压力的远程调节。远程调压阀调定的压力不能超过溢流阀先导阀调定的压力，否则不起作用，如图 3-1-3（d）所示。

5）使泵卸荷

当先导式溢流阀的远程控制口 K 通过二位二通阀接通油箱时，主阀芯上腔的油液压力接近于零，复位弹簧很软，溢流阀进油口处的油液以很低的压力将阀口打开流回油箱，可使液压泵卸荷，降低功率消耗，减少系统发热，如图 3-1-3（e）所示。

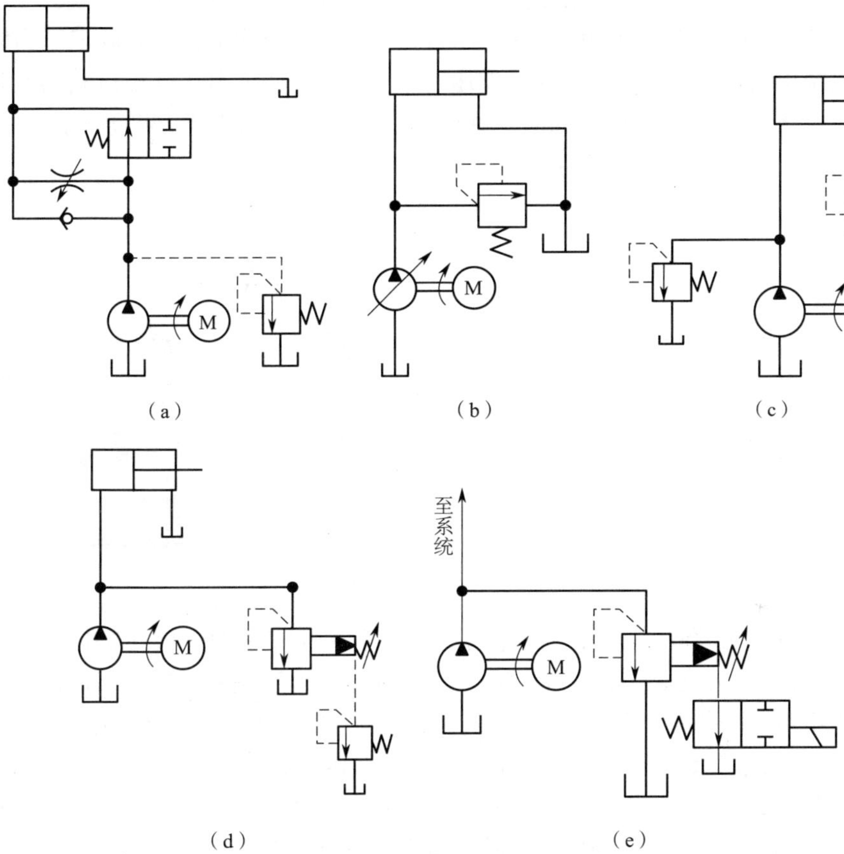

（a）　（b）　（c）

（d）　（e）

图 3-1-3　溢流阀的应用

（a）稳压溢流　（b）安全保护　（c）用作背压阀　（d）远程调压　（e）使泵卸荷

[子任务 3-1-1]　认识液压实训台上的溢流阀

（1）任务描述：查看液压实训台上溢流阀的类型及型号规格，进行记录。

（2）分析实训台上溢流阀的类型，绘制其图形符号。

（3）依据不同溢流阀的类型及图形符号，分析其油路连接的方式。

3.1.2　液压调压回路

当液压系统工作时，液压泵应向系统提供所需压力的液压油，提高执行元件运动的平稳性,所以应设置调压或限压回路。在定量泵系统中,需要通过溢流阀来调节并稳定液压泵的工作压力,当系统在不同的工作时间内需要有不同的工作压力时,可采用二级或多级调压回路;在变量泵系统或旁路节流调速系统中,用溢流阀(用作安全阀)限制系统的最高安全压力。

1. 单级调压回路

如图 3-1-4 所示,将液压泵 1 和先导式溢流阀 2 并联,即可组成单级调压回路。通过调节溢流阀的压力,可以改变泵的输出压力。当溢流阀的调定压力确定后,液压泵就在溢流阀的调定压力下工作,从而实现了对液压系统的调压和稳压控制。如果将液压泵 1 改换为变量泵,则溢流阀将作为安全阀来使用:当液压泵的工作压力低于溢流阀的调定压力时,溢流阀不工作;当系统出现故障时,液压泵的工作压力上升时,一旦压力达到溢流阀的调定压力,溢流阀将开启,并将液压泵的工作压力限制在溢流阀的调定压力以下,使液压系统不会因压力过载而受到破坏,从而保护了液压系统。

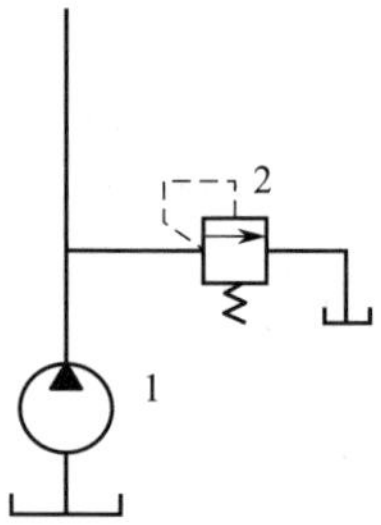

1—液压泵;2—先导式溢流阀

图 3-1-4 单级调压回路

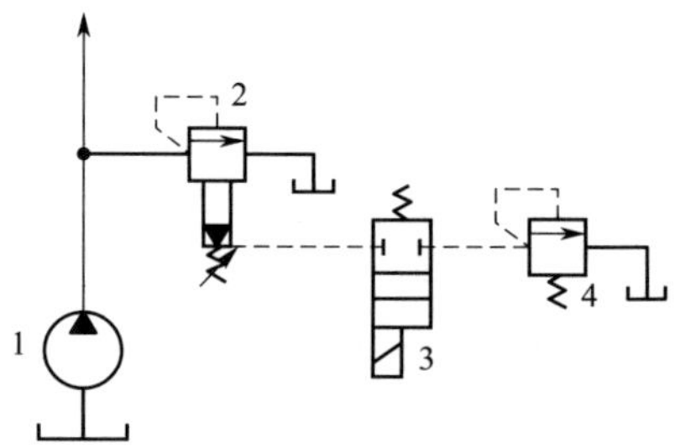

1—液压泵;2—先导式溢流阀;3—二位二通换向阀;

图 3-1-5 二级调压回路

2. 二级调压回路

图 3-1-5 所示为二级调压回路,该回路可实现两种不同的系统压力控制。由先导式溢流阀 2 和直动式溢流阀 4 各调一级,当二位二通换向阀 3 处于图示位置时,系统压力由阀 2 调定;当阀 3 得电后,系统压力由阀 4 调定。注意:阀 4 的调定压力一定要小于阀 2 的调定压力,否则将不能实现二级调压。当系统压力由阀 4 调定时,先导式溢流阀 2 的先导阀口关闭,阀 4 的主阀开启,液压泵的溢流流量经阀 2 的主阀回油箱,这时阀 2 也处于工作状态,并有油液通过。应当指出的是,若将阀 3 与阀 4 调换位置,仍可进行二级调压,并且可在二级压力转换点上获得更为稳定的压力转换。

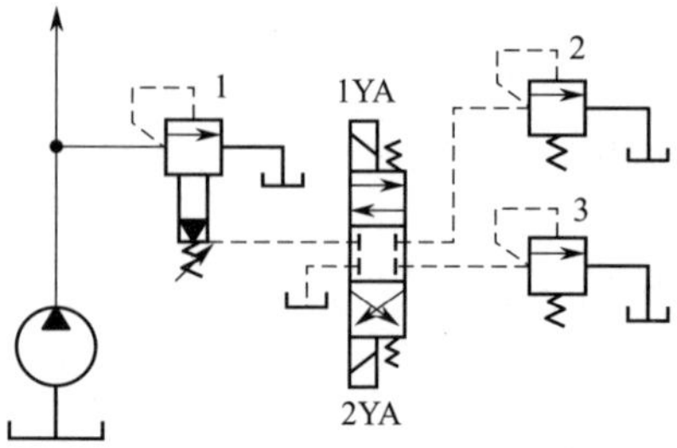

1—先导式溢流阀;2、3—调压阀(溢流阀)

图 3-1-6 三级调压回路

3. 多级调压回路

图 3-1-6 所示为三级调压回路,三级压力分别由先导式溢流阀 1、调压阀(溢流阀)2 和 3 调定,当电磁铁 1YA、2YA 失电时,系统压力由先导式溢流阀 1 调定;当 1YA 得电时系统压力由溢流阀 2 调定;当 2YA 得电时,系统压力由溢流阀 3 调定。在这种调压回路中阀 2 和阀 3 的调定压力要低于阀 1 的调定压力,而阀 2 和阀 3 的调定压力之间没有一定的大小关系。当阀 2 或阀 3 工作时,它们相当于阀 1 上的另一个先导阀。

3.1.3　液压卸荷回路

在液压系统的工作过程中，执行元件有时会短时间停止工作，不需要液压系统传递能量；或者执行元件在某段工作时间内虽保持一定的力，但运动速度极慢，甚至停止运动。在这种情况下，不需要液压泵输出油液，或只需要很小流量的液压油，于是液压泵输出的全部或绝大部分液压油将从溢流阀流回油箱，造成能量的消耗，引起油液发热，使油液变质速度加快，而且影响液压系统的性能及泵的寿命，为此需要采用卸荷回路。卸荷回路的作用是在液压泵驱动电动机不频繁启闭的情况下，使液压泵在功率输出接近于零的情况下运转，以减少功率损耗，降低系统发热，延长泵和电动机的寿命。

因为液压泵的输出功率为其流量和压力的乘积，所以若两者之一近似为零，则功率损耗也近似为零。因此，液压泵的卸荷有流量卸荷和压力卸荷两种，前者主要是使用变量泵，使变量泵仅为补偿泄漏而以最小流量运转，此方法比较简单，但泵仍在高压状态下运行，磨损比较严重；后者是使泵在接近零压力情况下运转。常见的压力卸荷方式有以下几种。

1. 换向阀卸荷回路

（1）M、H 和 K 型中位机能的三位换向阀处于中位时，泵即卸荷。图 3-1-7 所示为采用 M 型中位机能的电液换向阀的卸荷回路（简称“M 型中位机能卸荷回路”）。这种回路切换时压力冲击小，但回路中必须设置单向阀，以使系统能保持 0.3 MPa 左右的压力，供操纵控制油路之用。

（2）图 3-1-5 中若去掉调压阀 4，使二位二通电磁阀直接接油箱，便构成一种使用先导式溢流阀的卸荷回路，如图 3-1-8 所示。这种卸荷回路的卸荷压力小，切换时冲击也小。

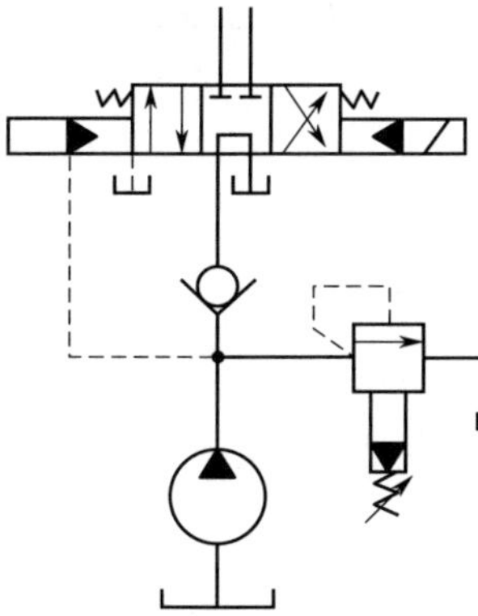

图 3-1-7　M 型中位机能卸荷回路

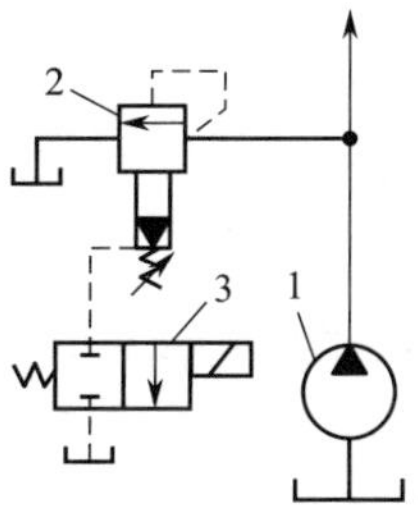

1—液压泵；2—溢流阀；3—二位二通换向阀

图 3-1-8　使用先导式溢流阀的卸荷回路

2. 双泵供油的卸荷回路

图 3-1-9 所示为双泵供油的卸荷回路，其中 1 为高压小流量泵，用以实现工作进给运动；2 为低压大流量泵，用以实现快速运动。在快速运动时，液压泵 2 和液压泵 1 共同向系统供油。在工作进给时，系统压力升高，打开液控顺序阀（卸荷阀）3 使液压泵 2 卸荷，此时单向阀 4 关闭，由液压泵 1 单独向系统供油。溢流阀 5 控制液压泵 1 的供油压力，它是根据系统所需最大工作压力来调节的；而卸荷阀 3 使液压泵 2 在快速运动时供油，在工作进给时

则使液压泵 2 卸荷，因此它的调整压力应比快速运动时系统所需的压力高，但比工作进给时系统压力低。

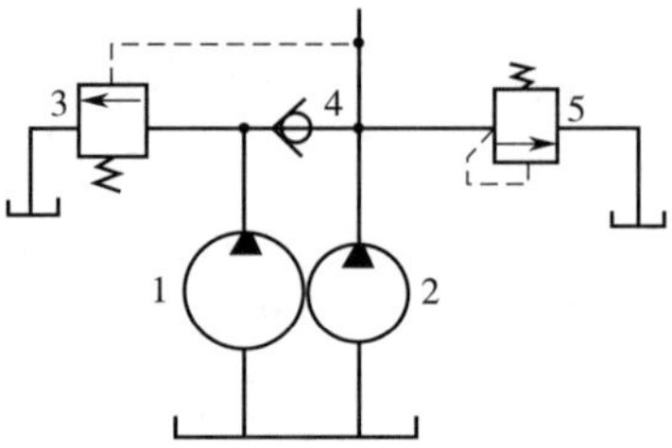

1—高压小流量泵；2—低压大流量泵；3—卸荷阀；4—单向阀；5—溢流阀

图 3-1-9　双泵供油的卸荷回路

练习题

1. 填空题

（1）溢流阀在液压系统中通过阀口的__________来实现__________、__________或__________，按结构不同可分为__________和__________两种。

（2）先导式溢流阀由__________和__________两部分组成。它是利用主阀芯上、下两端的__________所形成的作用力和弹簧力相平衡的原理来工作的。

（3）在定量泵系统中，需要通过__________来调节并稳定液压泵的工作压力，当系统在不同的工作时间内需要有不同的工作压力时，可采用__________或__________调压回路。

2. 简答题

（1）描述溢流阀的应用场景。

（2）液压系统调压回路的实现方式有哪些？

（3）液压系统卸荷回路的实现方式有哪些？

任务完成报告

<table>
<tr><td>姓名</td><td></td><td>学习日期</td><td></td></tr>
<tr><td>任务名称</td><td colspan="3">定位夹紧机构调压回路的搭建</td></tr>
<tr><td rowspan="5">学习自评</td><td colspan="2">考核内容</td><td>完成情况</td></tr>
<tr><td colspan="2">（1）描述溢流阀的工作原理</td><td>□好　□良好　□一般　□差</td></tr>
<tr><td colspan="2">（2）说出常用溢流阀的形式</td><td>□好　□良好　□一般　□差</td></tr>
<tr><td colspan="2">（3）描述液压系统调压回路的实现形式</td><td>□好　□良好　□一般　□差</td></tr>
<tr><td colspan="2">（4）进行液压系统调压回路的搭建</td><td>□好　□良好　□一般　□差</td></tr>
<tr><td>学习心得</td><td colspan="3"></td></tr>
</table>

任务 3.2 定位夹紧机构减压回路的搭建

夹紧油路所需工作压力一般低于进给回路的工作压力，且夹紧力要求不同，故夹紧油路的工作压力应该可以调节，可以与进给油路采用同一个液压泵供油，用减压阀实现二次压力的输出。

任务要求

（1）理解减压阀的工作原理及用途。
（2）识别减压阀实物及图形符号。
（3）分析减压回路的工作原理图。
（4）选用减压阀实现减压回路的搭建。

知识目标

（1）熟悉减压阀的工作原理及用途。
（2）认识减压阀实物及图形符号。
（3）识读液压减压回路的工作原理图。
（4）熟悉液压减压回路的组成。

能力目标

（1）能理解减压阀的工作原理及用途。
（2）能区分不同减压阀的实物及图形符号。
（3）能识读液压减压回路的工作原理图。
（4）能进行液压减压回路的搭建。

素养目标

（1）培养学生理论结合实际的能力。
（2）培养学生的实际动手操作能力。

3.2.1 减压阀

减压阀是利用液压油流经缝隙时产生的压力损失，使其出口压力低于进口压力，并保持压力恒定的一种压力控制阀，又称为定值减压阀。它和溢流阀类似，也有直动式和先导式两种。直动式减压阀较少单独使用，而先导式减压阀性能良好，使用广泛。

图 3-2-1(a)为先导式减压阀的结构原理图。该阀由先导阀和主阀两部分组成，P_1、P_2 分

别为进、出油口，压力为 p_1 的油液从进油口 P_1 进入，经减压口并从出油口 P_2 流出，其压力为 p_2，出口的液压油经主阀体 6 和端盖 8 的流道作用于主阀芯 7 的底部，经阻尼孔 9 进入主阀弹簧腔，并经流道 a 作用在先导阀的阀芯 3 上，当出口压力低于调压弹簧 2 的调定值时先导阀口关闭，通过阻尼孔 9 的油液不流动，主阀芯 7 上、下两腔压力相等，主阀芯 7 在复位弹簧 10 的作用下处于最下端位置，减压口全部打开，不起减压作用，出口压力 p_2 等于进口压力 p_1。

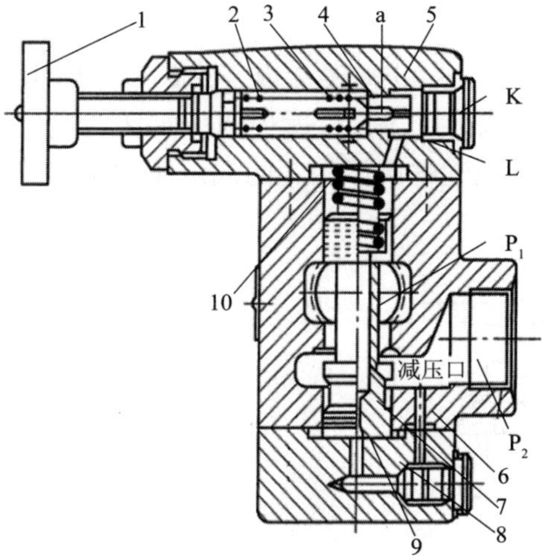

（a）

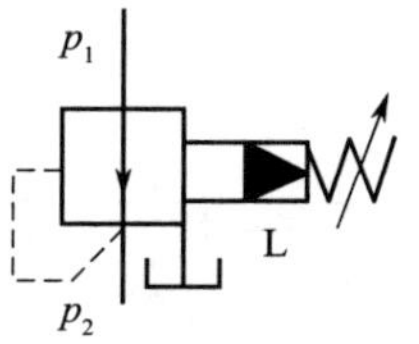

（b）

（c）

1—调压手轮；2—调压弹簧；3—先导阀芯；4—先导阀座；5—阀盖；6—主阀体；7—主阀芯；8—端盖；9—阻尼孔；10—复位弹簧；a—流道；P_1—进油口；P_2—出油口；L—泄油口（图中未画出）；K—远程控制口

图 3-2-1　先导式减压阀

（a）结构原理图　（b）图形符号　（c）实物图

当出口压力 p_2 超过调压弹簧 2 的调定值时，先导阀芯 3 被打开，油液经泄油口 L 流回油箱。由于油液流经阻尼孔 9 时会产生压力降，使主阀芯 7 的下腔压力大于上腔压力，当此压力差所产生的作用力大于复位弹簧力时，主阀芯上移，其作用力使减压口关小，从而增强减压作用，使出口压力 p_2 减小。经过一个过渡过程，出口压力 p_2 便稳定在先导阀所调定的压力值上。调节调压手轮 1，即可调节减压阀的出口压力 p_2。

由于外界干扰，进口压力 p_1 可能升高，出口压力 p_2 也随之升高，主阀芯将因受力不平衡而向上移动，使阀口关小，从而增大压力降，使出口压力 p_2 降低至调定值，反之亦然。

先导式减压阀有远程控制口 K，可实现远程调压，其原理与溢流阀的远程控制相同。先导式减压阀的图形符号和实物图如图 3-2-1（b）、（c）所示。

3.2.2　减压回路

当泵的输出压力是高压而局部回路或支路要求低压时，可以采用减压阀组成减压回路。例如，机床液压系统中的定位、夹紧、分度回路以及液压元件的控制油路等，往往要求比主油路低的压力，一般是在所需低压支路上串接减压阀。采用减压回路能使某支路方便地获得稳定的低压，还可限制由工作部件的作用力引起的压力波动，从而改善系统的控制特性，但液压油经减压阀口时会产生压力损失。

1）减压稳压

在液压系统中，当几个执行元件采用同一个液压泵供油，而且各执行元件所需的工作压力不尽相同时，可在各支路中串接一个减压阀，就可获得各自所需的较低且稳定的工作压力。图 3-2-2（a）为减压阀用于夹紧油路的工作原理图。回路中的单向阀 3 可在主油路压力降低（低于减压阀调整压力）时防止油液倒流，起短时保压作用。

2）多级减压

利用先导式减压阀的远程控制口 K 外接远程调压阀，可实现二级、三级等减压回路。图 3-2-2（b）所示为二级减压回路，泵的出口压力由溢流阀 5 调定，远程调压阀 2 通过二位二通换向阀 3 进行控制，才能获得二级压力，但必须满足远程调压阀 2 的调定压力小于先导式减压阀 1 的调定压力这一要求，否则不起作用。

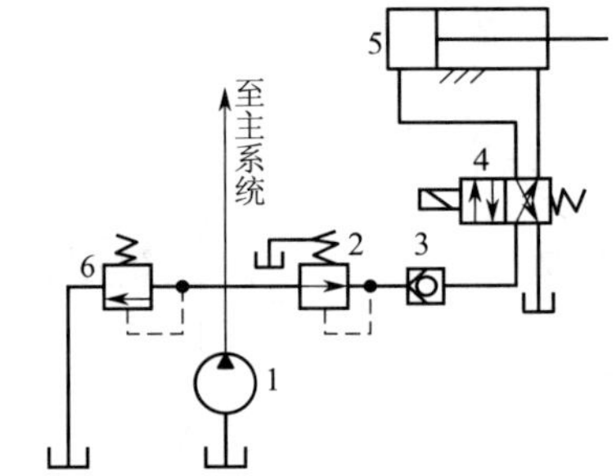

1—液压泵；2—减压阀；3—单向阀；4—换向阀；5—液压缸；6—溢流阀

（a）

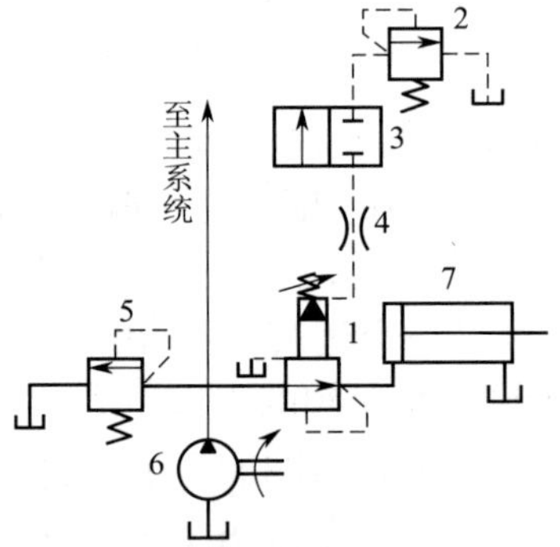

1—先导式减压阀；2—远程调压阀；3—二位二通换向阀；4—节流阀；5—溢流阀；6—液压泵；7—液压缸

（b）

图 3-2-2 减压阀的应用

（a）用于夹紧油路 （b）用于二级减压回路

为了使减压回路工作可靠，减压阀的最低调整压力不应小于 0.5 MPa，最高调整压力至少应比系统压力小 0.5 MPa。当减压回路中的执行元件需要调速时，调速元件应放在减压阀的后面，以免因减压阀泄漏（油液从减压阀泄油口流回油箱）而对执行元件的速度产生影响。

[子任务 3-2-1] 液压实训台减压回路的搭建

（1）任务描述：采用减压阀进行减压回路的连接搭建，并接入压力表进行压力的读取。

（2）减压阀减压回路如图 3-2-3 所示。

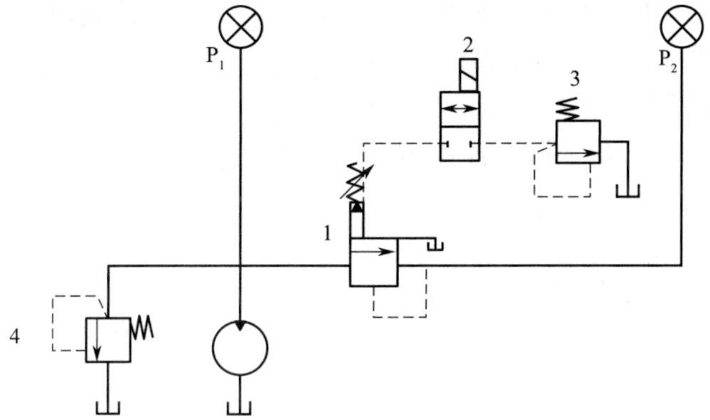

1—溢流阀；2—换向阀；3、4—减压阀；P_1、P_2—压力表

图 3-2-3　减压阀减压回路

（3）元器件明细表如表 3-2-1 所示。

表 3-2-1　元器件明细表

序号	名称	型号与规格	单位	数量	备注
1	液压泵		台	1	
2	溢流阀		个	1	
3	减压阀		个	2	
4	压力表		个	2	
5	换向阀		个	1	
6	油管		米	若干	
7	管接头		个	若干	

（4）减压回路的搭建及测试：

① 进行减压回路的搭建，启动泵站前，先检查减压阀 4 是否完全打开；

② 关闭溢流阀 1，关闭减压阀 3；

③ 启动泵，调节减压阀 4 并确认其出口压力在设定范围内，压力值从压力表 P_1 上直接读取；

④ 慢慢打开减压阀，观察并记录压力表 P_1、压力表 P_2 的压力值，切换换向阀，慢慢调节减压阀 3（不能高于减压阀 1 的调压值），观察并记录压力表 P_1 值、压力表 P_2 值；

⑤ 实验完毕，将实训台上所有物品恢复原位。

练习题

1. 填空题

(1)减压阀是利用液压油流经缝隙时产生的__________,使其出口压力低于进口压力,并保持__________的一种压力控制阀,可分为__________和__________两种。

(2)先导式减压阀有远程控制口,可实现__________。

(3)利用先导式减压阀的远程控制口外接__________,可实现__________、__________等减压回路。

2. 简答题

描述减压阀的应用场景。

任务完成报告

<table>
<tr><td>姓名</td><td></td><td>学习日期</td><td></td></tr>
<tr><td>任务名称</td><td colspan="3">定位夹紧机构减压回路的搭建</td></tr>
<tr><td rowspan="5">学习自评</td><td colspan="2">考核内容</td><td>完成情况</td></tr>
<tr><td colspan="2">(1)描述减压阀的工作原理</td><td>□好　□良好　□一般　□差</td></tr>
<tr><td colspan="2">(2)说出常用减压阀的形式</td><td>□好　□良好　□一般　□差</td></tr>
<tr><td colspan="2">(3)描述液压系统减压回路的实现形式</td><td>□好　□良好　□一般　□差</td></tr>
<tr><td colspan="2">(4)进行液压系统减压回路的搭建</td><td>□好　□良好　□一般　□差</td></tr>
<tr><td>学习心得</td><td colspan="3"></td></tr>
</table>

任务 3.3　定位夹紧机构平衡回路的搭建

定位夹紧机构工作时，工件的定位和夹紧动作由两个液压缸分别完成。夹紧工件时要利用液压元件控制两缸顺序动作，同时在夹紧过程中，要保证工件的夹紧力保持不变。这些功能通过顺序阀及液压平衡回路可以实现。

任务要求

（1）理解顺序阀的工作原理及用途。
（2）识别顺序阀实物及图形符号。
（3）分析平衡回路的工作原理图。
（4）选用顺序阀实现平衡回路的搭建。

知识目标

（1）熟悉顺序阀的工作原理及用途。
（2）认识顺序阀实物及图形符号。
（3）识读液压平衡回路的工作原理图。
（4）熟悉液压平衡回路的组成。

能力目标

（1）能理解顺序阀的工作原理及用途。
（2）能区分不同顺序阀的实物及图形符号。
（3）能识读液压平衡回路的工作原理图。
（4）能进行液压平衡回路的搭建。

素养目标

（1）培养学生理论结合实际的能力。
（2）培养学生的实际动手操作能力。

3.3.1　顺序阀

顺序阀利用系统中油液压力的变化来控制油路的通断，从而控制多个执行元件的顺序动作。按照工作原理和结构不同，顺序阀可分为直动式和先导式两种，其中直动式用于低压系统（0.2~2.5 MPa），先导式用于中高压系统（0.3~6.3 MPa）；按照控制方式不同，又可分内控式和外控式两种。

图 3-3-1(a)为直动式顺序阀的结构原理图。液压油从进油口 P_1 流入，经阀体 4、底盖 7 的通道，作用于控制活塞 6 的底部，使阀芯 5 受到一个向上的作用力。当进油压力 p 低于调压弹簧 2 的调定压力时，阀芯 5 在调压弹簧 2 的作用下处于下端位置，进油口 P_1 和出油口 P_2 不通；当进口油压增加到大于调压弹簧 2 的调定压力时，阀芯 5 上移，进油口 P_1 和出油口 P_2 连通，油液从顺序阀流过。顺序阀的开启压力可由调压弹簧 2 调节，在阀中设置控制活塞，活塞面积小，可减小调压弹簧的刚度。

图 3-3-1(a)中的控制油液直接来自进油口，这种控制方式称为内控式，其图形符号如图 3-3-1(c)所示；若将底盖 7 旋转 90° 安装，并将远程控制口 K 打开，可得到外控式顺序阀，其图形符号如图 3-3-1(d)所示。外控式顺序阀阀口的开闭与阀的主油路进油口 P_1 的压力无关，而只取决于远程控制口 K 引入的控制压力。

顺序阀调压弹簧腔回油由外泄油口单独接回油箱，这种泄油方式称为外泄；若顺序阀出油口 P_2 接油箱，调压弹簧腔回油可经内部通道接油箱，这种泄油方式称为内泄。

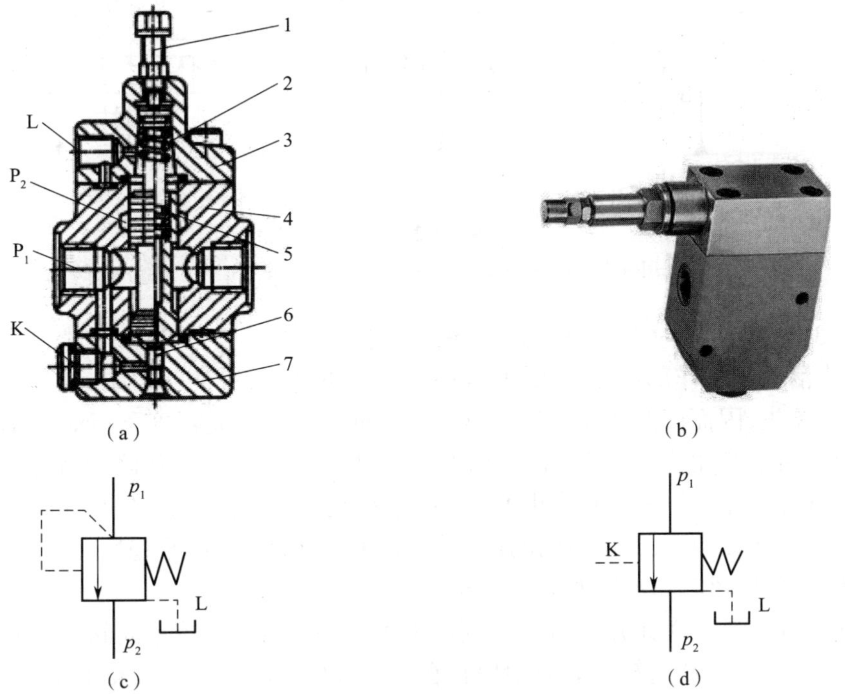

1—调节螺钉；2—调压弹簧；3—端盖；4—阀体；5—阀芯；6—控制活塞；7—底盖；

L—外泄油口；P_1—进油口；P_2—出油口；K—远程控制口

图 3-3-1　直动式顺序阀

(a)结构原理图　(b)实物图　(c)内控式顺序阀的图形符号　(d)外控式顺序阀的图形符号

3.3.2　液压平衡回路

液压平衡回路的功用在于防止垂直或倾斜放置的液压缸和与之相连的工作部件因自重而自行下落。

图 3-3-2(a)所示为采用内控式单向顺序阀的平衡回路。调整平衡阀的开启压力,使其稍大于由立式液压缸活塞与工作部件重力形成的下腔背压力,即可防止活塞因重力而下降。当 1YA 得电后活塞下行时,回油路上将存在一定的背压,活塞就可以平稳地下落。这种回路当活塞向下运动时功率损失大,锁住时活塞和与之相连的工作部件会因单向顺序阀和换向阀的泄漏而缓慢下落。因此,它适用于工作部件重量轻、活塞锁住时定位要求不高的场合。

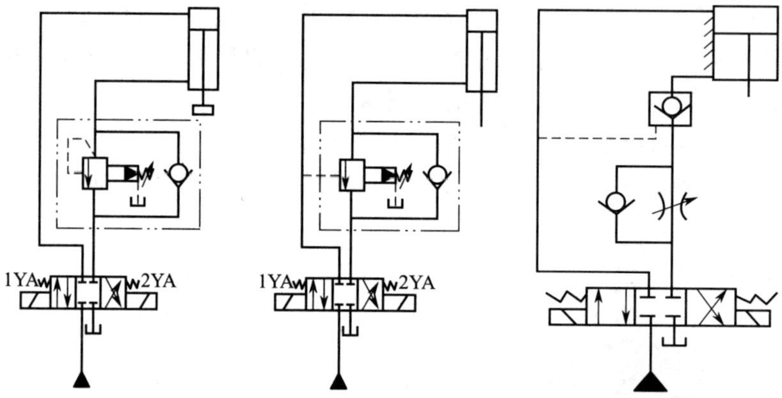

(a)　　(b)　　(c)

图 3-3-2　平衡回路

(a)采用内控式单向顺序阀　(b)采用外控式顺序阀　(c)采用液控单向阀

图 3-3-2(b)所示为采用外控式顺序阀的平衡回路。当停止工作时,外控式顺序阀关闭,以防止活塞和工作部件因自重而下降;当活塞下行时,进油路控制液压油打开外控式顺序阀,背压消失,因而回路效率较高。这种平衡回路的优点是活塞下行时功率损失小,缺点是活塞下行时平稳性较差。这是因为活塞下行时,液压缸上腔油压降低,将使外控式顺序阀关闭;当顺序阀关闭时,因活塞停止下行,液压缸上腔油压将升高,又打开外控式顺序阀。因此,外控式顺序阀始终工作于启闭的过渡状态,从而影响工作的平稳性。这种回路适用于运动部件重量轻、停留时间较短的液压系统。

图 3-3-2(c)所示为采用液控单向阀的平衡回路。由于液控单向阀为锥面密封结构,闭锁性能好,能够保证活塞较长时间地停止在某位置处不动。在回油路上串联单向节流阀以保证活塞下行运动的平稳性。假如回油路上没有串联节流阀,活塞下行时,液控单向阀将被进油路上的控制油打开。由于回油腔没有背压,运动部件会由于自重而加速下降,造成液压缸上腔供油不足而压力降低,使液控单向阀因控制油路降压而关闭,加速下降的活塞将突然停止。液控单向阀关闭后,控制油路又重新建立起压力,液控单向阀再次被打开,活塞再次加速下降。这样不断重复,使活塞一路抖动向下运动,并产生强烈的噪声、振动和冲击。

练习题

1. 填空题

(1)顺序阀按照工作原理和结构不同,可分为__________和__________两种,其中直动式用于__________,先导式用于__________;按照控制方式不同,又可分__________和__________两种。

(2)液压平衡回路的功用在于__________或__________的液压缸和与之相连的工作部件因自重而__________。

2. 简答题

液压平衡回路的实现方式有哪些?

任务完成报告

姓名		学习日期	
任务名称	定位夹紧机构平衡回路的搭建		
学习自评	考核内容		完成情况
	（1）描述顺序阀的工作原理		□好 □良好 □一般 □差
	（2）描述液压平衡回路的实现形式		□好 □良好 □一般 □差
	（3）进行液压平衡回路的搭建		□好 □良好 □一般 □差
学习心得			

项目4 组合机床动力滑台液压系统的搭建

学习情境描述

组合机床是以通用部件为基础，配以按工件特定形状和加工工艺设计的专用部件和夹具组成的半自动或自动专用机床，其加工范围广，自动化程度高，因此被广泛应用于大批量生产中。组合机床实物图如图4-1(a)所示，其结构示意图如图4-1(b)所示。动力滑台是组合机床上的主要通用部件，配置动力头、主轴箱和各种专用的切削头等工作部件，即可实现钻、扩、铰、铣等加工。动力滑台液压系统的主要功能是完成进给速度为“快进→工进1→工进2→死挡铁处停留→快退→原位停止”的工作循环，同时要求速度换接平稳，进给速度稳定。

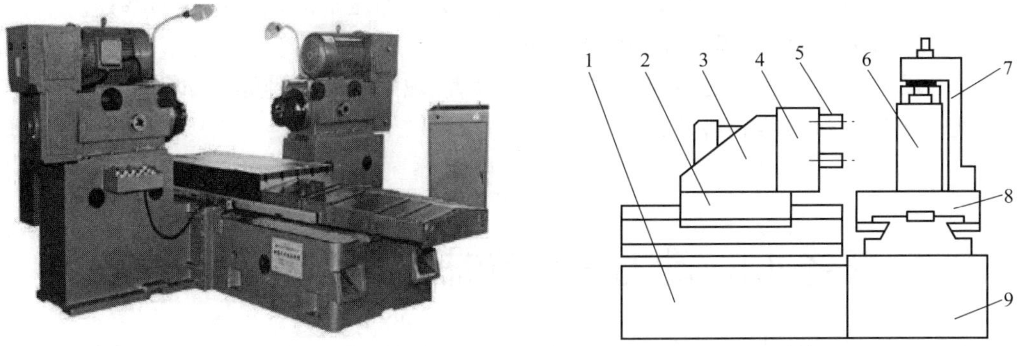

(a)　　(b)

1—床身；2—动力滑台；3—动力头；4—主轴箱；5—刀具；6—工件；7—夹具；8—工作台；9—底座

图4-1　组合机床

(a)实物图　(b)结构示意图

项目描述

工作台在空载情况下快进、快退，以提高效率；在工作过程中，可实现两种进给速度；各速度稳定，不随负载的波动而变化；各速度换接平稳。在液压系统中，速度取决于流量，速度可调即流量可调。根据以上对动力滑台液压系统的分析，回路中需采用流量调节元件，尤其是可以将负载变化对流量波动的影响降为最低的元件，组成速度控制回路，以满足滑台不同进给速度的要求。

在本项目中，以组合机床动力滑台为例，对组合机床动力滑台液压系统进行学习，要实现的目标具体描述如下：

（1）分析组合机床动力滑台节流调速液压回路，选取适当的节流阀，进行节流调速回路的搭建；

（2）分析组合机床动力滑台调速节流调速液压回路，选取适当的调速阀，进行调速节流调速回路的搭建；

（3）分析组合机床动力滑台快速运动液压回路，选取适当的液压元件，进行快速运动回路的搭建。

任务分解

本项目分为三个任务，逐步实现上述功能要求。

任务 4.1　动力滑台节流调速回路的搭建

本任务要求学生理解节流阀的工作原理及用途，识别节流阀实物及图形符号，能够分析节流调速回路的工作原理图，能够选用节流阀实现节流调速回路的搭建。

任务 4.2　动力滑台调速节流调速回路的搭建

本任务要求学生理解调速阀的工作原理及用途，识别调速阀实物及图形符号，能够分析调速节流调速回路的工作原理图，能够选用调速阀实现调速节流调速回路的搭建。

任务 4.3　动力滑台快速运动回路的搭建

本任务要求学生熟悉快速运动回路的实现方式，理解不同快速运动回路的工作原理，能够进行液压快速运动回路的搭建。

任务 4.1　动力滑台节流调速回路的搭建

为实现动力滑台液压系统的速度控制，可以采用节流阀对液压缸活塞杆的伸出速度进行控制，这种利用节流阀控制速度的方法只适用于对速度稳定性要求不高的场景。

任务要求

(1)理解节流阀的工作原理及用途。
(2)识别节流阀实物及图形符号。
(3)分析节流调速回路的工作原理图。
(4)选用节流阀实现节流调速回路的搭建。

知识目标

(1)熟悉节流阀的工作原理及用途。
(2)认识节流阀实物及图形符号。
(3)识读节流调速回路的工作原理图。
(4)熟悉节流调速回路的组成。

能力目标

(1)能理解节流阀的工作原理及用途。
(2)能区分不同节流阀的实物及图形符号。
(3)能识读节流调速回路的工作原理图。
(4)能进行节流调速回路的搭建。

素养目标

(1)培养学生理论结合实际的能力。
(2)培养学生的实际动手操作能力。

4.1.1　节流阀

节流阀通过改变阀口通流截面积的大小或通流通道的长短来调节液阻,从而实现对流量的控制,以调节执行元件的运动速度。

1. 流量特性

由流体力学可知,液体流经孔口的流量可用特性公式表示如下:

$$q = CA_{\mathrm{T}}\Delta p^{m}$$

式中:C 为由节流口形状、流动状态、油液性质等因素决定的系数;A_{T} 为节流口的通流截面积;Δp 为节流口前后的压力差;m 为压差指数,$0.5 \leqslant m \leqslant 1$,其中薄壁小孔的 $m=0.5$,细长小孔的 $m=1$。

在节流口前后压差一定时,改变节流口的通流截面积 A_{T},可改变通过节流口的流量。而节流口的流量稳定性则与节流口前后压差、油温和节流口形状等因素有关。

（1）节流口前后压差变化使流量变得不稳定，压差增大时，流量增加。节流通道越短，影响越小，故节流口宜制成薄壁小孔。

（2）油温会引起黏度的变化，温度升高时，黏度下降，流量增加。对于薄壁小孔，油温的变化对流量的影响不明显，故节流口应采用薄壁小孔。

（3）当节流口前后压差低且通流截面积很小时，节流阀会出现阻塞现象。为减少阻塞现象，可采用水力直径大的节流口，圆形通道相对来说不易阻塞。

（4）应选择化学稳定性和抗氧化性好的油液，并保持油液的清洁度，这样能提高流量稳定性。

2. 常见节流口的形式

节流阀的结构主要取决于节流口的形式，图 4-1-1 所示为几种常用的节流口形式。

图 4-1-1（a）所示为针阀式节流口。当阀芯轴向移动时，就可调节环形通道的大小，从而改变流量。这种结构加工简单，但通道长，易堵塞，流量受油温影响较大，一般用于对性能要求不高的场合。图 4-1-1（b）所示为偏心式节流口。阀芯上开有一个偏心槽，转动阀芯时，就可改变通道的大小，即可调节流量。这种节流口容易制造，但阀芯上的径向力不平衡，旋转费力，一般用于压力较低、流量较大及流量稳定性要求不高的场合。图 4-1-1（c）所示为轴向三角槽式节流口。阀芯的端部开有一个或两个斜的三角槽，阀芯轴向移动时，就可改变通流截面积，即可调节流量。这种节流口可以得到较小的稳定流量，目前应用广泛。图 4-1-1（d）所示为周向缝式节流口。阀芯上开有狭缝，转动阀芯就可改变通流截面积的大小，从而调节流量。这种节流口可以做成薄刃结构，适用于低压、小流量场合。图 4-1-1（e）所示为轴向缝式节流口。在套筒上开有轴向缝隙，阀芯轴向移动即可改变通流截面积的大小，从而调节流量。这种节流口在小流量时稳定性好，可用于性能要求较高的场合；但在高压下易变形，使用时应改善结构刚度。

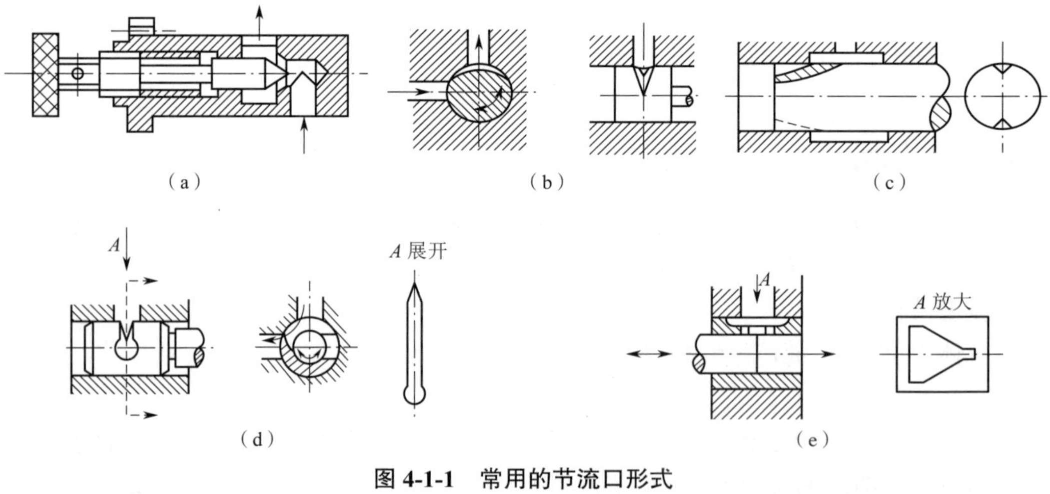

图 4-1-1　常用的节流口形式

（a）针阀式　（b）偏心式　（c）轴向三角槽式　（d）周向缝式　（e）轴向缝式

3. 节流阀的结构

图 4-1-2（a）为节流阀的结构原理图。液压油从进油口 P_1 流入，经阀芯 2 左端的轴向三

角槽 6 由出油口 P_2 流出。阀芯 2 在弹簧 1 的作用下始终紧贴在推杆 3 上，旋转调节手柄 4，可通过推杆 3 使阀芯 2 沿轴向移动，即可改变节流口的通流截面积，从而调节通过阀的流量。这种节流阀结构简单，价格低廉，调节方便。节流阀的图形符号和实物图如图 4-1-2（b）、（c）所示。节流阀常与溢流阀配合组成由定量泵供油的各种节流调速回路。但节流阀的流量稳定性较差，故常用于负载变化不大或对速度稳定性要求不高的液压系统中。

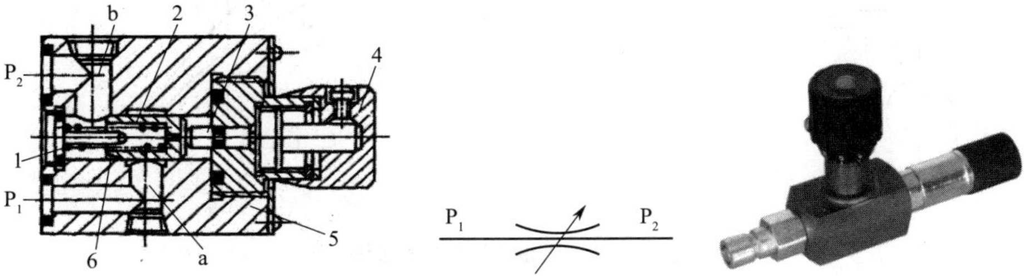

（a）　（b）　（c）

1—弹簧；2—阀芯；3—推杆；4—调节手柄；5—阀体；6—轴向三角槽；a、b—通道

图 4-1-2　普通节流阀

（a）结构原理图　（b）图形符号　（c）实物图

[子任务 4-1-1] 认识液压实训台上的节流阀

（1）任务描述：查看液压实训台上节流阀的类型及型号规格，进行记录。

（2）分析实训台节流阀的类型，绘制其图形符号。

（3）依据不同节流阀的类型及图形符号，分析其油路连接的方式。

4.1.2　节流调速回路

节流调速回路是通过调节流量阀的通流截面面积来改变进入执行机构的流量，从而实现运动速度调节的。

如图 4-1-3 所示，回路中只有节流阀，则液压泵输出的油液全部经节流阀流入液压缸，无多余油液溢出。液压泵输出流量需与液压缸需求匹配，若泵流量波动或负载变化，易导致速度不稳定，无法应对过高压力，可能损坏元件。

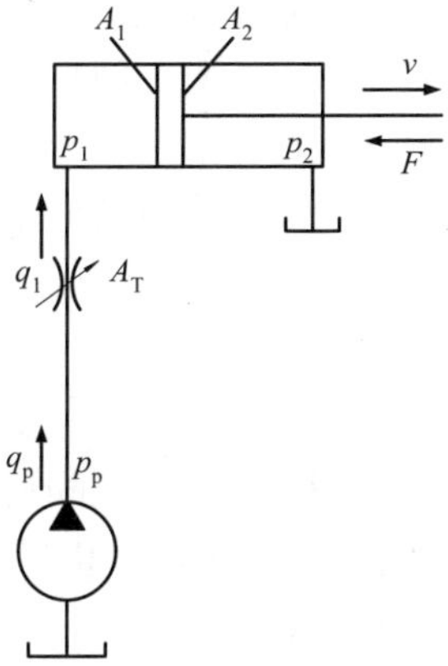

图 4-1-3　只有节流阀的回路

1. 进油节流调速回路

进油节流调速回路将节流阀装在执行机构的进油路上，用来控制进入执行机构的流量，以达到调速的目的，其调速原理图如图 4-1-4（a）所示。其中定量泵中多余的油液通过溢流阀流回油箱，这是进油节流调速回路正常工作的必要条件，溢流阀的调定压力与泵的出口压力相等。

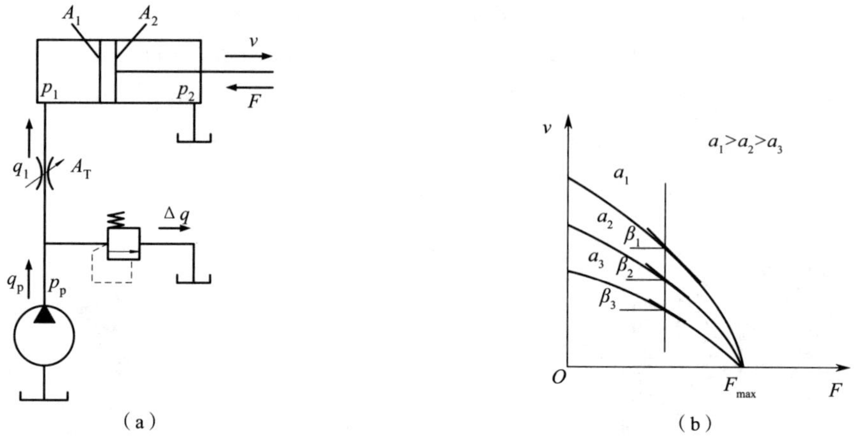

图 4-1-4　进油节流调速回路

(a)调速原理图　(b)速度-负载特性曲线

1)速度-负载特性

当不考虑回路中各处的泄漏和油液的压缩时,活塞的运动速度为

$$v=\frac{q_1}{A_1}=\frac{CA_{\rm T}(p_{\rm p}A_1-F)^m}{A_1^{1+m}}$$

式中:$p_{\rm p}$ 为泵的出口压力,通过溢流阀调定;F 为外负载力。

液压缸进油腔压力 p_1 随外负载力 F 的增大而增大,节流阀前后压差 $\Delta p_{\rm T}$ 随着外负载力的增大而减小,流量随之降低,故液压缸的速度也将随之下降。

如果以执行元件的速度 v 为纵坐标,以外负载力 F 为横坐标,按不同节流阀通流截面积 $A_{\rm T}$ 作图,可得一组抛物线,称为进油节流调速回路的速度-负载特性曲线,如图 4-1-4(b)所示,可以看出:

(1)当其他条件不变时,活塞的运动速度 v 与节流阀通流截面积 $A_{\rm T}$ 成正比,调节 $A_{\rm T}$ 就能实现无级调速。这种回路的调速范围较大,$\frac{v_{\max}}{v_{\min}}\approx 100$。

(2)活塞运动速度随着外负载力 F 的增大按抛物线规律下降。

(3)不论节流阀通流截面积如何变化,当 $F=p_{\rm p}A_1$ 时,节流阀两端压差为零,没有流体通过节流阀,活塞停止运动,此时液压泵的全部流量经溢流阀流回油箱。该回路的最大承载能力即为 $F_{\max}=p_{\rm p}A_1$。

2)功率特性

调速回路的功率特性用其自身的功率损失(不包括液压缸、液压泵和管路中的功率损失)、功率损失分配情况和效率来表达。回路的输出功率与输入功率之比定义为回路的效率。

进油节流调速回路在正常工作时,节流阀与溢流阀均有油液流通,故回路的功率损失由两部分组成:溢流功率损失 $p_{\rm p}\Delta q$ 和节流功率损失 $\Delta p_{\rm T}q_1$。由于回路存在两部分功率损失,因此进油节流调速回路的效率较低。这种回路多用于要求冲击小、负载变动小的液压系统。

2. 回油节流调速回路

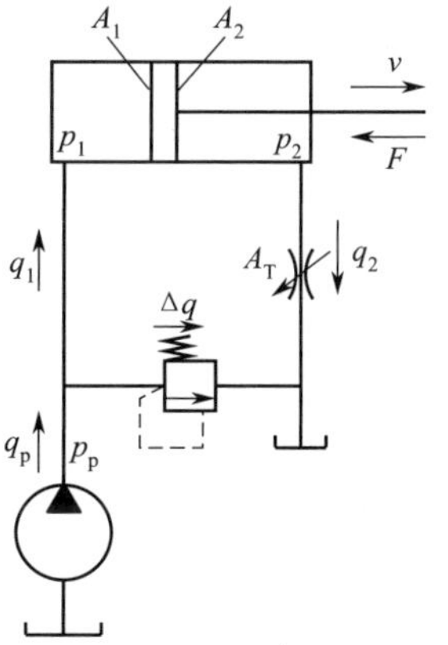

图 4-1-5　回油节流调速回路

回油节流调速回路将节流阀串联在液压缸的回油路上，通过节流阀控制液压缸的排油量 q_2 来实现速度调节。与进油节流调速一样，定量泵中多余的油液经溢流阀流回油箱，即溢流阀保持溢流，泵的出口压力即溢流阀的调定压力基本保持恒定，其调速原理如图 4-1-5 所示。

回油路上通过节流阀的流量方程为

$$v=\frac{CA_T(p_pA_1-F)^m}{A_2^{1+m}}$$

虽然进油路和回油路节流调速的速度-负载特性公式形式相似，功率特性相同，但它们在以下几方面的性能有明显差别，在选用时应加以注意。

1）承受负值负载的能力

所谓负值负载就是作用力的方向与执行元件的运动方向相同的负载。回油节流调速回路的节流阀在液压缸的回油腔能形成一定的背压，从而能承受一定的负值负载；对于进油节流调速回路，要想使其承受负值负载，就必须在执行元件的回油路上加装背压阀，这必然会增加功率消耗和油液发热量。

2）运动平稳性

回油节流调速回路由于回油路上存在背压，可以有效地防止空气从回油路吸入，因而低速运动时不易产生爬行，高速运动时不易震颤，即运动平稳性好。进油节流调速回路在不加背压阀时不具备这种特点。

3）油液发热对回路的影响

在进油节流调速回路中，通过节流阀产生的节流功率损失转变为热量，一部分由元件散发出去，另一部分使油液温度升高，直接进入液压缸，会使缸的内、外泄漏量增加，速度稳定性不好。而回油节流调速回路中的油液经节流阀升温后，直接回油箱，经冷却后再进入系统，对系统泄漏影响较小。

4）实现压力控制的方便性

在进油节流调速回路中，进油腔的压力随负载而变化，当工作部件碰到挡块而停止后，其压力将上升到溢流阀的调定压力，可以很方便地利用这一压力变化来实现压力控制；但在回油节流调速回路中，只有回油腔的压力才会随负载变化，当工作部件碰到挡块后，其压力将降至零，虽然同样可以利用该压力变化来实现压力控制，但其可靠性差，一般不采用。

5）启动性能

回油节流调速回路中若停车时间较长，液压缸回油箱的油液会泄漏回油箱，重新启动时不能立即建立背压，会引起工作机构的瞬间前冲现象；对于进油节流调速回路，只要在开车时关小节流阀，即可避免启动冲击。综上所述，进油、回油节流调速回路结构简单，价格低廉，但效率较低，只宜用在负载变化不大、低速、小功率的场合，如某些机床的进给系统中。

3. 旁路节流调速回路

把节流阀装在与液压缸并联的支路上，利用节流阀把液压泵供油的一部分排回油箱来实现速度调节的回路，称为旁路节流调速回路。在图 4-1-6 所示的回路中，由于溢流功能由节流阀来完成，故正常工作时，溢流阀处于关闭状态，溢流阀作为安全阀使用，其调定压力为最大负载压力的 1.1~1.2 倍，液压泵的供油压力取决于负载。

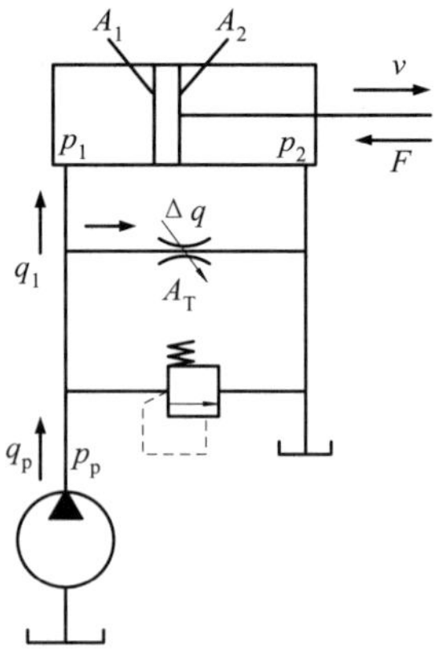

图 4-1-6　旁路节流调速回路

4.1.3　容积调速回路

容积调速回路是通过改变回路中液压泵或液压马达的排量来实现调速的。其主要优点是功率损失小（没有溢流损失和节流损失）且工作压力随负载变化，所以效率高，油温低，适用于高速、大功率系统。

根据液压泵和液压马达（液压缸）的组合方式不同，容积调速回路可分为如下三种形式：

（1）变量泵-定量液压缸[图 4-1-7（a）]或液压马达[图 4-1-7（b）]；

（2）定量泵-变量液压马达[图 4-1-7（c）]；

（3）变量泵-变量液压马达[图 4-1-7（d）]。

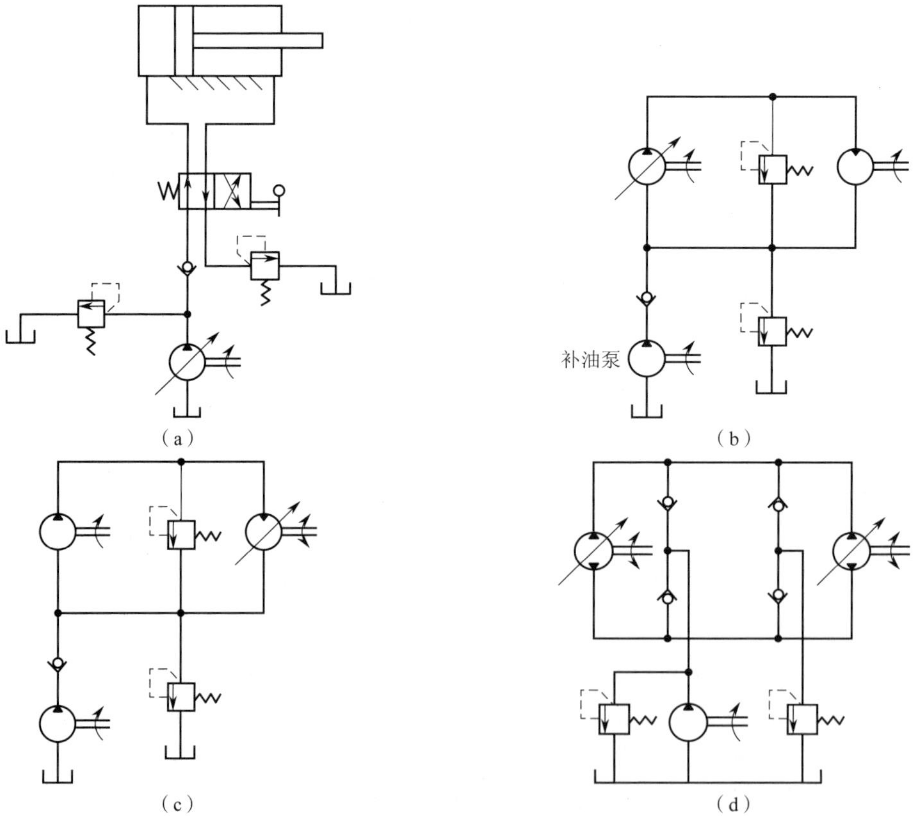

图 4-1-7　容积调速回路

（a）变量泵-定量液压缸　（b）变量泵-定量液压马达　（c）定量泵-变量液压马达　（d）变量泵-变量液压马达

由压力补偿型变量泵+流量阀组成的调速回路称为容积节流调速回路，如图 4-1-8 所示。这种回路中泵的流量可根据负载需要自动调节，只有节流损失，没有溢流损失，因此回路效率较高，运动稳定性较好。一般用于空载时需快速、承载时需速度稳定的中小功率液压系统。

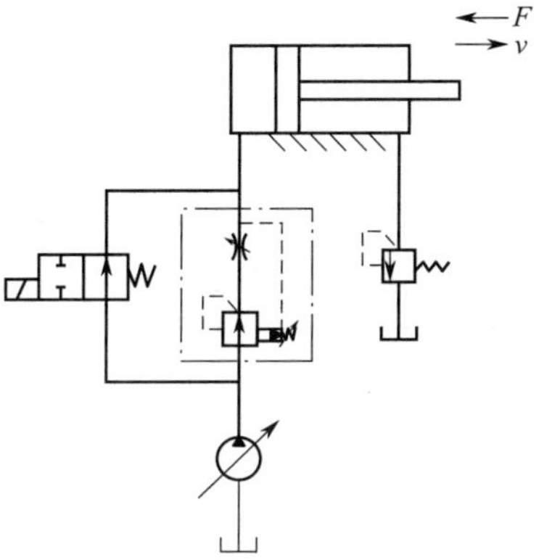

图 4-1-8　容积节流调速回路

4.1.4　调速回路的比较和选用

各种调速回路的性能比较见表 4-1-1。选用调速回路时主要考虑以下因素。

（1）执行机构的负载性质、运动速度、速度稳定性等。负载小，且工作中负载变化也小的系统，可采用节流阀节流调速回路；工作中负载变化较大且要求低速稳定性好的系统，宜采用调速阀节流调速或容积节流调速回路；负载大、运动速度快、油温升要求小的系统，宜采用容积调速回路。

一般来说，功率在 3 kW 以下的液压系统宜采用节流调速回路；功率为 3~5 kW 时宜采用容积节流调速回路；功率在 5 kW 以上的宜采用容积调速回路。

（2）工作环境。在温度较高的环境下工作，且要求整个液压装置体积小、重量轻的情况，宜采用闭式容积调速回路。

（3）经济性。节流调速回路的成本低，功率损失大，效率也低；容积调速回路因变量泵、变量马达的结构较复杂，所以成本高，但其效率高，功率损失小；而容积节流调速回路则介于两者之间。

表 4-1-1　各种调速回路的性能比较

<table>
<tr><th colspan="2" rowspan="4">主要性能</th><th colspan="7">回路类型</th></tr>
<tr><th colspan="4">节流调速回路</th><th rowspan="3">容积调速回路</th><th colspan="2">容积节流调速回路</th></tr>
<tr><th colspan="2">用节流阀</th><th colspan="2">用调速阀</th><th rowspan="2">限压式</th><th rowspan="2">差压</th></tr>
<tr><th>进、回油</th><th>旁路</th><th>进、回油</th><th>旁路</th></tr>
<tr><td rowspan="2">机械特性</td><td>速度稳定性</td><td>较差</td><td>差</td><td colspan="2">好</td><td>较好</td><td colspan="2">好</td></tr>
<tr><td>承载能力</td><td>较好</td><td>较差</td><td colspan="2">好</td><td>较好</td><td colspan="2">好</td></tr>
</table>

续表

主要性能		回路类型						
		节流调速回路				容积调速回路	容积节流调速回路	
		用节流阀		用调速阀			限压式	差压
		进、回油	旁路	进、回油	旁路			
调速范围		较大	小	较大		大	较大	
功率特性	效率	低	较高	低	较高	最高	较高	高
	发热	大	较小	大	较小	最小	较小	小
适用范围		小功率、轻载的中、低压系统				大功率、重载、高速的中、高压系统	中、小功率的中压系统	

练习题

1. 填空题

(1)节流阀通过改变阀口__________的大小或__________的长短来调节液阻，从而实现对__________的控制，以调节执行元件的__________。

(2)节流阀的结构主要取决于__________的形式。

(3)节流调速回路是通过调节流量阀的__________来改变进入__________的流量，从而实现__________调节的。

(4)容积调速回路是通过改变回路中__________或__________的排量来实现调速的。

2. 简答题

(1)列举节流阀几种常见节流口的形式。

(2)液压系统节流调速回路的实现方式有哪些?

(3)选用调速回路时，主要考虑哪些因素?

任务完成报告

姓名		学习日期	
任务名称	动力滑台节流调速回路的搭建		
学习自评	考核内容	完成情况	
	(1)描述节流阀的工作原理	□好　□良好　□一般　□差	
	(2)说出常用节流阀的形式	□好　□良好　□一般　□差	
	(3)描述液压系统节流调速回路的实现形式	□好　□良好　□一般　□差	
	(4)进行液压系统节流调速回路的搭建	□好　□良好　□一般　□差	
学习心得			

任务 4.2 动力滑台调速节流调速回路的搭建

当动力滑台液压系统对速度的稳定性要求较高时，采用节流阀无法保证执行元件运行速度的稳定性，应采用调速节流调速回路，实现执行元件的稳定速度调节。

任务要求

(1)理解调速阀的工作原理及用途。
(2)识别调速阀实物及图形符号。
(3)分析调速节流调速回路的工作原理图。
(4)选用调速阀实现调速节流调速回路的搭建。

知识目标

(1)熟悉调速阀的工作原理及用途。
(2)认识调速阀实物及图形符号。
(3)识读调速节流调速回路的工作原理图。
(4)熟悉调速节流调速回路的组成。

能力目标

(1)能理解调速阀的工作原理及用途。
(2)能区分不同调速阀的实物及图形符号。
(3)能识读调速节流调速回路的工作原理图。
(4)能进行调速节流调速回路的搭建。

素养目标

(1)培养学生理论结合实际的能力。
(2)培养学生的实际动手操作能力。

4.2.1 调速阀

图 4-2-1(a)为调速阀的结构原理图。它是由定差减压阀和节流阀串联而成的，由减压阀进行压力补偿，使节流口前后压差基本保持恒定，从而稳定流量。压力为 p_1 的油液经减压口 x 后，压力降为 p_2，并分成两路。一路经节流口压力降为 p_3，其中一部分到执行元件，另一部分经孔道 a 进入减压阀阀芯上端 b 腔；另一路分别经孔道 e 和 f 进入减压阀阀芯下端 d 腔和 c 腔。这样，节流口前后的液压油被分别引到定差减压阀阀芯的上端和下端。

若负载增加，则调速阀出口压力 p_3 增加，作用在减压阀阀芯上端的液压力增大，阀芯失去平衡向下移动，于是减压口 x 增大，通过减压口的压力损失减小，p_2 也增大，其差值 p_2-p_3 基本保持不变；反之亦然。若 p_1 增大，减压阀阀芯来不及运动，p_2 在瞬间也增大，阀芯失去平衡向上移动，使减压口 x 减小，液阻增加，促使 p_2 减小，即 p_2-p_3 仍基本保持不变。总之，由于定差减压阀能自动调节减压口的液阻，使节流阀前后压力差保持不变，从而保证了流量稳定。其图形符号如图 4-2-1(b)、(c)所示，实物图如图 4-2-1(d)所示。

调速阀正常工作时，要求至少具有 0.4~0.5 MPa 的工作压差。当压差过小时，减压阀阀芯在弹簧力的作用下处于最下端位置，阀口全开，将不能起到稳定节流阀前后压差的作用。由于调速阀在其工作能力范围内能使流量不受负载变化的影响，因此适用于负载变化较大或对速度稳定性要求较高的场合。

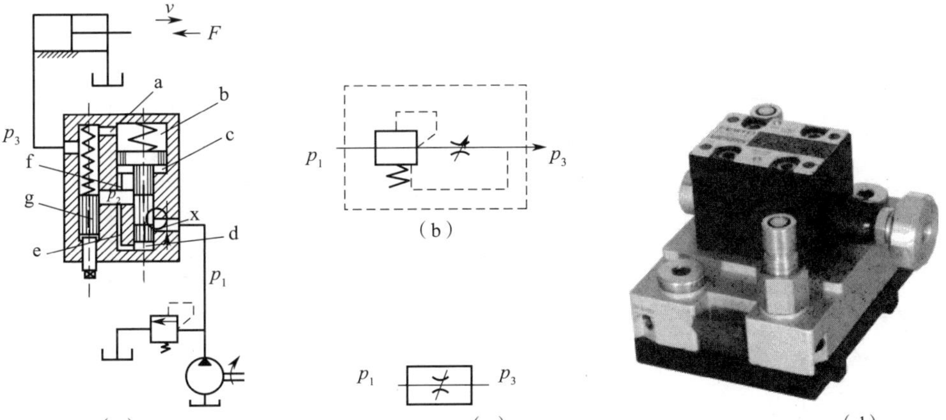

(a)　(c)　(d)

a—孔道；b—上端腔室；c—下端腔室；d—下端腔室；e、f—孔道；g—节流阀；x—减压口

图 4-2-1　调速阀

(a)结构原理图　(b)详细图形符号　(c)简化图形符号　(d)实物图

4.2.2　采用调速阀的节流调速回路

采用节流阀的节流调速回路刚性差，主要是由于负载变化导致节流阀前后压差发生变化，从而使通过节流阀的流量发生变化。对于一些负载变化较大、对速度稳定性要求较高的液压系统，这种调速回路远不能满足要求，可采用调速阀来改善回路的速度-负载特性，用调速阀代替前述各回路中的节流阀，也可组成进油、回油和旁路节流调速回路，如图 4-2-2 所示。它们的速度-负载特性曲线如图 4-2-3 所示，可见其速度刚性比采用节流阀的节流调速回路好得多。

在采用调速阀的节流调速回路(简称“调速节流调速回路”)中，为了保证调速阀中定差减压阀的压力补偿作用，调速阀两端的压差必须大于某一数值，对中低压调速阀为 0.5 MPa，对高压调速阀为 1 MPa，否则，其速度-负载特性将与采用节流阀的节流调速回路没有区别。

图 4-2-3(a)所示为进口、出口调速节流调速回路的速度-负载特性曲线，当负载在 0~F_A 之间变化时，其速度不随之发生变化；当负载大于 F_A 时，由于调速阀的工作压差小于其正常工作的最小压差，因此输出特性与节流调速回路相同。

图 4-2-3(b)所示为旁路调速节流调速回路的速度-负载特性曲线，当负载在 F_A~F_B 之间变化时，其速度不会随之发生变化；当负载小于 F_A 时，由于调速阀的工作压差小于其正常工作的最小压差，故输出特性与节流调速回路相同。

由于调速阀的最小压差比节流阀的压差大，因此调速节流调速回路的功率损失比节流调速回路要大一些。

综上所述，相比于采用节流阀的节流调速回路，采用调速阀的节流调速回路的低速稳定性、回路刚性较好，调速范围较大，所以它在机床液压系统中获得了广泛的应用。

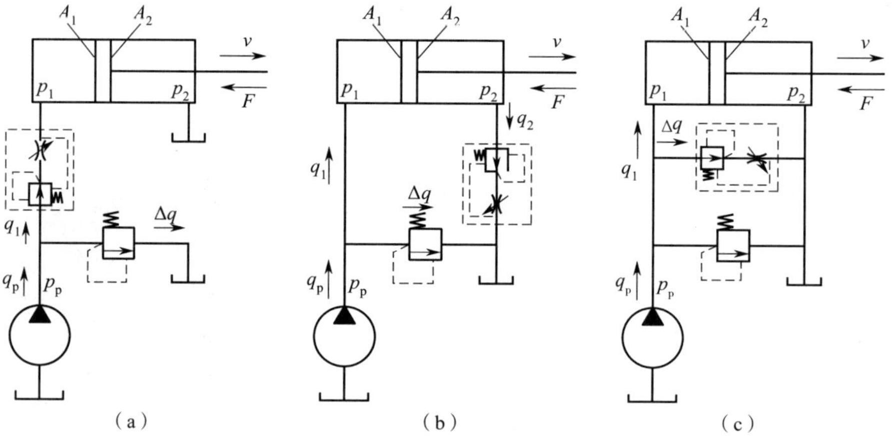

图 4-2-2　采用调速阀的节流调速回路

(a)进油节流调速　(b)回油节流调速　(c)旁路节流调速

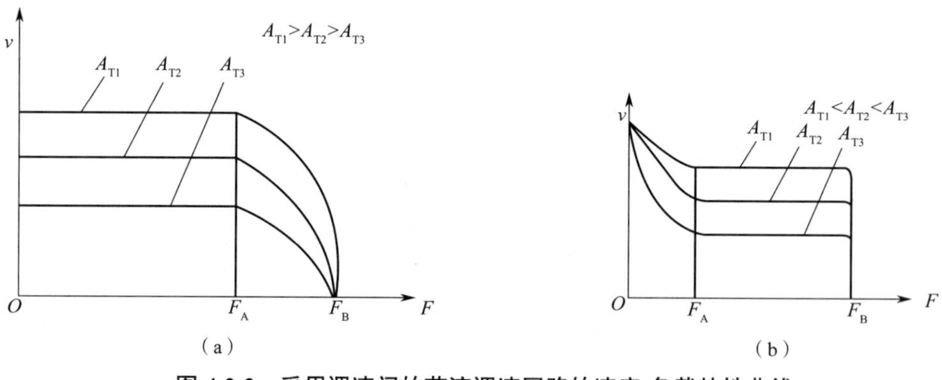

图 4-2-3　采用调速阀的节流调速回路的速度-负载特性曲线

(a)进口、出口调速节流调速回路　(b)旁路调速节流调速回路

4.2.3　速度换接回路

速度换接回路用来实现运动速度的变换，即在原来设计或调节好的几种运动速度中，从一种速度变换成另一种速度。对这种回路的要求是速度换接要平稳，即不允许在速度变换的过程中有前冲（速度突然加快）现象。下面介绍几种回路的换接方法及其特点。

1. 二通换向阀速度换接回路

图 4-2-4 所示为二通换向阀速度换接回路，换向阀切换至左位时，液压油直接通过换向阀流通，此时节流阀不起作用，液压缸以全速动作；换向阀处于右位时，节流阀起作用，液压缸以设定的速度动作。

在图 4-2-4（a）所示的行程阀速度换接回路中，因为行程阀的通油路是由液压缸活塞的行程控制阀芯移动而逐渐关闭的，所以换接时的位置精度高、冲击小，运动速度的变换也比较平稳。这种回路在机床液压系统中应用较多，它的缺点是行程阀的安装位置受一定限制，所以有时管路连接稍复杂。图 4-2-4（b）所示为用电磁换向阀代替行程阀的速度换接回路，这时电磁阀的安装位置不受限制，但其换接精度及速度变换的平稳性较差。

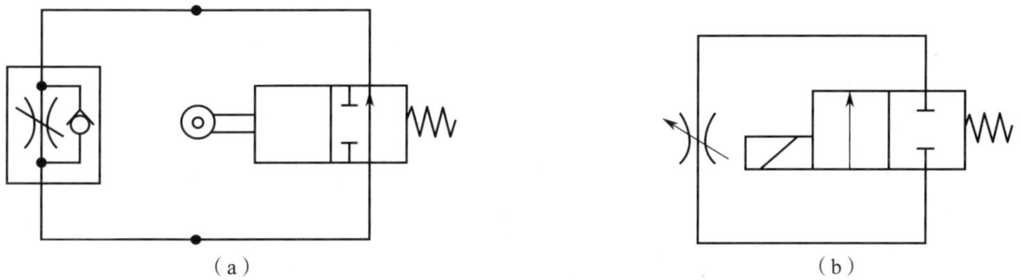

图 4-2-4　二通换向阀速度换接回路

（a）行程阀速度换接　（b）电磁换向阀速度换接

2. 调速阀（节流阀）串并联速度换接回路

对于某些自动机床、注塑机等，需要在自动工作循环中变换两种以上的工作进给速度，这时需要采用两种或多种工作进给速度的换接回路。

图 4-2-5（a）所示为两个调速阀并联，以实现两种工作进给速度换接的回路。液压泵 1 输出的液压油经调速阀 3 和电磁换向阀 5 进入液压缸。当需要第二种工作进给速度时，电磁换向阀 5 通电，其右位接入回路，液压泵输出的液压油经调速阀 4 和电磁换向阀 5 进入液压缸。这种回路中两个调速阀的节流口可以单独调节，互不影响，即第一种工作进给速度和第二种工作进给速度互相之间没有限制。但一个调速阀工作时，另一个调速阀中没有油液通过，其减压阀处于完全打开的位置，在速度换接开始的瞬间不能起减压作用，容易出现工件突然前冲的现象。

图 4-2-5（b）所示为另一种调速阀并联的速度换接回路。在这个回路中，两个调速阀始终处于工作状态，在由一种工作进给速度转换为另一种工作进给速度时，不会出现工件突然前冲的现象，因而工作可靠。但是液压系统在工作中总有一定量的油液通过不起调速作用的那个调速阀流回油箱，会造成能量损失，使系统发热。

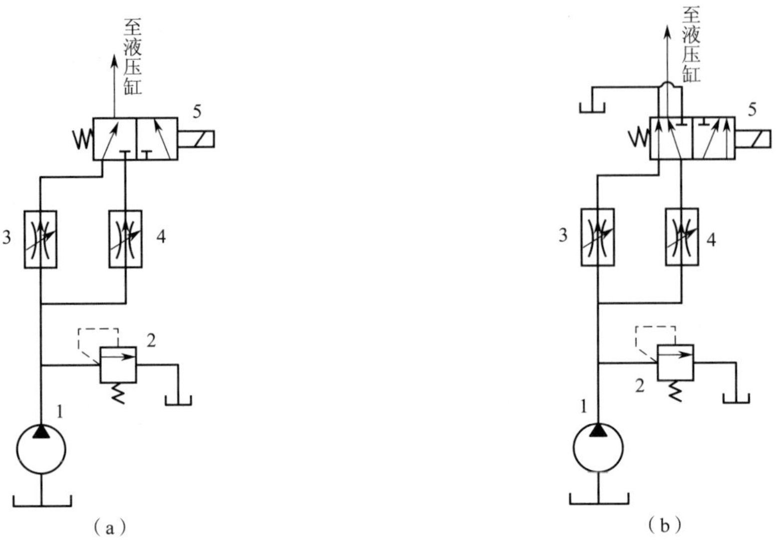

1—液压泵;2—溢流阀;3、4—调速阀;5—电磁换向阀

图 4-2-5　两个调速阀并联的速度换接回路

(a)并联方案 1　(b)并联方案 2

图 4-2-6 所示为两个调速阀串联的速度换接回路。液压泵 1 输出的液压油经调速阀 3 和电磁换向阀 5 进入液压缸,这时的流量由调速阀 3 控制。当需要第二种工作进给速度时,电磁换向阀 5 通电,其右位接入回路,则液压泵输出的液压油先经调速阀 3,再经调速阀 4 进入液压缸,这时的流量应由调速阀 4 控制,所以该回路中调速阀 4 的节流口开度应调得比调速阀 3 小,否则调速阀 4 将不起作用。这种回路在工作时,调速阀 3 一直工作,它限制着进入液压缸或调速阀 4 的流量,因此在速度换接时不会使液压缸产生前冲现象,换接平稳性较好。在调速阀 4 工作时,油液需流经两个调速阀,故能量损失较大。

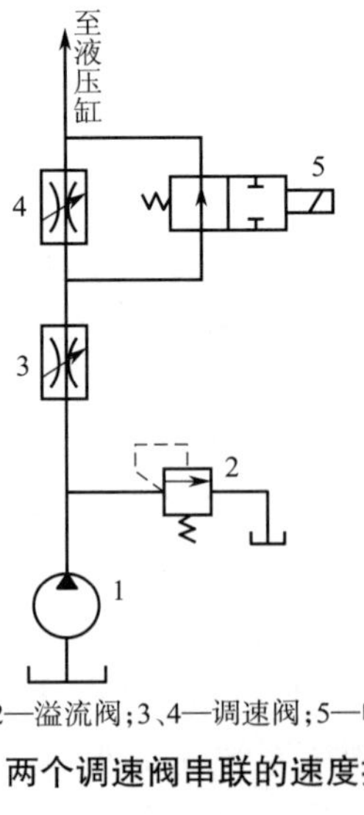

1—液压泵;2—溢流阀;3、4—调速阀;5—电磁换向阀

图 4-2-6　两个调速阀串联的速度换接回路

练习题

1. 填空题

(1)调速阀是由__________和__________串联而成的，由__________进行压力补偿，使__________前后压差基本保持恒定，从而__________。

(2)对于一些负载变化较大、对速度稳定性要求较高的液压系统，可采用__________来改善回路的__________，可组成__________、__________和__________调速回路。

(3)速度换接回路用来实现__________的变换，对这种回路的要求是速度换接__________，即不允许在速度变换的过程中有__________现象。

2. 简答题

(1)调速节流调速回路的实现方式有哪些?

(2)节流调速回路和调速节流调速回路有哪些区别?

(3)常见的速度换接回路的实现方式有哪些?

任务完成报告

姓名		学习日期	
任务名称	动力滑台调速节流调速回路的搭建		
学习自评	考核内容	完成情况	
	(1)描述调速阀的工作原理	□好　□良好　□一般　□差	
	(2)说出常用调速阀的应用	□好　□良好　□一般　□差	
	(3)描述液压系统调速节流调速回路的实现形式	□好　□良好　□一般　□差	
	(4)进行液压系统调速节流调速回路的搭建	□好　□良好　□一般　□差	
学习心得			

任务 4.3　动力滑台快速运动回路的搭建

组合机床动力滑台工作过程中,在空载情况下要实现快进、快退,以提高效率,需要快速动作;在接近工件时,要以缓慢的速度对工件进行压制,且需要较大的压制力。这种回路在快慢速工作时的速度和负载相差较大,可以采用快速运动回路来实现。

任务要求

(1)熟悉快速运动回路的实现方式。

(2)理解不同快速运动回路的工作原理。

(3)进行快速运动回路的搭建。

知识目标

(1)熟悉快速运动回路的实现方式。

(2)理解快速运动回路的工作原理。

(3)识读快速运动回路的工作原理图。

(4)熟悉快速运动回路的组成。

能力目标

(1)能理解快速运动回路的工作原理。

(2)能描述快速运动回路的工作原理。

(3)能识读快速运动回路的工作原理图。

(4)能进行快速运动回路的搭建。

素养目标

(1)培养学生理论结合实际的能力。

(2)培养学生的实际动手操作能力。

4.3.1　差动连接快速运动回路

1. 差动连接的原理

差动连接快速运动回路是在不增加液压泵输出流量的情况下提高工作部件运动速度的一种快速运动回路,其实质是改变液压缸的有效作用面积。

单活塞杆液压缸的连接方式有三种:无杆腔进油、有杆腔进油、差动连接。其中,单活塞杆液压缸的两腔同时通入液压油的油路连接方式称为差动连接,做差动连接的单活塞杆液压缸称为差动液压缸。在输入压力和流量相同的情况下，三种连接方式中，差动连接可以获得最快的运动速度，而且推力较小。

差动连接示意图如图 4-3-1 所示，采用差动连接的快速运动回路方法简单、较经济，但快慢速度的换接不够平稳。必须注意：差动回路的换向阀和油管通道应按差动时的流量选择，否则流动液阻过大，会使液压泵的部分油液从溢流阀流回油箱，导致速度减慢，甚至不起差动作用。

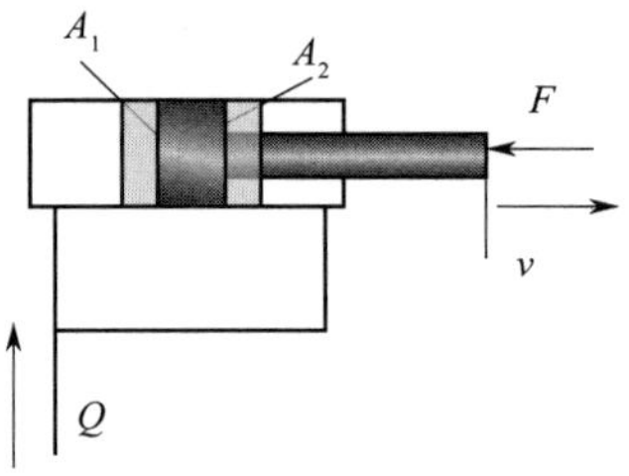

图 4-3-1　差动连接示意图

2. 差动连接的实现方法

（1）利用换向阀中位机能实现差动连接。如图 4-3-2 所示，采用换向阀的 P 型中位机能可以实现液压缸的差动连接。

（2）利用二位换向阀实现差动连接。如图 4-3-3 所示，当二位换向阀切换至左位时，液压缸差动连接，活塞杆快速伸出；当二位换向阀切换至右位时，液压缸有杆腔进油，活塞杆退回。

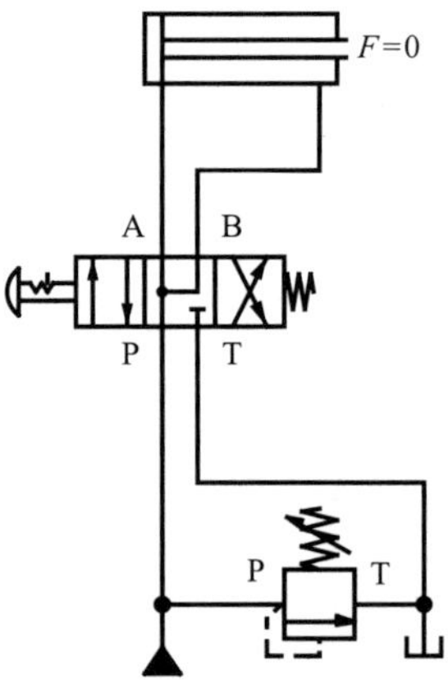

图 4-3-2　利用换向阀中位机能实现差动连接

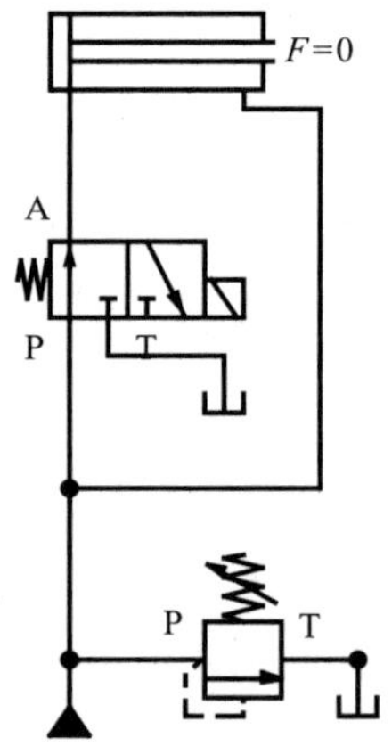

图 4-3-3　利用二位换向阀实现差动连接

（3）利用卸荷阀实现差动连接。如图 4-3-4 所示，三位换向阀 1V2 左位工作，当液压缸空载或负载很小时，卸荷阀 1V1（液控顺序阀）关闭，液压缸有杆腔排出的油液经单向阀汇合进入液压缸无杆腔，实现液压缸差动连接，活塞杆快速伸出；当液压缸负载加大时，进油路压力升高，卸荷阀 1V1 打开，有杆腔排出的油液经卸荷阀回油箱，活塞杆慢速伸出。

利用卸荷阀设计差动连接回路时，可以根据负载变化情况自动切换液压缸连接方式。

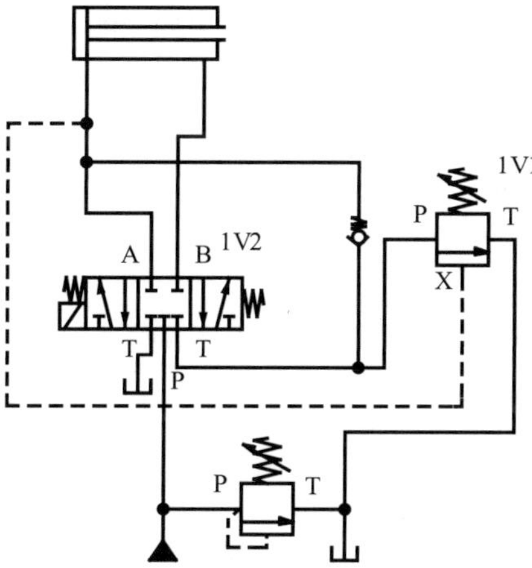

图 4-3-4　利用卸荷阀实现差动连接

4.3.2　双泵供油快速运动回路

双泵供油快速运动回路即双泵供油的卸荷回路，它将低压大流量泵和高压小流量泵并联为系统供油，其回路图和原理分析见 3.1.3 节。双泵供油回路功率利用合理、效率高，并且速度换接较平稳，在快慢速度相差较大的机床中应用很广泛；其缺点是要使用一个双联泵，油路系统也稍复杂。

4.3.3　增速缸快速运动回路

图 4-3-5 所示为增速缸快速运动回路。增速缸是一种复合缸，由活塞缸和柱塞缸组合而成。当手动换向阀的左位接入系统时，液压油经柱塞孔进入增速缸小腔 1，推动活塞快速向右移动，大腔 2 所需油液由充液阀（液控单向阀）3 从油箱吸取，活塞缸右腔的油液经换向阀流回油箱。当执行元件接触加工工件导致负载增加时，系统压力升高，顺序阀 4 开启，充液阀 3 关闭，高压油进入增速缸大腔 2，活塞转换成慢速前进，推力增大。换向阀右位接入时，液压油进入活塞缸右腔，打开充液阀 3，大腔 2 的油液通过充液阀 3 流回油箱。该回路的增速比大、效率高，但液压缸结构复杂，常用于压力机中。

4.3.4　采用蓄能器的快速运动回路

采用蓄能器的快速运动回路，是在执行元件不动或需要较少的液压油时，将多余的液压油储存在蓄能器中，需要快速运动时再将其释放出来。该回路设计的关键在于能量储存和释放的控制方式。图 4-3-6 所示为采用蓄能器的快速运动回路，用于液压缸间歇式工作的场合。当液压缸不动时，换向阀 3 中位将液压泵与液压缸断开，液压泵的油液经单向阀给蓄能器 4 充油。当蓄能器 4 的压力达到卸荷阀 1 的调定压力时，卸荷阀 1 开启，液压泵卸荷。

当需要液压缸动作时，换向阀 3 换向，溢流阀 2 关闭后，蓄能器 4 和泵一起给液压缸供油，实现快速运动。该回路可减小液压装置的功率，实现高速运动。

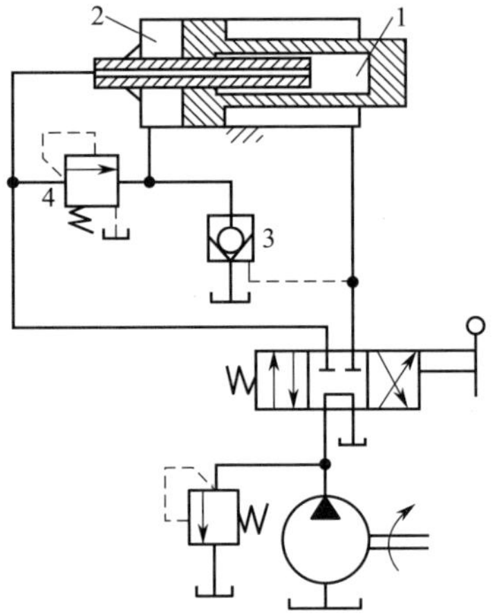

1—增速缸小腔；2—增速缸大腔；3—充液阀；4—顺序阀

图 4-3-5　增速缸快速运动回路

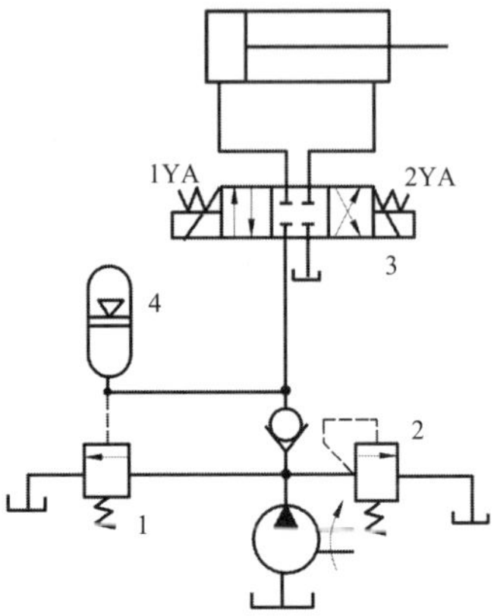

1—卸荷阀；2—溢流阀；3—换向阀；4—蓄能器

图 4-3-6　采用蓄能器的快速运动回路

练习题

1. 填空题

（1）差动连接快速运动回路是在不增加液压泵__________的情况下提高工作部件__________的一种快速运动回路，其实质是改变液压缸的__________。

（2）双泵供油回路功率利用合理、__________，并且速度换接__________，在快慢速度__________的机床中应用很广泛。

（3）采用蓄能器的快速运动回路，是在__________或需要__________时，将多余的液压油储存在__________中，需要快速运动时再将其释放出来。

2. 简答题

（1）差动连接的实现方式有哪些？

（2）列举常见的快速运动回路的实现方式。

任务完成报告

姓名		学习日期	
任务名称	动力滑台快速运动回路的搭建		
学习自评	考核内容		完成情况
	(1)描述快速运动回路的工作原理		□好　□良好　□一般　□差
	(2)说出快速运动回路的应用		□好　□良好　□一般　□差
	(3)描述快速运动回路的实现形式		□好　□良好　□一般　□差
	(4)进行快速运动回路的搭建		□好　□良好　□一般　□差
学习心得			

项目 5

压力机液压系统的搭建

学习情境描述

压力机是一种能完成锻压、冲压、冷挤、校直、折边、弯曲、成形、打包等工艺的压力加工机械，可用于加工金属、塑料、木材、皮革、橡胶等各种材料，具有压力和速度调节范围大、可在任意位置输出全部功率和保持所需压力等优点，在许多工业部门得到了广泛的应用。压力机的类型很多，其中以四柱压力机最为典型，它通常由横梁、导柱、工作台、滑块和顶出机构等部件组成，如图 5-1 所示。这种压力机在它的四个立柱之间安置着上、下两个液压缸，上液压缸驱动上滑块，实现“快速下行→慢速加压→保压延时→快速回程→原位停止”的动作循环，下液压缸驱动下滑块，实现“向上顶出→向下退回”或“浮动压边下行→停止→顶出”的动作循环。

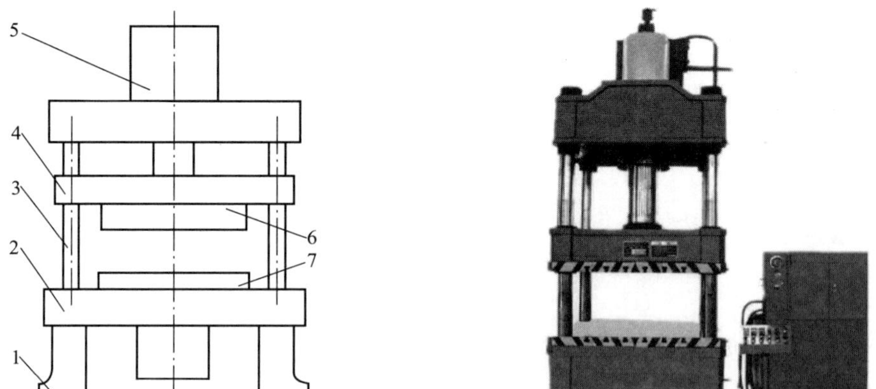

1—床身；2—工作台；3—导柱；4—上滑块；5—上缸；6—上滑块模具；7—下滑块模具

图 5-1　压力机示意图

(a)结构示意图　(b)实物图

项目描述

压力机的主机为三梁四柱式结构，上滑块由四柱导向、上液压缸驱动，实现“快速下行→慢速加压→保压延时→快速回程→原位停止”的动作循环。下液压缸布置在工作台中间孔内，驱动下滑块实现“向上顶出→向下退回”或“浮动压边下行→停止→顶出”的动作循环。压力机液压系统以压力控制为主，系统压力高，流量大，功率大，尤其要注意如何提高系统效率和防止产生液压冲击。

在本项目中，以压力机液压系统为例，对液压设备原理图进行学习，要实现的目标具体描述如下：

(1)进行顺序动作回路的搭建；

(2)综合运用电气液技术，识读中等复杂程度的液压设备原理图；

(3)分析设备系统中各系统之间的动作顺序及关联性，并进行实现；

(4)进行设备的综合利用，通过 PLC 控制压力机液压系统的动作实现。

任务分解

本项目分为两个任务，逐步实现上述功能要求。

任务 5.1　压力机顺序动作回路的搭建

本任务要求学生理解压力继电器的工作原理及用途，识别压力继电器实物及图形符号，能够分析顺序动作回路的工作原理图，能够选用压力继电器实现顺序动作回路的搭建。

任务 5.2　压力机整机液压系统的搭建

本任务要求学生识读中等复杂程度的液压设备原理图，掌握典型液压系统中各元件的作用和相互联系，能够进行设备的综合利用，通过 PLC 控制压力机液压系统的动作实现。

任务 5.1　压力机顺序动作回路的搭建

压力机动作过程中要求两个或多个液压缸活塞杆按顺序伸出和缩回，因此其回路属于多缸顺序动作回路。多缸顺序动作可以采用行程控制和压力控制来实现。本任务有压力要求，应采用压力控制的多缸顺序动作回路。

任务要求

(1)理解压力继电器的工作原理及用途。

(2)识别压力继电器实物及图形符号。

(3)分析顺序动作回路的工作原理图。

(4)选用压力继电器实现顺序动作回路的搭建。

知识目标

(1)熟悉压力继电器的工作原理及用途。
(2)认识压力继电器实物及图形符号。
(3)识读顺序动作回路的工作原理图。
(4)熟悉顺序动作回路的组成。

能力目标

(1)能理解压力继电器的工作原理及用途。
(2)能区分不同压力继电器的实物及图形符号。
(3)能识读顺序动作回路的工作原理图。
(4)能进行顺序动作回路的搭建。

素养目标

(1)培养学生理论结合实际的能力。
(2)培养学生的实际动手操作能力。

5.1.1 压力继电器

压力继电器是利用油液的压力来启闭电气微动开关触点的液-电转换元件。当油液的压力达到压力继电器的调定压力时,压力继电器发出电信号,控制电气元件(如电动机、电磁铁等)动作,实现泵的加载或卸荷、执行元件的顺序动作或系统的安全保护和互锁等。

1. 压力继电器的工作原理

压力继电器有柱塞式、薄膜式、弹簧管式和波纹管式四种结构。图 5-1-1(a)所示为柱塞式压力继电器的结构原理图。当从压力继电器下端进油口进入的油液的压力达到弹簧的调定压力时,作用在柱塞 1 上的液压力推动柱塞上移,使微动开关切换,发出电信号。调节螺钉可调节弹簧的预紧力,从而调整压力继电器的触发压力。压力继电器的图形符号和实物图如 5-1-1(b)、(c)所示。

2. 压力继电器的应用

1)液压泵的卸荷与保压

图 5-1-2 所示为采用压力继电器使泵卸荷与保压的回路。当电磁换向阀 7 左位工作时,定量液压泵 1 向蓄能器 6 和液压缸无杆腔供油,推动活塞向右运动并夹紧工件;当供油压力升高,并达到压力继电器 3 的调定压力时,发出电信号,指令二位二通电磁换向阀 5 通电,使泵卸荷,单向阀 2 关闭,液压缸 8 由蓄能器 6 保压。当液压缸 8 的压力下降时,压力继电器复位,二位二通电磁换向阀 5 断电,泵 1 重新向系统供油。

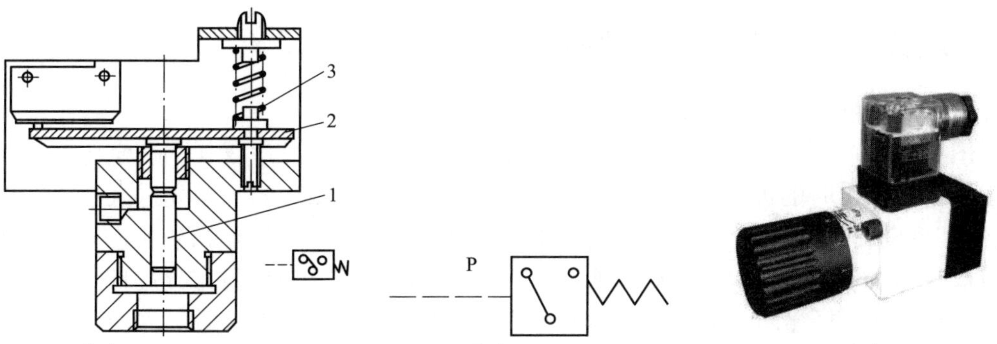

（a）　（b）　（c）

1—柱塞；2—微动开关；3—弹簧

图 5-1-1　压力继电器

（a）结构原理图　（b）图形符号　（c）实物图

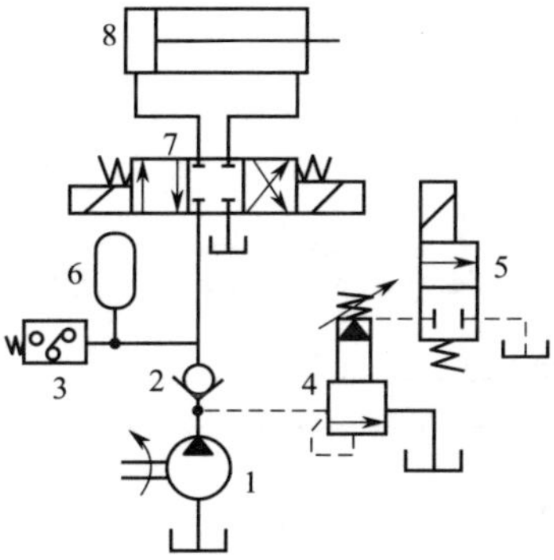

1—定量液压泵；2—单向阀；3—压力继电器；4—先导式溢流阀；5、7—换向阀；6—蓄能器；8—液压缸

图 5-1-2　液压泵的卸荷与保压回路

2）用压力继电器实现顺序动作

图 5-1-3 所示为用压力继电器实现顺序动作的回路。当液压缸 A 的活塞杆运动到行程终点时，无杆腔压力上升，当油液压力达到压力继电器的调定值时，压力继电器发出电信号，使电磁铁得电，液压缸 B 的活塞杆伸出。为使动作可靠，压力继电器的调定压力应比液压缸 A 活塞杆运动过程中的进油路压力高 0.8~1.0 MPa，比溢流阀的调整压力低 0.3~0.5 MPa。

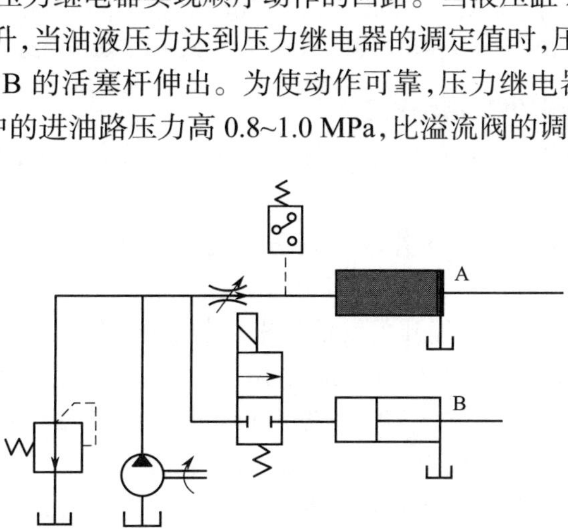

图 5-1-3　用压力继电器实现顺序动作的回路

5.1.2 压力机多缸顺序动作回路

1. 用单向顺序阀控制的双缸顺序动作回路

在图 5-1-4 中,当二位四通换向阀 5 切换到左工位时,单向顺序阀 4 的调定压力大于液压缸 1 活塞杆伸出时的进油路最高工作压力,定量液压泵 7 输出的油液先进入液压缸 1 的无杆腔,实现动作 A,动作 A 结束后,系统压力升高,达到单向顺序阀 4 的调定压力时,阀 4 打开,油液进入液压缸 2 的无杆腔实现动作 B。同理,当阀 5 切换到右工位,且阀 3 的调定压力大于缸 2 活塞杆缩回时的回油路最大工作压力时,先实现动作 C,后实现动作 D。

回路动作的可靠性取决于顺序阀的性能及其压力调整值,即它的调整压力应比前一个动作的压力高 0.8~1.0 MPa,以免在系统压力波动时发生误动作。该回路适用于液压缸数目不多、负载变化不大的场合。其优点是动作灵敏,安装连接较方便;缺点是可靠性不高,位置精度低。

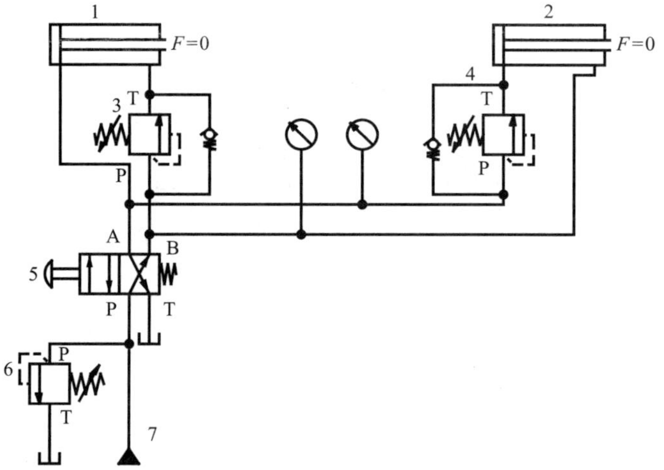

1、2—液压缸;3、4—单向顺序阀;5—二位四通换向阀;6—溢流阀;7—定量液压泵

图 5-1-4 用单向顺序阀控制的双缸顺序动作回路

2. 用压力继电器控制的顺序动作回路

用压力继电器实现顺序动作的回路如图 5-1-3 所示,回路原理如前文所述。

3. 行程控制顺序动作回路

行程控制顺序动作回路是在工作部件到达一定位置时,发出信号来控制液压缸的先后动作顺序,它可以利用行程开关、行程阀或顺序缸来实现。

图 5-1-5 所示为利用电气行程开关发信号来控制电磁阀先后换向的顺序动作回路。其动作顺序是:按下启动按钮,电磁铁 1Y1 通电,缸 1A1 活塞右行;当挡铁触动行程开关 1B2 时, 2Y1 通电,缸 2A1 活塞右行;缸 2A1 活塞右行至行程终点时,触动 2B2,使 1Y1 断电,缸 1A1 活塞左行;而后触动 1B1,使 2Y1 断电,缸 2A1 活塞左行。至此,便完成了缸 1A1、缸 2A1 的全部顺序动作。采用电气行程开关控制的顺序动作回路,调整行程大小和改变动作顺序均很方便,而且可利用电气互锁来保证动作顺序可靠。

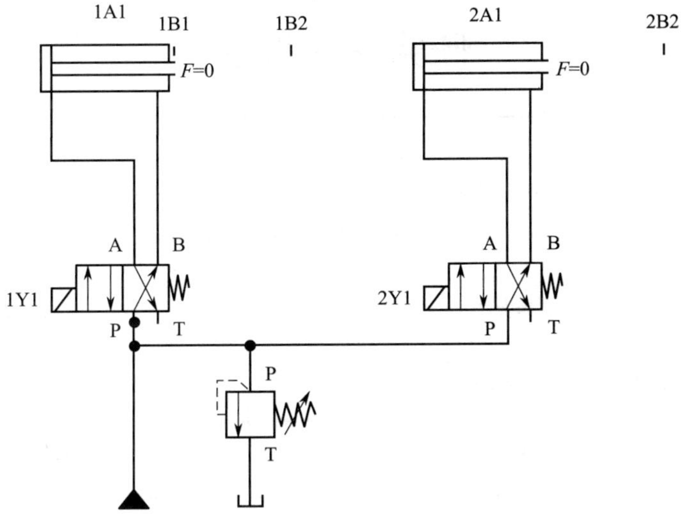

图 5-1-5　用行程开关控制的顺序动作回路

练习题

1. 填空题

（1）压力继电器是利用油液的压力来启闭电气微动开关触点的__________。当油液的压力达到压力继电器的__________时，电力继电器发出__________，控制电气元件（如电动机、电磁铁等）动作。

（2）压力继电器有__________、__________、__________和__________四种结构。

2. 简答题

（1）压力继电器的应用场景有哪些？

（2）常见的顺序动作回路的实现方式有哪些？

任务完成报告

姓名		学习日期	
任务名称	压力机顺序动作回路的搭建		
学习自评	考核内容	完成情况	
	(1)描述压力继电器的工作原理	□好 □良好 □一般 □差	
	(2)说出压力继电器的应用	□好 □良好 □一般 □差	
	(3)描述顺序动作回路的实现形式	□好 □良好 □一般 □差	
	(4)进行顺序动作回路的搭建	□好 □良好 □一般 □差	
学习心得			

任务 5.2　压力机整机液压系统的搭建

液压系统由能源转换装置（泵和油缸）、能量调节装置（各种阀）以及能量输送装置（箱、管路）等组成，借助于电气系统的控制，驱动滑块完成各种工艺动作循环。

任务要求

（1）识读中等复杂程度的液压设备原理图。
（2）掌握典型液压系统中各元件的作用和相互联系。
（3）进行设备的综合利用，通过 PLC 控制压力机液压系统的动作实现。

知识目标

（1）熟悉液压系统图，能正确识别液压基本回路。
（2）掌握典型液压系统中各元件的作用和相互联系。
（3）熟悉液压系统整体组成，并能够应用。

能力目标

（1）能够运用液压系统基本知识，正确分析与操作典型的液压系统。
（2）能够正确分析和总结典型的液压系统的特点。
（3）能够采用 PLC 对简单的液动系统进行设计与控制。

素养目标

（1）培养学生理论结合实际的能力。
（2）培养学生的实际动手操作能力。
（3）培养学生查阅资料、综合应用的能力。

5.2.1　压力机整机液压系统的工作原理与性能分析

四柱万能液压机是一种常见的压力机，下面以它为例介绍压力机整机液压系统的工作原理与性能分析。

1. 工作原理

在图 5-2-1 所示状态下，启动液压泵，油液经顺序阀 9、液动换向阀 16、电磁换向阀 5 流回油箱，液压泵卸荷，其卸荷压力为顺序阀 9 的调定值，保证了控制油路有足够的控制压力。系统的工作压力由远程调压阀 3 调定。

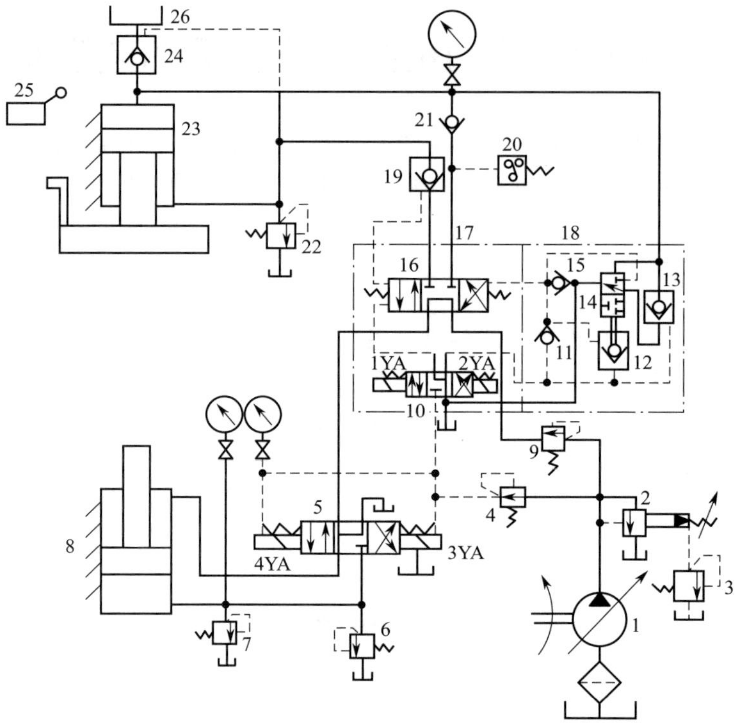

1—液压泵；2—溢流阀；3—调压阀；4—减压阀；5—电磁换向阀；6、7、22—调压阀；8、23—液压缸；9—顺序阀；10、14—换向阀；11、12、13、15、19、21、24—单向阀；16—液动换向阀；17、18—组合阀块；20—压力继电器；25—行程开关；26—油箱

图 5-2-1　YB32-300 型四柱万能液压机液压系统工作原理图

四柱万能液压机液压系统回路控制阀动作顺序如表 5-2-1 所示。

表 5-2-1　四柱万能液压机液压系统回路控制阀动作顺序

工况		电磁铁			
		1YA	2YA	3YA	4YA
上滑块	快速下行	+	−	−	−
	慢速加压	+	−	−	−
	保压延时	−	−	−	−
	预泄换向	−	+	−	−
	快速回程	−	+	−	−
	原位停止	−	−	−	−
下滑块	向上顶出	−	−	+	−
	向下退回	−	−	−	+
	原位停止	−	−	−	−

2. 性能分析

四柱万能液压机液压系统性能分析如下。

1）主缸运动

（1）快速下行。按下按钮，使电磁铁 1YA 通电，控制油液推动液动换向阀 16 的阀芯，使其左位接入系统，并打开液控单向阀 19。此时控制油液的油路如下。

进油路：液压泵 1→减压阀 4→换向阀 10 左位→换向阀 16 左位。

回油路：换向阀 16 右位→单向阀 11→换向阀 10 左位→油箱。

主液压缸 23 的油路接通后，压力油进入主液压缸的上腔，上滑块快速下行。其油路如下。

进油路：液压泵 1→顺序阀 9→换向阀 16 左位→单向阀 21→主液压缸 23 上腔。

回油路：主液压缸 23 下腔→液控单向阀 19→换向阀 16 左位→换向阀 5 中位→油箱。

上滑块在接触工件前，滑块在自重作用下快速下行，此时液压泵输出的油液不能充满液压缸上腔的空间而使液压缸上腔形成局部真空，并吸开液控单向阀 24，补充油箱中的油液在大气压作用下向主液压缸上腔补油。回油要经过换向阀 5 是为了使两个液压缸动作协调，以保证下滑块处于下位或停止状态时主液压缸才能动作。安全阀 22 可防止液控单向阀 19 失灵时发生过载。

（2）慢速加压。当上滑块接触工件后，主液压缸上腔油压升高，液控单向阀 24 关闭。主液压缸在液压泵供给的压力油的作用下驱动上滑块慢速加压下行。滑块下行速度由液压泵的流量决定。

（3）保压延时。当主液压缸上腔油压达到压力继电器 20 所调定的保压值时，压力继电器发出信号，使电磁铁 1YA 断电，换向阀 10、16 的中位接入系统，油路断开，主液压缸上腔的高压油被封闭而实现保压。保压时间由时间继电器（图中未画出）调整，其范围为 0~24 min。

（4）预泄换向。保压到规定时间后，时间继电器发出信号，电磁铁 2YA 通电，换向阀 10 的右位接入系统，控制油液通至单向阀 12 的下端和液控单向阀 13 的控制油口。因单向阀 12 与换向阀 14 采用刚性连接，而主液压缸上腔的高压油又作用在换向阀 14 上，故控制油液不能使单向阀 12 开启，只能打开液控单向阀 13，使主液压缸上腔的高压油经液控单向阀 13、换向阀 14 流回油箱，从而使主液压缸上腔压力得到预泄。此时换向阀 16 仍处于中位。当主液压缸上腔压力预泄至低于控制油路压力后，单向阀 12 开启，并使换向阀 14 动作，切断预泄油路，控制油液经单向阀 12 进入换向阀 16 右位，使其右位接入系统，实现换向。单向阀 11、15 用于液动换向阀 16 右位的排油、吸油。

（5）快速回程。液动换向阀 16 切换后，油液进入主液压缸 23 的下腔，并将液控单向阀 24 打开。因活塞有效面积小，上滑块快速返回。此时的油路为：进油路，液压泵 1→顺序阀 9→换向阀 16 右位→液控单向阀 19→主液压缸 23 下腔；回油路，主液压缸 23 上腔→液控单向阀 24→补充油箱 26。当补充油箱 26 中的液面上升至溢流管（图中未画出）位置时，多余油液经溢流管流回主油箱。

（6）原位停止。当上滑块上升至原位时，压下行程开关 25，电磁铁 2YA 断电，换向阀 10、16 回复中位，油路被切断，上滑块原位停止。

2）顶出缸传动系统

（1）向上顶出。按下按钮，电磁铁 3YA 通电，换向阀 5 右位接入系统，压力油进入顶出液压缸 8 下腔,推动活塞上升,将工件顶出。其油路如下。

进油路:液压泵 1 →顺序阀 9 →换向阀 16 中位→换向阀 5 右位→顶出液压缸 8 下腔。

回油路:顶出液压缸 8 上腔→换向阀 5 右位→油箱。

进油要经过换向阀 16,是为了保证顶出液压缸只有在主液压缸静止时才能动作。

(2)停留。当下滑块上升至顶出液压缸活塞碰上缸盖时,下滑块停止运动并在该位置停留,以便更换工件。在“薄板倒拉伸成形”工艺中,可利用顶出液压缸进行压边工作。下滑块上升至预定位置后停留,当主液压缸压下时,下滑块被随之压下,实现浮动压边。顶出液压缸下腔的油液经溢流阀 6 流回油箱,并建立所需的压边压力;其上腔可通过换向阀 5 的中位吸油,以免形成真空。

(3)向下退回。按下按钮,使电磁铁 4YA 通电, 3YA 断电,换向阀 5 左位接入系统,油液进入顶出缸上腔,下滑块向下退回。其油路与向上顶出相似。

(4)原位停止。下滑块退回原位后,电磁铁 4YA、3YA 都断电,下滑块原位停止。液压系统工作循环中电磁铁动作情况见表 5-2-1。

5.2.2 PLC 基础和控制程序的编写与调试

1. PLC 的基本应用

PLC 是一种数字运算操作的电子系统,专为在工业环境下应用而设计。它采用可编程的存储器来存储执行逻辑运算、顺序控制、定时、计数和算术运算等操作面向用户的指令,并通过数字式或模拟式的输入输出控制各种类型的机械设备或生产过程。如图 5-2-2 所示为西门子 S7-1200 PLC 实物图。

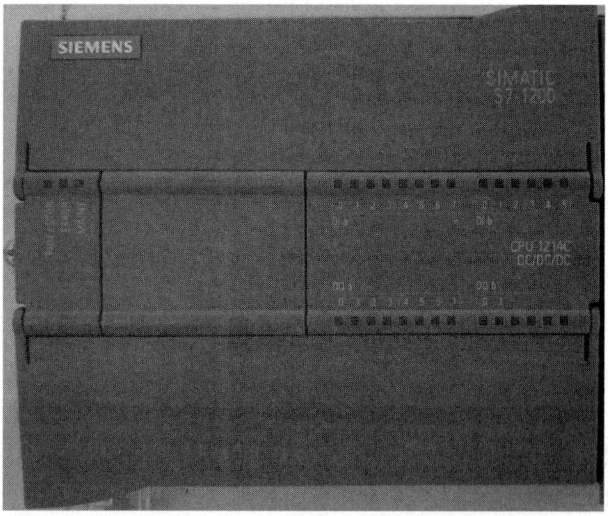

图 5-2-2 西门子 S7-1200 PLC 实物图

随着 PLC 的制造成本不断下降,功能不断增强,目前在工业发达的国家,PLC 已成为工业控制中的标准设备,广泛应用于工业控制的各个领域。概括起来主要应用在以下几个方面。

1）逻辑控制领域

逻辑控制是工业控制中应用最多的控制。PLC 的输入和输出信号都是通/断的开关信号。输入、输出（I/O）点数可以不受限制，从十几个到成千上万个不等，可通过扩展实现。

用 PLC 进行开关量控制（如机床电气控制、电动机控制、电梯运行控制、冶金系统的高炉上料控制、汽车装配线控制、啤酒罐装生产线控制、自动物流分拣控制等）遍及许多行业。如图 5-2-3 所示的智能物流分拣线就属于 PLC 在逻辑控制领域的应用。

图 5-2-3　智能物流分拣线

2）过程控制领域

PLC 配合特殊模块，可对温度、压力、流量、液面高度等连续变化的模拟量进行闭环过程控制。如图 5-2-4 所示为 PLC 液位控制系统。

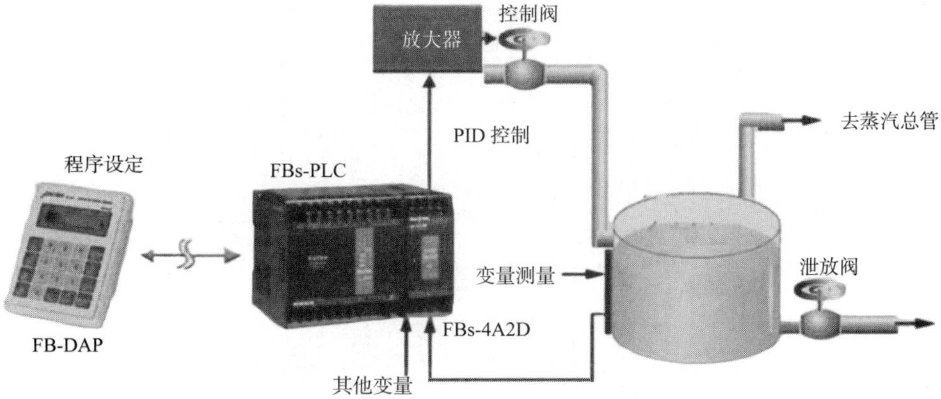

图 5-2-4　PLC 液位控制系统

3）运动控制领域

PLC 可采用专用的运动控制模块对伺服电动机和步进电动机的速度与位置进行控制，从而实现对各种机械（如金属切削机床、数控机床、工业机器人等）的运动控制。如图 5-2-5

所示为 PLC 控制的数控机床。

图 5-2-5　数控机床

4）通信联网领域

PLC 通过网络通信模块及远程 I/O 控制模块，实现 PLC 之间、PLC 与计算机之间、PLC 与其他智能设备之间的通信功能，还能实现 PLC 分散控制、计算机集中管理的集散控制，这样可以扩大系统的控制规模，甚至可以使整个工厂实现生产自动化。如图 5-2-6 所示为 PLC 通信联网控制系统。

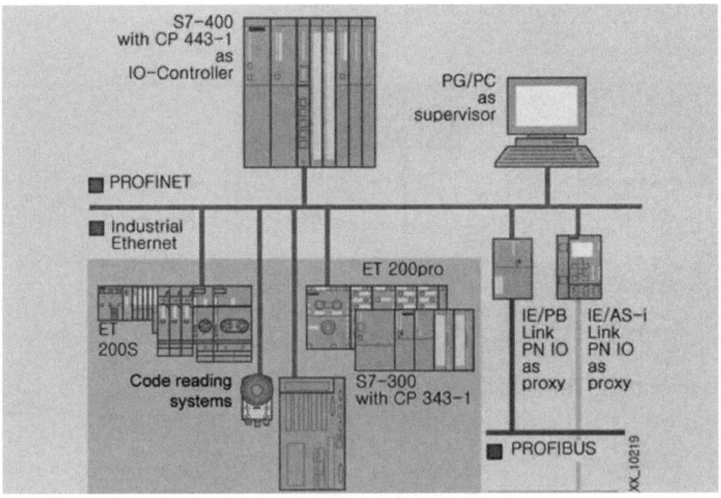

图 5-2-6　PLC 通信联网控制系统

5）数据处理

许多 PLC 具有很强的数学运算（包括逻辑运算、算术运算、矩阵运算、函数运算）以及数据的传送、转换、排序、检索等功能，还可以实现数据采集、分析和处理等功能。这些数据可以与存储器中的数据进行比较，也可以传送给其他智能装置或打印机。较复杂的数据处理一般应用在大、中型控制系统中。

2. PLC 的工作原理

如图 5-2-7 所示，投入运行后，PLC 工作过程一般分为五个阶段，即输入采样、执行用户程序、处理通信请求、执行 CPU（中央处理器）自诊断和输出刷新五个阶段。完成上述五个阶段称作一个扫描周期。在整个运行期间，PLC 的 CPU 以一定的扫描速度重复上述五个阶段。

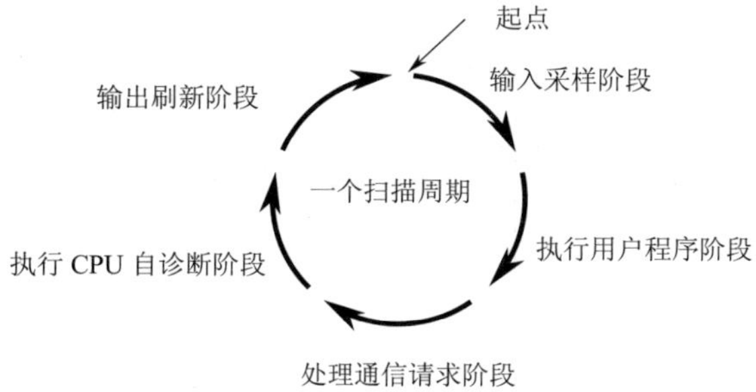

图 5-2-7　PLC 工作过程示意图

1）输入采样阶段

在输入采样阶段，PLC 控制器以扫描方式依次地读入所有输入状态和数据，并将它们存入 I/O 映像区的相应单元内。输入采样结束后，转入执行用户程序阶段。

2）执行用户程序阶段

PLC 在完成输入采样工作后，按顺序对从 0 号地址开始的程序段进行逐条扫描执行，并分别从输入映像寄存器、输出映像寄存器及辅助继电器中获取所需的数据进行运算处理。再将程序执行结果写入输出映像寄存器保存。但这个结果在全部程序执行完之前不会送到输出端子上，也就是物理输出不会改变。扫描周期取决于程序长度、程序复杂程度和 CPU 的性能。

3）处理通信请求阶段

PLC 执行完用户程序以后进入通信服务过程。首先检查有无通信任务，如有则调用相应进程来处理该任务，并对通信数据做相应处理；然后进行时钟、特殊寄存器更新处理等工作。

4）执行 CPU 自诊断阶段

PLC 每扫描一次，执行一次自诊断检查，确定 PLC 自身的动作是否正常，如 CPU、电池电压、程序存储器、通信等是否异常或出错。如果检查出异常，CPU 面板上的 LED（发光二极管）及异常继电器会接通，在特殊寄存器中会存入出错代码。当出现致命错误时，CPU 被强制为 STOP 模式，所有的扫描便停止。

5）输出刷新阶段

当 CPU 自诊断完成后，PLC 就进入输出刷新阶段。在此期间，CPU 将输出映像寄存器中的内容送到输出锁存器中进行输出，从而驱动用户设备。

3. 西门子 S7-1200 PLC 控制电磁换向阀过程的搭建

1）控制要求

按下按钮 SB1，电磁阀线圈 YV1 得电，电磁阀换向；松开按钮 SB1，电磁阀失电，电磁阀恢复原来状态。

2）PLC 接线图

PLC 型号为西门子 S7-1200，采用 CPU 1215C AC/DC/Rly，输入点 I0.1 与按钮 SB1 的常开点连接，输出点 Q0.1 与电磁阀（单控）的线圈 YV1 连接，接线图如图 5-2-8 所示。

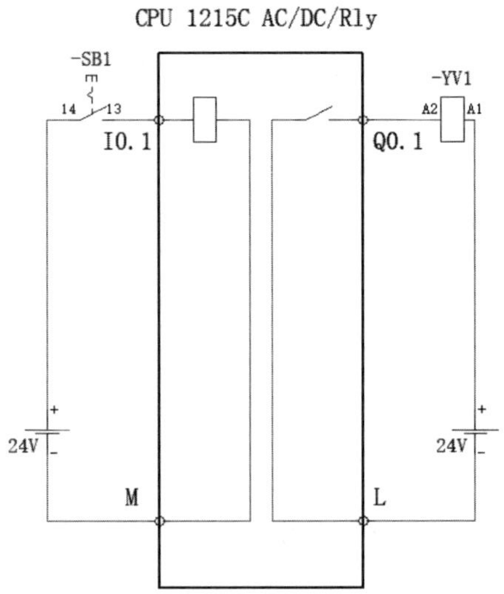

图 5-2-8　PLC 控制电磁阀接线图

3）控制程序编写

步骤 1：双击打开博途软件，博途软件图标如图 5-2-9 所示。

步骤 2：打开项目视图。

步骤 3：双击项目树的“添加新设备”按钮，打开“添加新设备”对话框，如图 5-2-10 所示，根据实物 PLC 的型号选择对应的 CPU 型号（订货号）进行添加。本任务采用 CPU 1215C AC/DC/Rly，所以选择 CPU 1215C AC/DC/Rly 文件夹下的 6ES7 215-1BG40-0XB0（订货号，印刷于 PLC 外壳），单击“确定”按钮。

图 5-2-9　博途软件图标

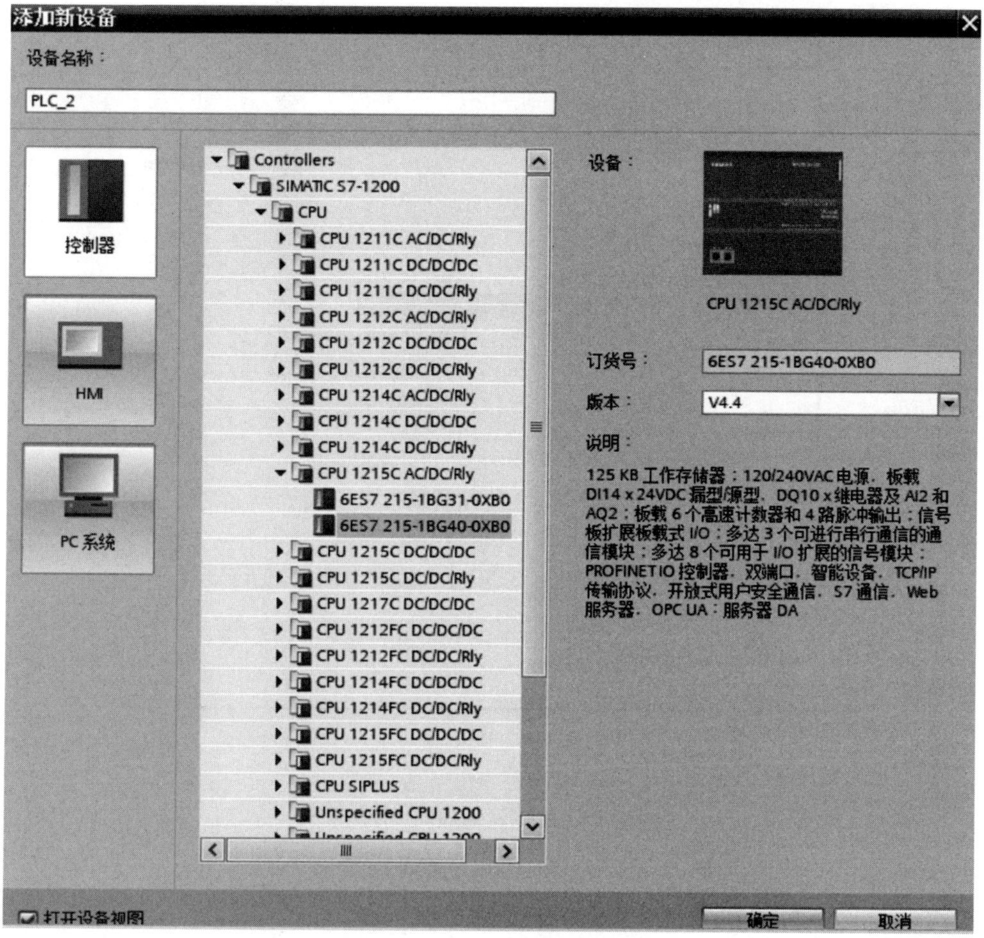

图 5-2-10　“添加新设备”对话框

步骤 4：双击打开 PLC_1 →程序块→ Main_OB1，在 Main_OB1 中编写如图 5-2-11 所示的程序。

图 5-2-11　PLC 控制程序

步骤 5：如图 5-2-12 所示，右击 Tag_1，选择“重命名变量”命令，将变量修改为 SB1，用同样的方法将 Tag_2 修改为 YV1。修改后程序如图 5-2-13 所示。

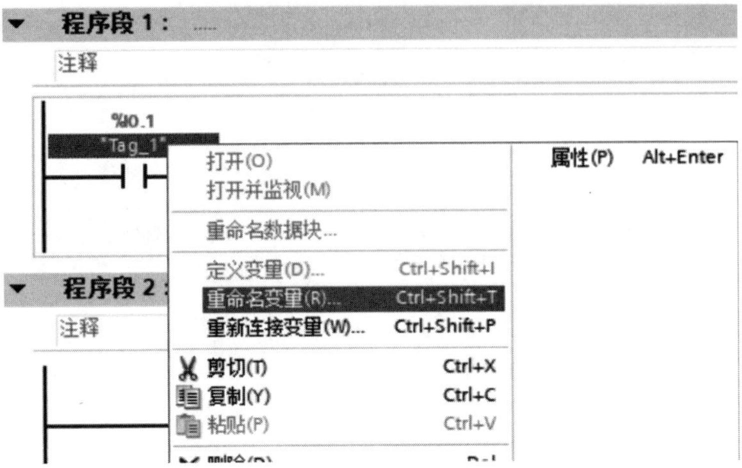

图 5-2-12　修改变量名称

图 5-2-13　修改变量后的 PLC 程序

4）下载程序

步骤 1：如图 5-2-14 所示，在项目树中选中“PLC_1[CPU 1215C DC/DC/DC]”，单击工具栏上的“编译”按钮，在巡检窗口确认编译信息（图 5-2-15），确认编译完成且编译错误数为 0 后单击“下载”按钮。

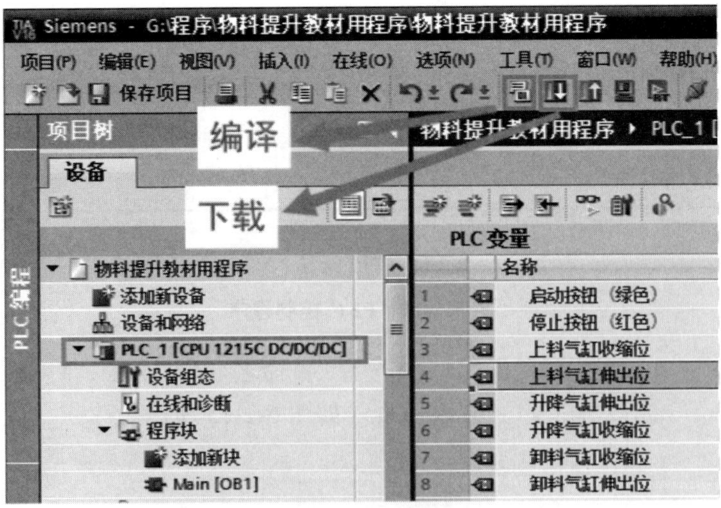

图 5-2-14　程序编译、下载

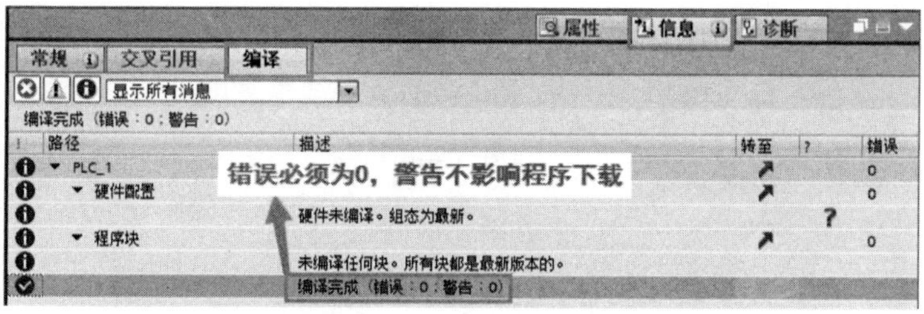

图 5-2-15　编译信息确认

步骤 2：步骤 1 完成后弹出“扩展下载到设备”对话框（首次下载会弹出），如图 5-2-16 所示，通过下拉箭头选择 PG/PC 接口的类型和 PG/PC 接口，PG/PC 接口类型选择 PN/IE，PG/PC 接口选择 Intel（R）PRO/1000 PL NetWork Connection 或 Intel（R）Ethernet Connection（14）1219-LM（本项目使用的编程设备为双网卡，选择与 PLC 连接的网卡）。单击“开始搜索”按钮，搜索完成后在目标设备列表中会出现“PLC_1”。将编程设备（计算机）的 IP 地址设置为与 PLC 同一网段的不同地址（例如 192.168.0.1）。选中“PLC_1”，单击“下载”按钮。

PG/PC 接口的类型：在 PLC 与编程设备（计算机）的连接方式中，PN/IE 表示网线连接，TeleService 表示电话线连接。

PG/PC 接口：指编程设备（计算机）与 PLC 连接使用的具体端口，即选择与 PLC 连接的具体网卡。

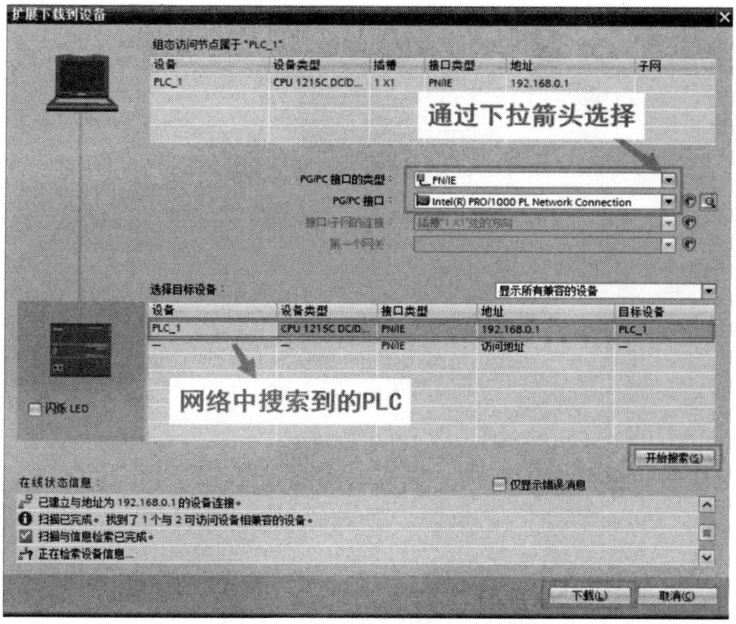

图 5-2-16　“扩展下载到设备”对话框

步骤 3：步骤 2 完成后弹出“装载到设备前的软件同步”对话框（首次下载会弹出），如图 5-2-17 所示，单击“在不同步的情况下继续”按钮。

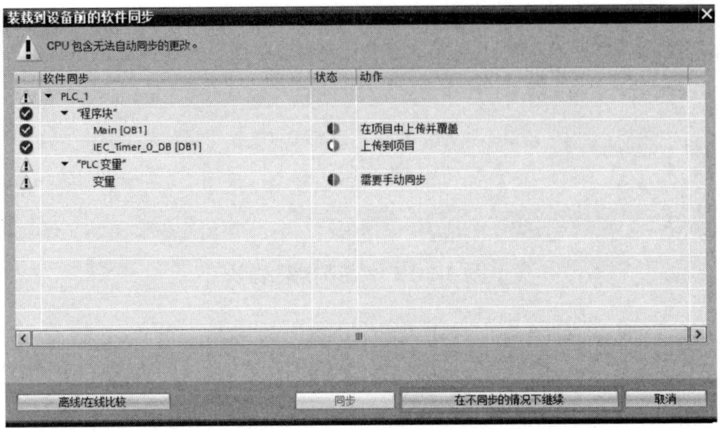

图 5-2-17 “装载到设备前的软件同步”对话框

步骤 4:步骤 3 完成后弹出“下载预览”对话框,如图 5-2-18 所示,“下载预览”对话框中出现粉色内容时“装载”按钮为不可操作状态,此时无法下载程序。通过下拉列表修改后清除粉色内容,此时“装载”按钮为可操作状态,单击“装载”按钮完成程序下载。

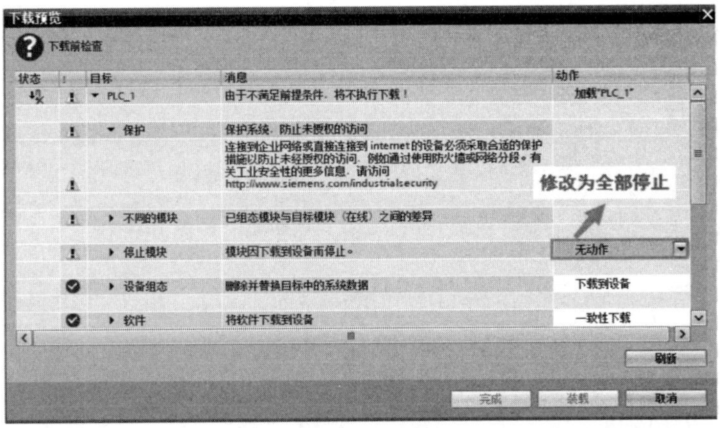

图 5-2-18 “下载预览”对话框

5)调试

按下 SB1,电磁阀得电;松开 SB1,电磁阀失电。

4. PLC 控制压力机液压系统程序的编写与调试

(1)控制要求。初始状态时,滑块处于原点位置,顶出液压缸处于回缩状态。按下起始按钮,滑块快速下行,接触到工件后开始慢速加压,加压到压力开关动作后开始保压。保压 20 s 后,开始预泄并快速回程,上油缸上限位开关被触发时停止回程。

按下下油缸上升按钮,下油缸上升,松开下油缸上升按钮,下油缸停止上升;按下下油缸下降按钮,下油缸下降,松开下油缸下降按钮,下油缸停止下降;控制系统配置及 PLC 选型如表 5-2-2 和表 5-2-3 所示,PLC 控制系统 I/O 地址分配如表 5-2-4 所示。

表 5-2-2　电气元件清单

元器件名称	数量	元器件名称	数量
380 V AC 电源	1	按钮开关	3
24 V DC 电源	1	西门子 S7-1200 PLC	1
断路器	2	限位开关	1
压力继电器	1		

表 5-2-3　液压元件清单

元件名称	数量	元件名称	数量
交流电动机	1	三位四通电磁换向阀	2
液压泵	1	二位三通液控换向阀	1
油箱	1	单向阀	6
液压缸	2	溢流阀	7

表 5-2-4　PLC 控制系统 I/O 地址分配

名称	I/O 地址	名称	I/O 地址
启动按钮	I0.0	1YA 下行及加压	Q0.0
下油缸上升按钮(点动)	I0.1	2YA 快速回程	Q0.1
下油缸下降按钮(点动)	I0.2	3YA 下油缸上升	Q0.2
上油缸上限位开关	I0.3	4YA 下油缸下降	Q0.3
压力开关	I0.4		

(2)PLC 控制系统设计压力机电气控制的核心是 PLC,按照控制要求可知系统有 5 个输入信号和 4 个输出信号,PLC 程序如图 5-2-19~图 5-2-22 所示。

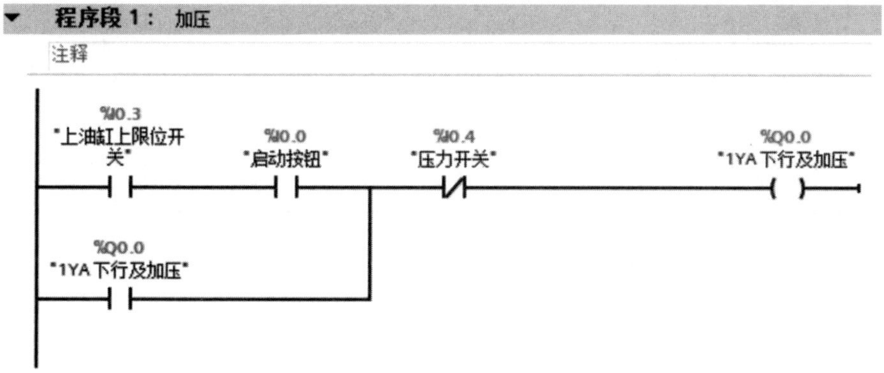

图 5-2-19　程序段 1

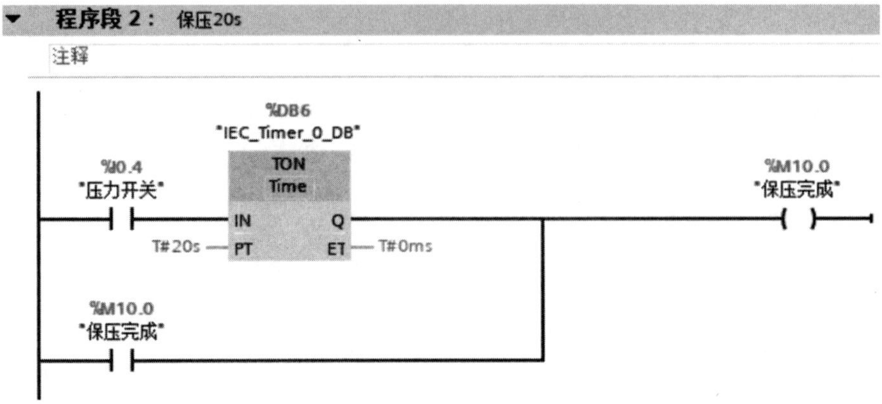

图 5-2-20　程序段 2

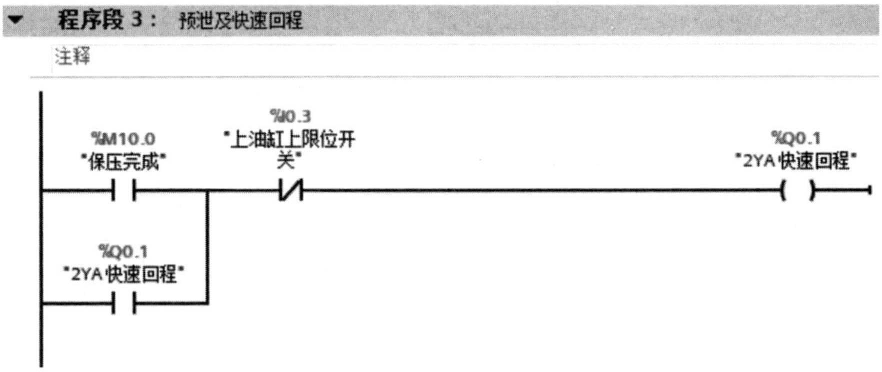

图 5-2-21　程序段 3

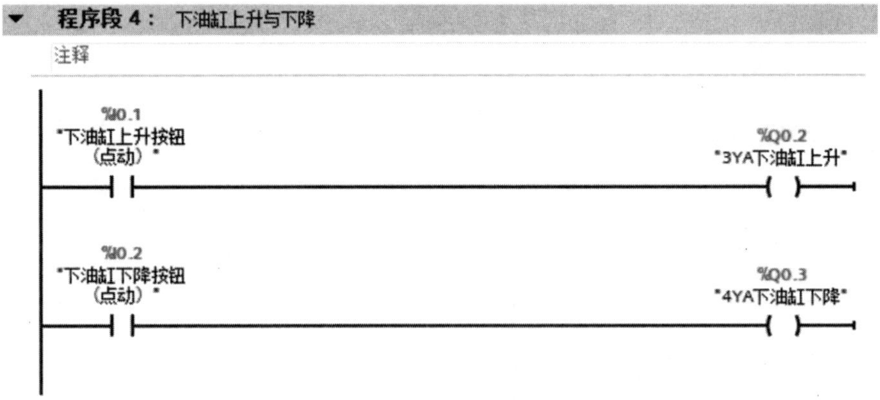

图 5-2-22　程序段 4

（3）下载程序到 PLC。

（4）调试。按下起始按钮，滑块快速下行，接触到工件后开始慢速加压，加压到压力开关动作后开始保压。保压 20 s 后，开始预泄并快速回程，上油缸上限位开关被触发时停止回程。

按下下油缸上升按钮，下油缸上升；松开下油缸上升按钮，下油缸停止上升；按下下油缸下降按钮，下油缸下降；松开下油缸下降按钮，下油缸停止下降。

练习题

1. 填空题

（1）液压系统由____________、____________以及____________等组成。

（2）PLC 工作过程一般分为五个阶段，即____________、____________、____________、____________和____________五个阶段。

2. 简答题

PLC 的主要应用场景有哪些？

任务完成报告

<table>
<tr><td>姓名</td><td></td><td>学习日期</td><td></td></tr>
<tr><td>任务名称</td><td colspan="3">压力机整机液压系统的搭建</td></tr>
<tr><td rowspan="5">学习
自评</td><td colspan="2">考核内容</td><td>完成情况</td></tr>
<tr><td colspan="2">(1)描述压力机液压系统的工作原理</td><td>□好 □良好 □一般 □差</td></tr>
<tr><td colspan="2">(2)说出压力机液压系统的回路组成</td><td>□好 □良好 □ ·般 □差</td></tr>
<tr><td colspan="2">(3)进行压力机液压系统的分析</td><td>□好 □良好 □一般 □差</td></tr>
<tr><td colspan="2">(4)进行 PLC 控制液压系统的操作</td><td>□好 □良好 □一般 □差</td></tr>
<tr><td>学
习
心
得</td><td colspan="3"></td></tr>
</table>

项目 6

工件夹紧气压回路的搭建

学习情境描述

在现代化的生产厂内，工件主要采用液压或气压两种夹紧装置，其中气压夹紧装置因小而简便、成本低的优势，应用更为广泛。比如在机床加工和打孔(图 6-1)的机器上，首先需要把工件夹紧，而夹紧工件可以采用双作用气缸来操作。双作用气缸靠按钮开关来控制，所夹工件的尺寸和夹紧力可根据实际需要进行调整。

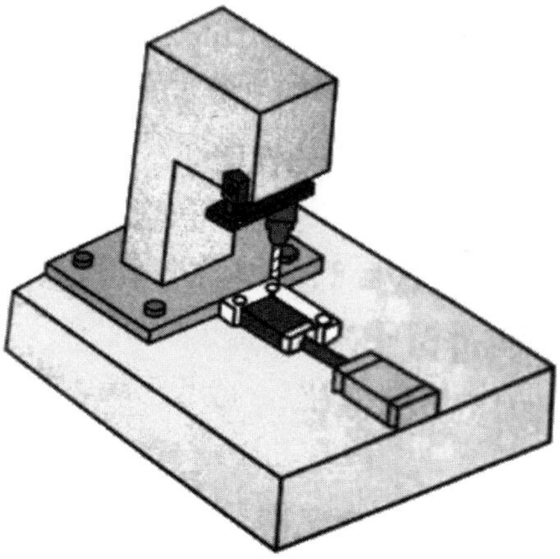

图 6-1　机床打孔示意图

项目描述

在生产过程中，对定位夹紧装置有如下要求：工件的夹紧压力小于主系统工作压力，并可根据工件材料的硬度进行调整；在装夹的过程中，先对工件定位，要确保定位完成后，方能实施夹紧;在加工过程中,夹紧力保持不变;加工完成后,能快速松开工件,以便更换下一待加工工件,提高工作效率。

本项目要实现的目标具体描述如下:

(1)分析工件夹紧气压回路组成,搭建工件夹紧气压基础回路;

(2)分析工件夹紧气压回路对气的要求,选取合适的气源系统;

(3)分析工件夹紧气压回路气动辅件组成,选取合适的气动辅助元件。

任务分解

根据项目要求,本项目可拆分为以下两个任务。

任务 6.1　工件夹紧气压回路气动基础

本任务要求学生掌握气压传动系统的工作原理及组成,熟悉气压传动的优点及缺点。

任务 6.2　认识气源系统和气动辅助元件

本任务要求学生掌握气源装置的组成、图形符号以及各组成部分的实际作用,掌握活塞式空气压缩机的工作原理及图形符号,熟悉气动辅助元件的工作原理并掌握其对应的图形符号。

任务 6.1　工件夹紧气压回路气动基础

气动技术,全称为气压传动与控制技术,是以空气压缩机(简称“空压机”)为动力源,以压缩空气为工作介质,进行能量传递和信息传递的工程技术。气动技术是实现生产过程自动化和机械化的最有效手段之一,具有高速高效、清洁安全、成本低、易维护等优点,被广泛应用于轻工机械等领域中,在生产过程自动化中发挥着越来越重要的作用。

任务要求

(1)根据所学知识,绘制基础气压回路原理图。

(2)搭建基础气压回路。

知识目标

(1)掌握气压传动的基本工作原理及系统的基本结构组成。

(2)掌握气压传动工作介质的主要物理性质及选用。

能力目标

(1)能够区分气压传动系统各组成部分的功能。

(2)能够了解气压传动对比液压传动等其他传动方式的优点及缺点,在实际工作过程中能灵活选择不同的传动方式。

素养目标

(1)培养学生对所学知识的类聚能力及比较分析能力。

(2)培养学生的知识迁移能力及逻辑思维能力。

6.1.1　工件夹紧气压回路的工作原理和气压传动系统的组成

1. 工件夹紧气压回路的工作原理

工件夹紧气压传动系统是机械加工自动线和组合机床中常用的夹紧装置的驱动系统。图 6-1-1 所示为机床夹具的气动夹紧系统，其动作循环是：当工件运动到指定位置后，气缸 A 活塞杆伸出，将工件定位后两侧的气缸 B 和 C 的活塞杆同时伸出，从两侧面对工件夹紧，然后再进行切削加工，加工完后各夹紧缸退回，将工件松开。

如图 6-1-1 所示，气压传动系统的工作原理如下：踏下脚踏阀 1，压缩空气进入缸 A 的上腔，使活塞下降定位工件；压下行程阀 2，压缩空气经单向节流阀 5 使二位三通气控换向阀 6 换向(调节节流阀开口可以控制阀 6 的延时接通时间)，压缩空气通过换向阀 4 进入两侧气缸 B 和 C 的无杆腔，使活塞杆前进而夹紧工件；然后钻头开始钻孔，同时流过换向阀 4 的一部分压缩空气经过单向节流阀 3 进入换向阀 4 右端，经过一段时间(由节流阀控制)后换向阀 4 右位接通，两侧气缸后退到原来位置；同时，一部分压缩空气作为信号进入脚踏阀 1 的右端，使阀 1 右位接通，压缩空气进入缸 A 的下腔，使活塞杆退回原位；活塞杆上升的同时使行程阀 2 复位，气控换向阀 6 也复位(此时主阀 3 右位接通)，由于气缸 B、C 的无杆腔通过阀 6、阀 4 排气，阀 6 自动复位到左位，完成一个工作循环。该回路只有再踏下脚踏阀 1 才能开始下一个工作循环。

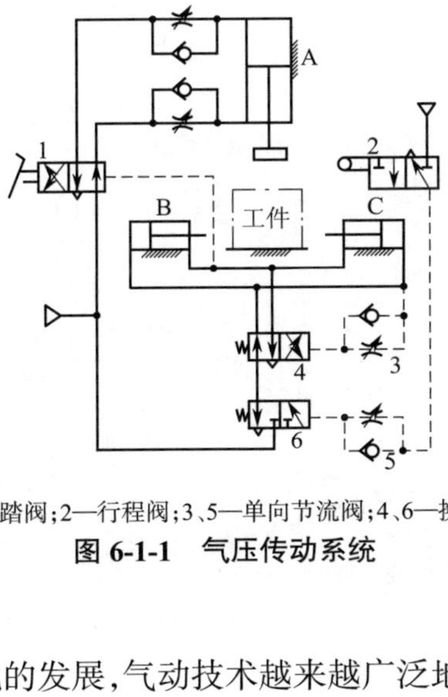

1—脚踏阀；2—行程阀；3、5—单向节流阀；4、6—换向阀

图 6-1-1　气压传动系统

2. 气压传动的应用领域

随着工业机械化和自动化的发展，气动技术越来越广泛地应用于各个领域，下面简要介

绍应用气动技术的一些例子。

（1）自动化生产线。在自动化生产线的各工序中，为了保证产品质量，减轻体力劳动，提高生产效率，降低成本，都广泛使用气动技术。如在机床、自行车、手表、洗衣机等行业的零件加工和组装线上，工件的搬运、转位、定位、夹紧、装卸、检测、清洗、装配等很多工序都采用气动技术。高速喷气织布机（图 6-1-2）、自动清洗机、木工机械、印刷机械、制鞋机械、塑料制品生产线、玻璃制品生产线等也都使用气动技术。

图 6-1-2　高速喷气织布机

（2）电子及家电业。在彩电、冰箱等家电产品装配生产线，大规模半导体集成电路芯片封装生产线，印刷电路板等各种电子产品的装配流水线上，不仅可以看到各种大小不一、形状不同的气缸、气爪，还可以看到许多灵巧的真空吸盘（将一般气动夹爪很难抓取的显像管、纸箱等物品轻轻地抓住，运送到指定的位置）。如图 6-1-3 所示为家用电器自动化组装生产线。

图 6-1-3　家用电器自动化组装生产线

(3)汽车制造业。现代汽车制造工厂的生产线,几乎都采用气动技术。如车身各工序的移动,车身外壳由真空吸盘吸取与置放、定位、夹紧,车身外壳的喷漆、焊接生产线上,焊枪快速趋近、减速及软着陆后控制定位焊等,都采用各种特殊功能的气缸及相应的气动控制系统。如图 6-1-4 所示为汽车冲压自动化生产线。

图 6-1-4 汽车冲压自动化生产线

(4)包装业。气动技术广泛应用于化工、化肥、粮食、食品、药品等许多加工行业,实现粉状、粒状、块状等物料的自动计量包装,也用于液体及黏稠液体(如啤酒、牙膏、油料、油漆、油墨、化妆品等)和有毒气体(如煤气)的自动计量灌装,还可将纸箱板折叠成型,用于上述产品的自动装箱等。如图 6-1-5 所示为包装自动化生产线。

图 6-1-5 包装自动化生产线

(5)其他领域。气动技术在公共汽车车门开闭装置,车辆制动装置,鱼雷、导弹的自动控制装置,以及各种气动工具等方面都有重要的应用。

总之，气动技术是实现生产过程自动化的重要手段，是一种洁净、低成本的自动化技术。

3. 气压传动系统的组成

气压传动系统主要由气源装置、气动控制元件、气动执行元件、气动辅助元件、工作介质五部分组成。其组成示意图见图 6-1-6。

（1）气源装置（气压发生装置）。气源装置的主体部分是空气压缩机，它是将原动机供给的机械能转变为气体的压力能的一种能量转换装置。

（2）气动控制元件。它包括用来控制压缩空气的压力、流量和流动方向的各种气动压力控制阀、流量控制和方向控制阀，以及逻辑运算、检测、自动控制等信号控制元件等，其作用是使执行机构完成预定的工作循环。

（3）气动执行元件。它包括实现直线往复运动的气缸和实现连续回转运动的气马达，是将气体的压力能转换成机械能的一种能量转换装置。

（4）气动辅助元件。它包括过滤器、油雾器、管接头及消声器等，是保证压缩空气的净化、元件的润滑、元件间的连接及消声等所必需的元件。

（5）工作介质。气压传动系统的工作介质是压缩空气，它在气压传动控制中起传递运动、动力和信号的作用。

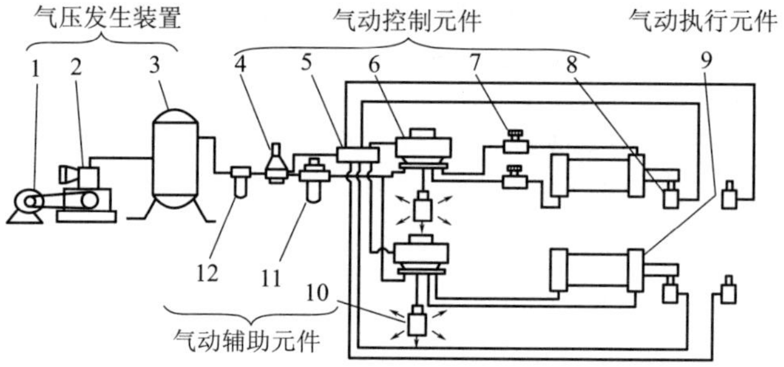

1—电动机；2—空气压缩机；3—气罐；4—压力控制阀；5—逻辑元件；6—方向控制阀；7—流量控制阀；8—行程阀；9—气缸；10—消声器；11—油雾器；12—分水过滤器

图 6-1-6　气压传动系统组成示意图

6.1.2　气压传动的特点

1. 气压传动的优点

（1）工作介质是空气，与液压油相比可节约能源，而且取之不尽、用之不竭。气体不易堵塞流动通道，用后可将其随时排入大气中。

（2）空气的特性受温度影响小。在高温下能可靠地工作，不会发生燃烧或爆炸。且温度变化对空气的黏度影响极小，故不会影响传动性能。

（3）空气的黏度很小（约为液压油的万分之一），所以流动阻力小，在管道中流动的压力损失较小，便于集中供应和远距离输送。

（4）相对液压传动而言，气动动作迅速、反应快，一般只需 0.02~0.3 s 就可达到工作压力和速度。液压油在管路中流动速度一般为 1~5 m/s，而气体的流速最小也大于 10 m/s，有时甚至达到音速，排气时还达到超声速。

（5）气体压力具有较强的自保持能力，即使压缩机停机，关闭气阀，装置中仍然可以维持一个稳定的压力。液压系统要保持压力，一般需要液压泵继续工作或另加蓄能器，而气体可以通过自身的膨胀性来维持承载缸的压力不变。

（6）气动元件可靠性高，寿命长。电气元件可运行百万次，而气动元件可运行 2 000~4 000 万次。

（7）工作环境适应性好，特别是在易燃、易爆、多尘埃、强磁、辐射、振动等恶劣环境中，比液压、电子、电气传动控制优越。

（8）气动装置结构简单，成本低，维护方便，过载能自动保护。

2. 气压传动的缺点

（1）由于空气的可压缩性较大，气动装置的动作稳定性较差，负载变化对工作速度的影响较大。

（2）由于工作压力低，气动装置的输出力或力矩受到限制。在结构尺寸相同的情况下，气压传动装置比液压传动装置输出的力要小得多。气压传动装置的输出力不宜大于 10~40 kN。

（3）气动装置中的信号传动速度比光、电控制速度慢，所以不宜用于信号传递速度要求十分高的复杂线路中，同时实现生产过程的遥控也比较困难，但对一般的机械设备，气动信号的传递速度能够满足工作要求。

（4）噪声较大，尤其是在超声速排气时，要加消声器。

气压传动与其他传动的性能比较见表 6-1-1。

表 6-1-1　气压传动与其他传动的性能比较

类型		操作力	动作快慢	环境要求	构造	负载变化的影响	操作距离	无级调速	工作寿命	维护	价格
气压传动		中等	较快	适应性好	简单	较大	中距离	较好	长	一般	低
液压传动		最大	较慢	不怕振动	复杂	有一些	短距离	良好	一般	要求高	稍高
电传动	电气	中等	快	要求高	稍复杂	几乎没有	远距离	良好	较短	要求较高	稍高
	电子	最小	最快	要求特高	最复杂	没有	远距离	良好	短	要求更高	最高
机械传动		较大	一般	一般	一般	没有	短距离	较困难	一般	简单	一般

6.1.3　气压传动的工作介质

1. 空气的湿度

自然界中的空气是由多种成分组成的，其中氮气（N_2）的体积分数为 78%，氧气（O_2）为

21%，其他气体为 1%。此外，空气中常含有一定量的水蒸气，含有水蒸气的空气为湿空气，不含水蒸气的空气为干空气。大气中的空气基本上都是湿空气。在一定温度下，含水蒸气越多，空气就越潮湿。当温度下降时，空气中的水蒸气含量降低（表 6-1-2）。

空气作为传动介质，其干湿程度对传动系统的稳定性和寿命有直接影响。因此，各种元件使用时对空气的含水量有明确的规定，常采取一些措施滤除空气中的水分。

表 6-1-2　饱和空气表

温度 t/℃	饱和水蒸气分压力 p_b/MPa	饱和相对湿度 χ/(kg/m³)	温度 t/℃	饱和水蒸气分压力 p_b/MPa	饱和相对湿度 χ/(kg/m³)
100	0.101 23	588.7	20	0.002 33	17.28
80	0.047 32	290.6	15	0.001 70	12.81
70	0.031 13	196.8	10	0.001 23	9.39
60	0.019 91	129.6	5	0.000 87	6.79
50	0.012 33	82.77	0	0.000 61	4.85
40	0.007 37	51.05	−6	0.000 37	3.16
35	0.005 62	39.55	−10	0.000 26	2.25
30	0.004 24	30.32	−16	0.000 15	1.48
25	0.003 16	23.04	−20	0.000 10	1.07

2. 空气的可压缩性

空气的体积受温度和压力的影响较大，有明显的可压缩性。温度越高、压力越大，空气的可压缩性就越大。只有在一定条件下，才能将空气看作是不可压缩的。

在实际工程中，管路内气体流速较低，温度变化不大，可将气体看作是不可压缩的，其误差很小。在某些气动元件（如气缸、气马达）中，局部流速很高则必须考虑气体的可压缩性。

3. 气阻与气容

在气压传动系统中，为了控制运动（如气缸的调速），常用气阻来调节压力和流量的大小。所谓气阻是指体积小、阻力大的流通部件。其形式很多，可以做成恒定值的，也可以做成可调值的。恒定值气阻是指在一定的压降和流量时，两者的比值为定值，不可调节。

气压传动系统中储存或放出气体的空间称为气容。管道、气缸、气罐等都是气容。气动系统的运行过程，实际上存在着无数次的充、放气过程。因此，在气压传动系统的设计、安装、调试及维修中，必须考虑气容。例如，为了提高气压信号的传输速度，提高系统的工作频率和运行可靠性，应限制管道气容，消除气缸等执行元件的气容对控制系统的影响。又如，为了达到延时、缓冲等目的，应在一定的部位设置适当的气容。特别是在调试及维修中，不适当的气容往往会造成系统工作不正常。

4. 气体的高速流动及噪声

气压传动设备工作时，常出现气体的高速流动，如气缸、气阀的高速排气，冲击气缸喷口处的高速流动，气动传感器的喷流等。气动设备工作时的排气，由于出口处气体急剧膨胀，会产生刺耳的噪声。噪声的强弱随排气量、排气速度和排气通道的形状而变化，排气速度和功率越大，噪声也就越大。为了降低噪声，应合理设计排气口形状并降低排气速度。

[子任务 6-1-1] 搭建基础气压传动系统

（1）任务描述：按照基础气压传动系统工作原理图，搭建简单的气压传动系统控制回路，实现双作用气缸的伸缩。

（2）基础气压传动系统工作原理图如图 6-1-7 所示。

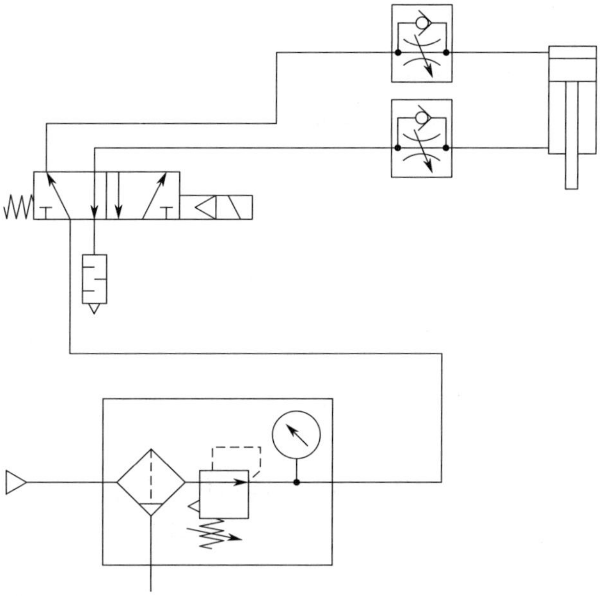

图 6-1-7　基础气压传动系统工作原理图

（3）元器件明细表如表 6-1-3 所示。

表 6-1-3　元器件明细表

序号	名称	型号与规格	单位	数量	备注
1	空气压缩机		台	1	
2	气动三联件		个	1	
3	二位五通电磁换向阀		个	1	
4	双作用气缸		个	1	
5	节流阀		个	2	
6	气管		米	若干	
7	管接头		个	若干	
8	消声器		个	1	

（4）气压传动系统组装及调试：

① 按照气压传动系统工作原理图及元器件明细表，选择合适数量、型号的气动元器件，并检查各气动元器件工作状态是否正常；

② 根据气压传动系统工作原理图搭建基本控制回路，注意各个元器件的安装顺序及其他事项；

③ 气动控制系统搭建完毕后，启动空气压缩机，注意通过压力控制阀调整空气压缩机的输出口压力在 0.8 MPa 左右，防止气压过低或者过高造成的气压传动系统工作异常；

④ 气压传动系统工作时，注意观察气动三联件的工作状态（长时间工作后，分水过滤器底部应该有油状液体存留）；

⑤ 手动控制二位五通电磁换向阀，实现气路的切换，从而控制双作用气缸的伸出，调整节流阀的开度，实现对双作用气缸速度的调整；

⑥ 实验完毕，将实训台上所有物品恢复原位。

思考

试分析气动三联件各部分的工作原理，并简要说明原因。

练习题

1. 填空题

（1）气压传动是以________为工作介质进行能量传递和信号传递的一门传动技术。

（2）气压传动系统主要由气源装置、________、气动执行元件、________、工作介质五部分组成。

（3）气动执行元件是将气体的________能转换成________能的一种能量转化装置。

（4）在气压传动系统中，压缩空气的主要作用为传递运动、________和________。

2. 简答题

（1）根据所学知识，举例说明气动技术的应用领域。

（2）举例说明气压传动的优点以及缺点。

任务完成报告

姓名		学习日期	
任务名称	工件夹紧气压回路气动基础		
学习自评	考核内容		完成情况
	（1）说出工件夹紧气压回路的工作原理		□好　□良好　□一般　□差
	（2）描述气压系统的组成		□好　□良好　□一般　□差
	（3）说出气压传动的特点		□好　□良好　□一般　□差
学习心得			

任务 6.2　认识气源系统和气动辅助元件

气源装置为系统提供满足一定质量要求的压缩空气，它是气动系统的动力部分。这部分元件性能的好坏直接关系到气动系统能否正常工作。辅助元件是保证气动系统正常工作必不可少的组成部分。

任务要求

（1）绘制基础气压原理图，搭建基础气压回路。

（2）合理选用气源净化装置。

（3）绘制气动辅助元件的图形符号，根据实际情况，正确选择气动辅助元件。

知识目标

（1）掌握空气压缩机的工作原理、结构与选用方法。

（2）掌握压缩空气净化装置的工作原理、结构与作用。

（3）认识气源装置和气动辅助元件实物。

（4）学会选用、安装与连接气动辅助元件。

能力目标

（1）能够说明气源装置各个组成部分的功能并进行准确拆装。

（2）能够绘制气源净化装置的工作原理图及图形符号并合理选用气源净化装置。

（3）能够正确选择并准确拆装气动辅助元件。

素养目标

（1）培养学生对所学知识的类聚能力及比较分析能力。

（2）培养学生的知识迁移能力及逻辑思维能力。

6.2.1　空气压缩机

气压传动系统中的气源装置包括压缩空气的发生装置和存储、净化装置以及输送压缩空气的供气管道系统等。它是气压传动系统的重要组成部分。

图 6-2-1 是压缩空气站设备组成及布置示意图。在图 6-2-1 中，1 为空气压缩机，用以产生压缩空气，一般由电动机带动。其吸气口装有空气过滤器，以减少进入空气压缩机的杂质量。2 为后冷却器，用以冷却压缩空气，使净化的水凝结出来。3 为油水分离器，用以分离并排出降温冷却的水滴、油滴、杂质等。4 为贮气罐，用以贮存压缩空气，稳定压缩空气的压力

并除去部分油分和水分。5 为干燥器，用以进一步吸收或排除压缩空气中的水分和油分，使之成为干燥空气。6 为过滤器，用以进一步过滤压缩空气中的灰尘、杂质颗粒。7 为贮气罐，贮气罐 4 输出的压缩空气可用于一般要求的气压传动系统，贮气罐 7 输出的压缩空气可用于要求较高的气动系统(如气动仪表及射流元件组成的控制回路等)。

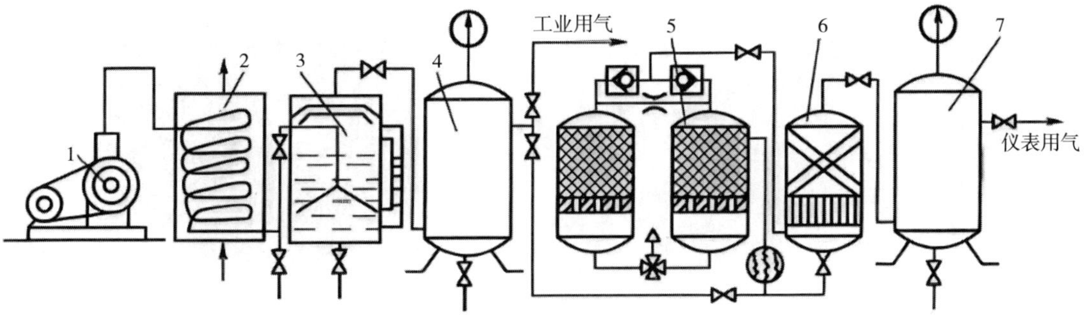

1—空气压缩机；2—后冷却器；3—油水分离器；4、7—贮气罐；5—干燥器；6—过滤器

图 6-2-1　压缩空气站设备组成及布置示意图

空气压缩机是将原动机提供的机械能转换成气体压力能的一种能量转换装置，即气压发生装置，它为气动装置提供具有一定压力和流量的压缩空气。

1. 空气压缩机的分类

空气压缩机按工作原理不同可分为容积型压缩机和速度型压缩机。容积型压缩机的工作原理是压缩气体的体积，使单位体积内气体分子的密度增大以提高压缩空气的压力。按照结构不同容积型压缩机又可分为活塞式、膜片式、螺杆式等，如图 6-2-2 所示。速度型压缩机的工作原理是提高气体分子的运动速度，然后使气体的动能转化为压力能以提高压缩空气的压力。按照结构不同速度型压缩机又可分为离心式、轴流式等，如图 6-2-3 所示。

2. 空气压缩机的工作原理

气压传动系统中最常用的空气压缩机是容积型往复活塞式空气压缩机，其工作原理图如图 6-2-4 所示。当活塞 3 向右运动时，气缸 2 内活塞左腔的压力低于大气压力，吸气阀 9 被打开，空气在大气压力作用下进入气缸 2 内，这个过程称为吸气过程。当活塞向左移动时，吸气阀 9 在缸内压缩气体的作用下关闭，缸内气体被压缩，这个过程称为压缩过程。当气缸内空气压力增大到略大于输气管内压力后，排气阀 1 被打开，压缩空气进入输气管道，这个过程称为排气过程。活塞 3 的往复运动是由电动机带动曲柄 8 转动，通过连杆 7、十字头 5 和活塞杆 4 转化为直线往复运动而产生的。图中只显示了一个活塞一个缸的空气压缩机，大多数空气压缩机是多缸多活塞的组合。

3. 空气压缩机使用的注意事项

(1)空气压缩机的安装地点必须无粉尘，通风好，湿度小，温度低且要留有维护保养空间，一般要安装在专用机房内。

(2)空气压缩机运转时会产生噪声，其防治方法有设置隔声罩、消声器，选择噪声较低的空气压缩机等。

(3)使用专用润滑油并定期更换。启动前应检查润滑油位,并用手拉动传动带使机轴转动几圈,以保证启动时的润滑。

(4)启动前和停机后,都应及时排除空气压缩机气罐中的水分。

(a)

(b)

(c)

图 6-2-2　容积型空气压缩机

(a)螺杆式 (b)膜片式 (c)活塞式

(a)

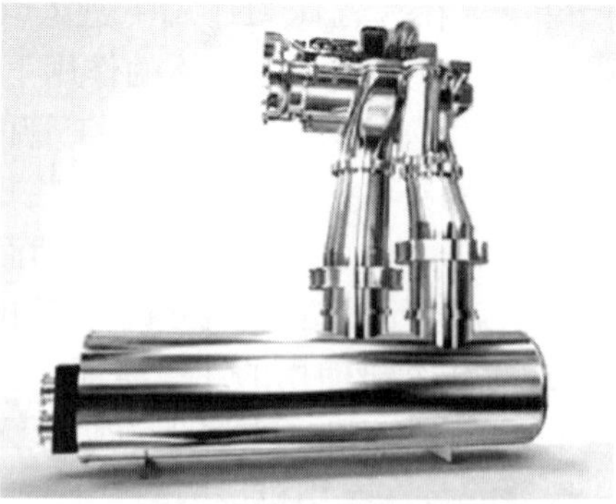

(b)

图 6-2-3　速度型空气压缩机

(a)离心式 (b)轴流式

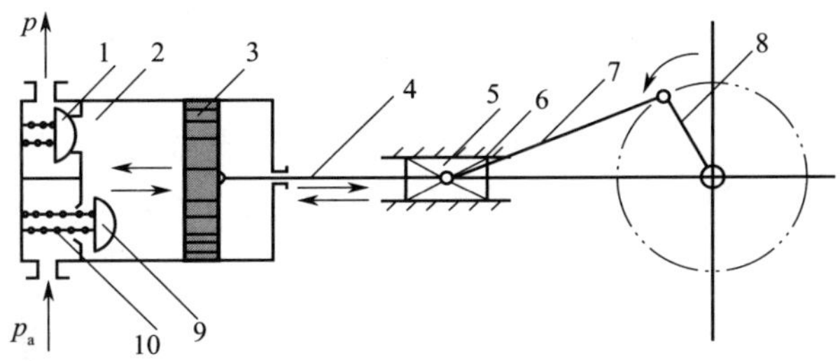

1—排气阀；2—气缸；3—活塞；4—活塞杆；5、6—十字头与滑道；7—连杆；8—曲柄；9—吸气阀；10—弹簧

图 6-2-4　容积型往复活塞式空气压缩机工作原理图

4. 空气压缩机的选用原则

空气压缩机的选用应以气压传动系统所需要的工作压力和流量两个参数为依据。一般气压传动系统需要的工作压力为 0.5~0.8 MPa，因此选用额定排气压力为 0.7~1 MPa 的低压空气压缩机。此外，还有：中压空气压缩机，额定排气压力为 1 MPa；高压空气压缩机，额定排气压力为 10 MPa；超高压空气压缩机，额定排气压力为 100 MPa。输出流量要根据整个气压传动系统对压缩空气的需要，再加一定的备用余量，作为选择空气压缩机流量的依据。一般空气压缩机按流量可分为微型（流量小于 1 m^3/min）、小型（流量在 1~10 m^3/min）、中型（流量在 10~100 m^3/min）和大型（流量大于 100 m^3/min）。

如果用气场地狭小，应选用立式空气压缩机；如果用气场地不能供电，则应选择柴油驱动式空气压缩机；如果用气场合没有自来水，则选用风冷式等空气压缩机。

一般空气压缩机产生的压缩空气中均含有一定量的润滑油以及水。有些场合是禁油和禁水的，在这种情况下不但要注意压缩机的选型，必要时还应增加附属装置。解决方法大致有如下两种。

（1）选用无油润滑空气压缩机。这种压缩机的气缸中基本上不含油，其活塞环和填料一般为聚四氟乙烯。这种机器的缺点是：

①润滑不良，故障率高；

②所用的聚四氟乙烯是一种有害物质，不能用于食品、制药等行业；

③只能做到输气不含油，不能做到不含水。

（2）采用油润滑空气压缩机，再进行净化。通常的做法是再加一级或二级净化装置或干燥器。这种装置可使压缩机输出的空气既不含油又不含水，使压缩空气中的含油水量在 5 ppm（1 ppm=10^{-6}）以下。

6.2.2　气源净化装置

气源净化装置一般包括气罐、后冷却器、油水分离器、空气过滤器、干燥器。

1. 气罐

气罐的主要作用如下：

（1）存储一定数量的压缩空气，以备发生故障或临时需要时使用；

（2）消除由于空气压缩机断续排气而引起的压力脉动，保证输出气流的连续性和平稳性；

（3）降低空气压缩机的启动、停止频率，其功能相当于增大了空气压缩机的功率；

（4）进一步分离压缩空气中的油、水等杂质。

一般气动系统中的气罐多为立式，它用钢板焊接而成，并装有泄放过剩压力的安全阀、指示罐内压力的压力表和排放冷凝水的排水阀，如图 6-2-5 所示。

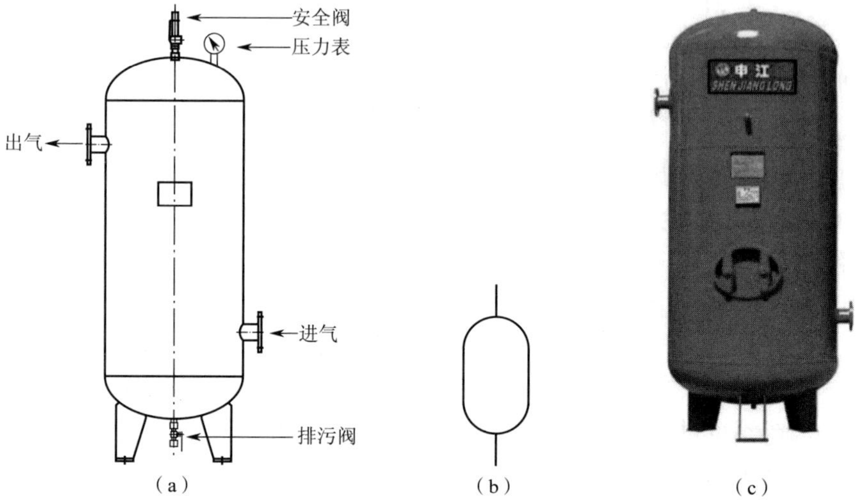

图 6-2-5　气罐

（a）结构图　（b）图形符号　（c）实物图

2. 后冷却器

后冷却器安装在空气压缩机的出口管道上，将压缩机排出的压缩气体的温度由 140~170 ℃降至 40~50 ℃，使其中水汽、油雾气凝结成水滴和油滴，便于经油水分离器排出。后冷却器一般采用水冷换热装置，其结构形式有列管式、散热片式、套管式、蛇管式和板式等。图 6-2-6 为蛇管式后冷却器与列管式后冷却器的结构、图形符号及实物图。热压缩空气在浸没于冷水中的管内流动，冷却水在水套中流动，经管壁进行热交换，使压缩空气得到冷却。

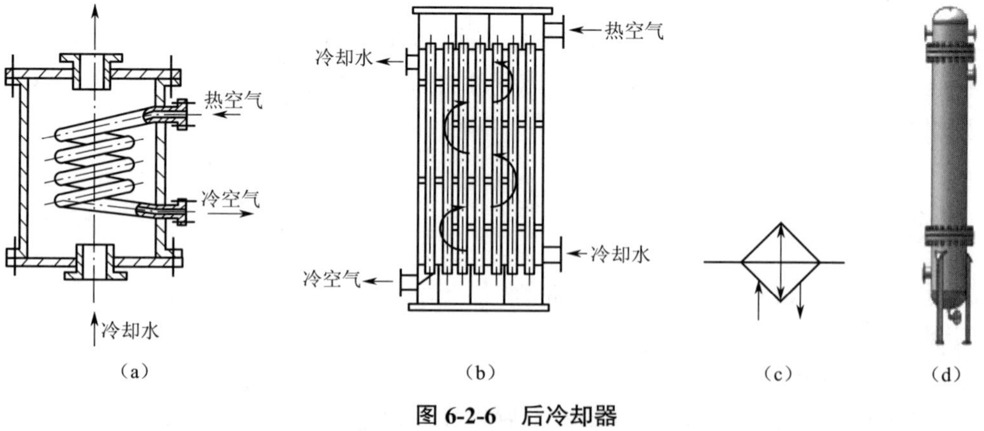

图 6-2-6　后冷却器

（a）蛇管式结构　（b）列管式结构　（c）图形符号　（d）实物图

3. 油水分离器

油水分离器又名除油器，它安装在后冷却器的出口管道上，用于分离压缩空气中凝聚的水分、油分、灰尘等杂质，使压缩空气得到初步净化。油水分离器的结构形式有环形回转式、撞击折回式、离心旋转式、水浴式以及以上各种形式的组合等。

其工作原理是：压缩空气进入油水分离器后产生流向和速度的急剧变化，再依靠惯性作用，将密度比压缩空气大的油滴和水滴分离出来，沉降于壳体底部，由防水阀定期排出。图 6-2-7 所示为油水分离器的结构图、图形符号及实物图。

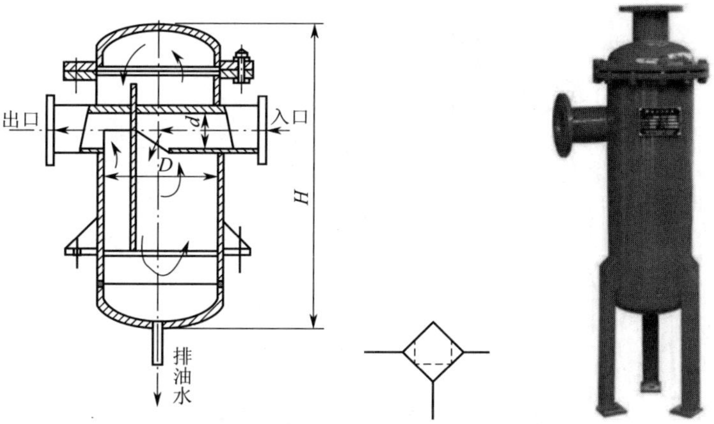

（a）　（b）　（c）

图 6-2-7　油水分离器

（a）结构图　（b）图形符号　（c）实物图

4. 空气过滤器

空气的过滤是气压传动系统中的重要环节。不同场合对压缩空气的要求也不同。过滤器的作用是进一步滤除压缩空气中的杂质。常用的空气过滤器有一次过滤器（也称简易过滤器，过滤效率为 50%~70%）和二次过滤器（过滤效率为 70%~99%）。在要求高的特殊场合，还可使用高效率的过滤器（过滤效率大于 99%）。

1）一次空气过滤器

图 6-2-8（a）所示为一种一次空气过滤器的结构图，图 6-2-8（b）所示为其图形符号。气体由切线方向进入筒内，在离心力的作用下分离出液滴，然后气体由下而上通过多片钢板、毛毡、硅胶、焦炭、滤网等过滤吸附材料，从筒顶输出干燥清洁的空气。

2）二次空气过滤器

二次空气过滤器就是我们日常使用的分水滤气器，分水滤气器的过滤能力较强。分水滤气器的结构及图形符号分别如图 6-2-9（a）、（b）所示。其工作原理是：压缩空气从输入口进入后，被引入旋风叶子 1，旋风叶子上有很多小缺口，使空气沿切线方向产生强烈的旋转，这样夹杂在气体中的较大水滴、油滴、灰尘等杂质便获得较大的离心力，并高速与存水杯 3 内壁碰撞，由此从气体中分离出来，沉淀于存水杯 3 中。然后气体通过中间的滤芯 2，部分灰尘、雾状水被滤芯 2 拦截而滤去，洁净的空气便从输出口输出。挡水板 4 的作用是防止气体旋涡将存水杯中积存的污水卷起而破坏过滤作用。为保证空气过滤器正常工作，必须及时将存水杯中的污水通过手动排水阀 5 放掉。在某些人工排水不方便的场合,可采用自动排水式分水滤气器。

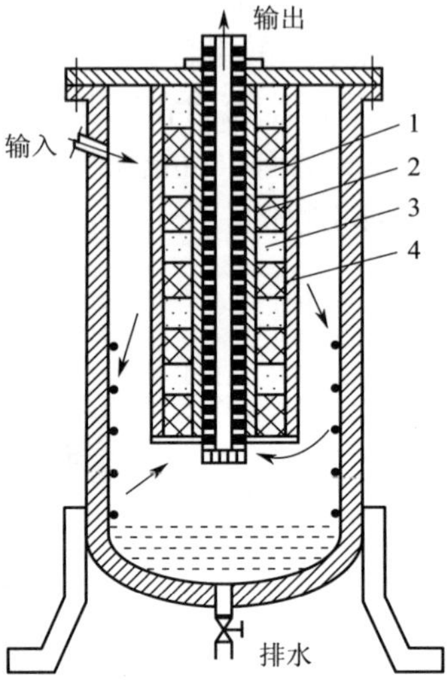

(a)

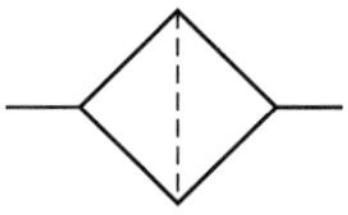

(b)

(c)

1—ϕ10 mm 密孔网;2—细钢丝网;3—焦炭;4—硅胶

图 6-2-8　一次过滤器

(a)结构图　(b)图形符号　(c)实物图

5. 干燥器

干燥器的作用是为了满足精密气动装置用气的需求,把经过初步净化的压缩空气进一步净化,以便吸收和排除其中的水分、油分及杂质,使湿空气变成干空气。

压缩空气的干燥方法主要有机械法、离心法、冷冻法和吸附法等。目前使用最广泛的是吸附法和冷冻法。冷冻法是利用制冷设备使空气冷却到露点温度,析出空气中的多余水分,从而达到所需要的干燥程度。这种方法适用于处理低压、大流量并对干燥程度要求不高的压缩空气。

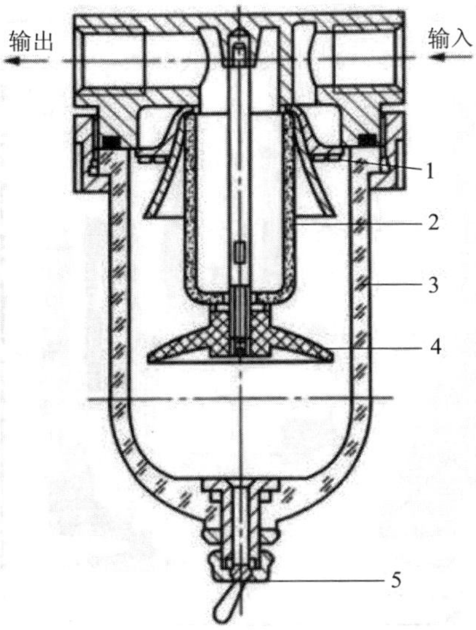

（a）

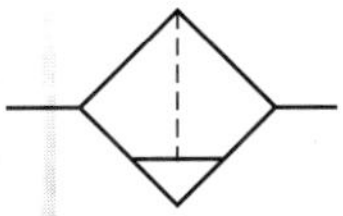

（b）

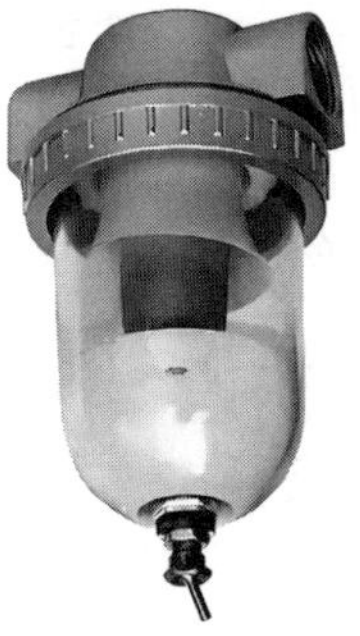

（c）

1—旋风叶子；2—滤芯；3—存水杯；4—挡水板；5—手动排水阀

图 6-2-9　分水滤气器

（a）结构图　（b）图形符号　（c）实物图

图 6-2-10 为吸附式干燥器。湿空气从管 1 进入干燥器，通过吸附剂层 5、过滤网 6、上栅板 7 和下部吸附剂层 8 后，因其中的水分被吸附剂吸收而变得干燥。然后，再经过铜丝网 9，下栅板 10 和过滤网 11，干燥、洁净的压缩空气便从管 12 排出。

[子任务 6-2-1] 认识气源装置和搭建一次压力回路

（1）任务描述：认识气源装置，并进行拆装，使学生熟悉气源装置的结构，加深对气源装置工作原理的理解。按照一次压力回路原理图，搭建简单的气压传动系统控制回路，实现气罐输出气体压力在 0.5 MPa，加深对气源装置工作回路的理解。

（2）气源系统一次压力回路原理图如图 6-2-11 所示。

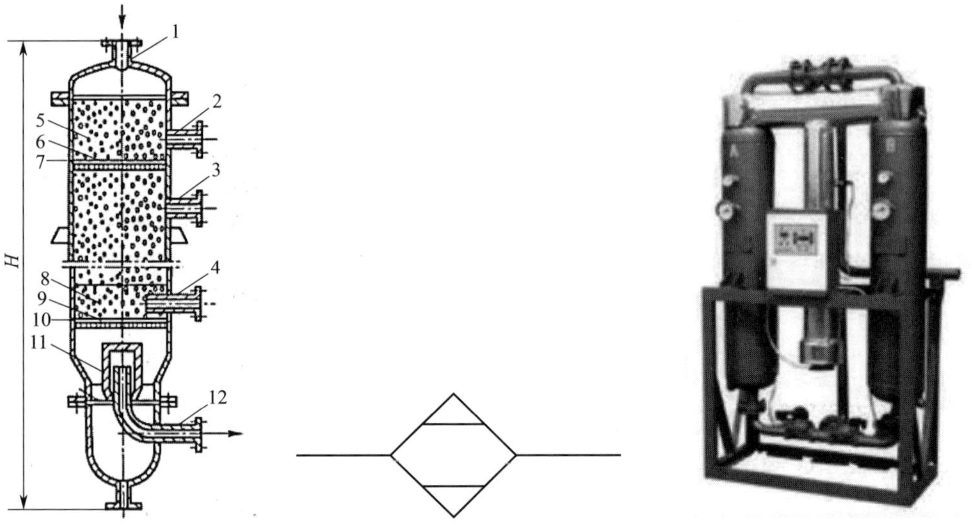

（a）　　　　（b）　　　　（c）

1、2、3、4、12—管；5—吸附剂层；6—过滤网；7—上栅板；8—下吸附剂层；9—铜丝网；10—下栅板；11—过滤网

图 6-2-10　吸附式干燥器

（a）结构图　（b）图形符号　（c）实物图

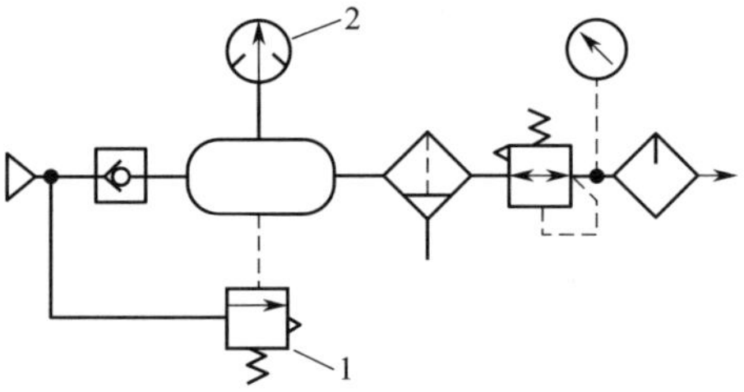

1—外控溢流阀；2—电接点压力表

图 6-2-11　一次压力回路原理图

（3）元器件明细表如表 6-2-1 所示。

表 6-2-1　元器件明细表

序号	名称	型号与规格	单位	数量	备注
1	气源装置		套	1	
2	气罐		个	1	
3	单向节流阀		个	1	
4	过滤减压阀		个	1	
5	油雾器		个	1	
6	气管		米	若干	
7	管接头		个	若干	

（4）一次压力回路组装及调试：

① 按照一次压力回路原理图及元器件明细表，选择合适数量、型号的气动元器件，并检

查各元器件工作状态是否正常；

②根据一次压力回路原理图搭建基本控制回路，注意各个元器件的安装顺序及其他事项；

③一次压力回路搭建完毕后，启动空气压缩机，通过压力控制阀调整空气压缩机的输出口压力在 0.5 MPa 左右，观察压力表显示是否正常；

④气压传动系统工作时，注意观察气动三联件的工作状态（长时间工作后，分水滤气器底部应该有油状液体存留）；

⑤ 实验完毕，将实训台上所有物品恢复原位。

6.2.3　气动辅助元件

1. 油雾器

油雾器是一种特殊的注油装置，它以压缩空气为动力，将润滑油喷射成雾状并混合于压缩空气中，使该压缩空气具有润滑气动元件的能力。目前，气压传动系统中的控制阀、气缸和气马达主要是靠带有油雾的压缩空气来实现润滑的，其优点是方便、干净，润滑质量高。

油雾器的工作原理如图 6-2-12 所示。当气流经过节流小口时，因节流损失，压力 $p_2<p_1$，当压力 p_1 和 p_2 的差大于位能 ρgh 时，油液被吸上，并被节流处的高速气流射散，雾化后从输出口流出。

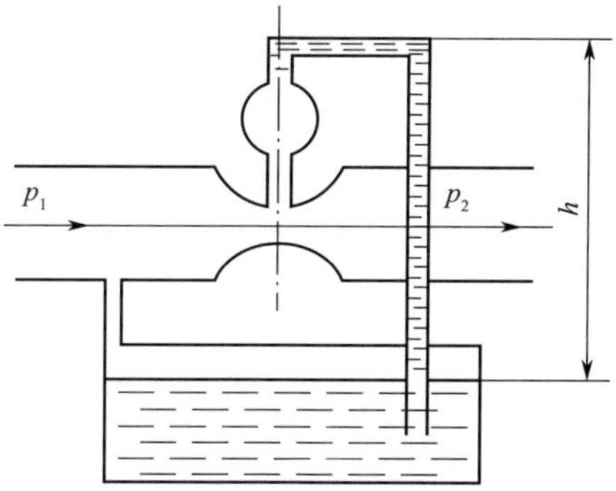

图 6-2-12　油雾器的工作原理

图 6-2-13（a）所示为普通型油雾器的结构图。压缩空气从输入口进入后，通过立杆 1 上的小孔 a 进入截止阀的阀座 4 的腔内，在截止阀的阀芯 2 上、下表面形成压差，此压差被弹簧 3 的部分弹簧力所平衡，而使阀芯处于中间位置，因而压缩空气就进入储油杯 5 的上腔 c，油面受压，压力油经吸油管 6 将单向阀 7 的阀芯托起，阀芯上部管道有一个边长小于阀芯直径的四方孔，使阀芯不能将上部管道封死，压力油能不断地流入视油器 9 内，再滴入立杆 1 中，被通道中的高速气流从小孔 b 中引射出来，从输出口输出。视油器上部的节流阀 8 可以调节油量，打开油塞 10，可以向储油杯中加油。图 6-2-13（b）、（c）所示为其图形符号和实物图。

2. 消声器

气动装置的噪声一般比较大，尤其当压缩气体直接从气缸或阀中排向大气时，较高的压差使气体体积急剧膨胀，产生涡流，引起气体的振动，发出强烈的噪声。安装消声器就是为了消除这种噪声。消声器是指能阻止声音传播并允许气流通过的一种气动辅助元件。气动装置中的消声器主要有阻性消声器、抗性消声器及阻抗复合消声器三大类。图 6-2-14（a）所示为一种阻性消声器的结构图，图 6-2-14（b）、（c）所示为其图形符号和实物图。

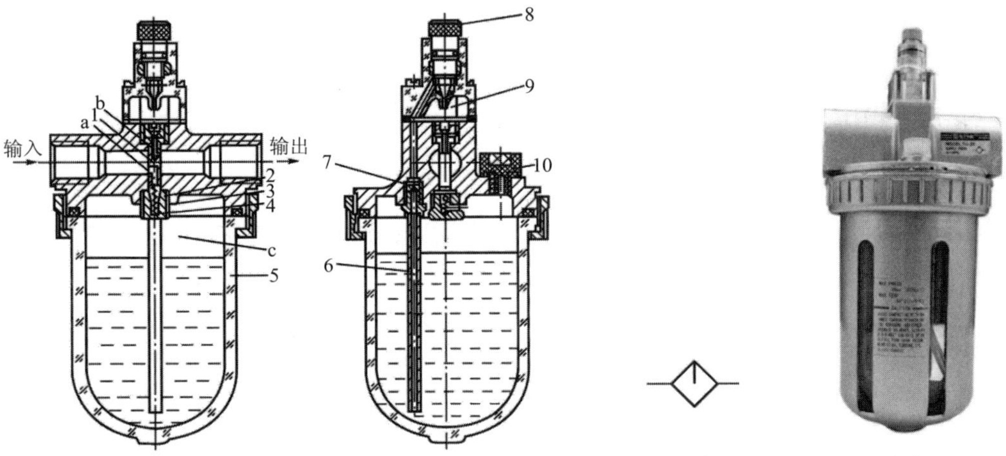

（a）　（b）　（c）

1—立杆；2—阀芯；3—弹簧；4—阀座；5—储油杯；6—吸油管；7—单向阀；8—节流阀；9—视油器；10—油塞；a、b—孔道；c—上腔

图 6-2-13　普通型油雾器

（a）结构图　（b）图形符号　（c）实物图

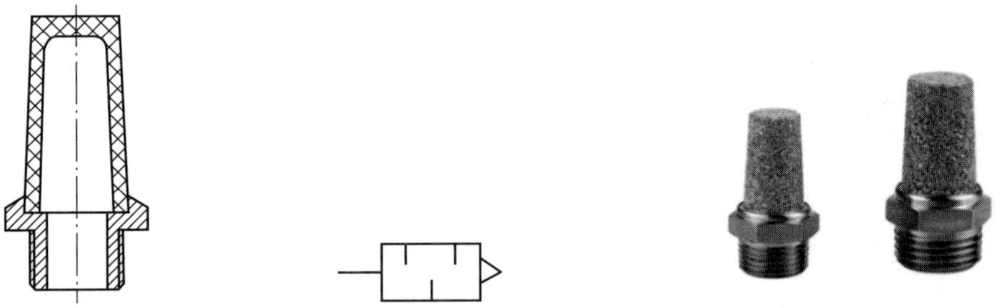

（a）　（b）　（c）

图 6-2-14　阻性消声器

（a）结构图　（b）图形符号　（c）实物图

3. 气液转换器

气动系统中通常用气液阻尼缸或液压缸作为执行元件，以求获得较平稳的速度，因而就需要一种把气压能量转换成液压能量的装置，这就是气液转换器。气液转换器主要有两种：一种是直接作用式，即在一筒式容器内，压缩空气直接作用在液面上，或通过活塞、隔膜等作用在液面上，推压液体以同样的压力向外输出；另一种是换向阀式，它是一个气控液压换向

阀，使用时，需要另外备有液压源。

图 6-2-15（a）所示为气液直接接触式转换器的结构图，当压缩空气由上部输入管输入后，经过管道末端的缓冲装置使压缩空气作用在液压油面上，液压油在与压缩空气相同的压力下，由转换器主体下部的排油孔输出到液压缸，使其动作。应注意的是：气液转换器的储油量应不小于液压缸最大有效容积的 1.5 倍。图 6-2-15（b）、（c）所示为其图形符号和实物图。

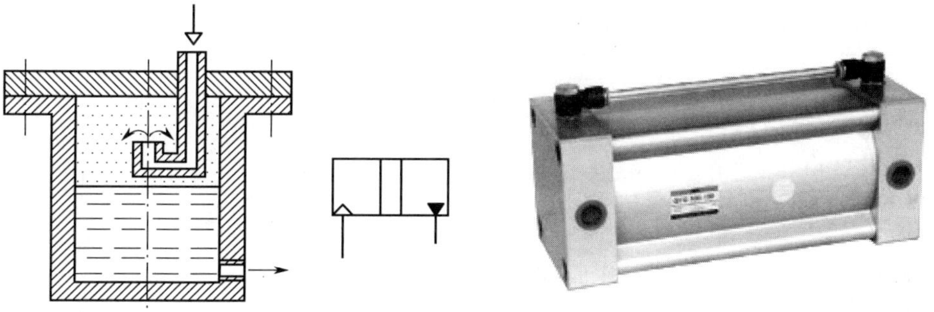

（a）　（b）　（c）

图 6-2-15　气液直接接触式转换器

（a）结构图　（b）图形符号　（c）实物图

4. 管道连接件

管道连接件包括管子和各种管接头。有了管子和各种管接头，才能把气动控制元件、气动执行元件以及气动辅助元件等连接成一个完整的气动系统。因此，在实际应用中，管道连接件是不可缺少的。

管子分为硬管和软管两种。如总气管和支气管等一些固定不动、不需要经常装拆的地方，使用硬管。连接运动部件、临时使用、装拆方便的管路应使用软管。硬管有铁管、铜管、黄铜管、纯铜管和硬塑料管等；软管有塑料管、尼龙管、橡胶管、金属编织塑料管以及挠性金属导管等。常用的硬管和软管分别是紫铜管和尼龙管。

气动系统中使用的管接头的结构及工作原理与液压管接头基本相似，分为卡套式、扩口螺纹式、卡箍式、插入快换式等。

练习题

1. 填空题

（1）空气压缩机是将原动机提供的________能转换成气体压力能的一种能量转换装置，即气压发生装置，它为气动装置提供具有一定________和________的压缩空气。

（2）空气压缩机按工作原理不同可分为____________和____________。

（3）油雾器是一种特殊的注油装置，它以__________为动力，将润滑油喷射成雾状并混合于压缩空气中，使该压缩空气具有__________的能力。

2. 简答题

(1)根据所学知识,简述气罐在整个气压传动系统中的作用。

(2)在使用空气压缩机的过程中有哪些注意事项?

(3)详细描述油水分离器的工作原理及作用。

任务完成报告

姓名		学习日期	
任务名称	认识气源系统和气动辅助元件		
学习自评	考核内容		完成情况
	(1)说出空气压缩机的分类、工作原理以及选用方法		□好　□良好　□一般　□差
	(2)了解气源净化装置的组成		□好　□良好　□一般　□差
	(3)说出气动辅助元件的工作原理和选用方法		□好　□良好　□一般　□差
学习心得			

项目7

公共汽车安全门气动系统的搭建

学习情境描述

公共汽车作为城市交通的重要组成部分，大家基本都乘坐过，公共交通工具的安全性一直是社会关注的焦点，其乘客上下车的门控系统尤为重要。大家在乘坐公共汽车时会注意到公共汽车的自动开关安全门，不但操作简单快速，而且很安全，不容易夹到人。那么公共汽车安全门是怎么做到的呢？原理又是什么？

其实公共汽车安全门气动系统是通过气动控制驱动气缸动作，实现公交车安全门的打开和关闭，再配合用以保障乘客安全的安全装置（通常有防夹手装置、防夹脚装置等），能够在门体开启或关闭过程中及时停止运动，避免事故发生。

图7-1　公共汽车

项目描述

本项目中我们以公共汽车安全门气动系统为载体，分析其部件组成、工作原理、回路组成等，对气动执行元件进行全面的认识和学习，对气动逻辑元件以及逻辑回路进行深刻的探讨。需要学习的知识如下：

(1)分析公共汽车安全门气动系统执行元件组成，选取合适的气缸等；

(2)分析公共汽车安全门逻辑元件组成，绘制气动逻辑回路；

(3)搭建公共汽车安全门气动系统气压回路。

任务分解

根据任务要求，本项目可拆分为以下两个任务。

任务 7.1　公共汽车安全门气动执行元件的选用

本任务要求学生掌握气动执行元件的分类，熟悉常见几种气缸的结构及工作原理，熟悉气马达的工作原理。

任务 7.2　气动逻辑回路的搭建

本任务要求学生掌握逻辑控制元件的结构形式、工作原理、图形符号，能够根据不同场景，合理选择不同类型的逻辑控制元件。

任务 7.1　公共汽车安全门气动执行元件的选用

气缸和气马达是气压传动系统的执行元件，它们的作用是将压缩空气的压力能转换为机械能。气缸用于实现直线往复运动或摆动，气马达则用于实现连续回转运动。

任务要求

(1)绘制气缸的工作原理图以及图形符号。

(2)根据需要选择合适的气马达。

知识目标

(1)掌握气缸的结构、工作原理、特点及图形符号。

(2)掌握气马达的结构、工作原理、特点及图形符号。

能力目标

(1)能够识读气动元件的图形符号。

(2)能合理选取气动元件设计气动回路。

(3)能进行气缸和气马达的拆装。

素养目标

(1)培养学生对所学知识的类聚能力及比较分析能力。

(2)培养学生的动手实践能力和团队合作精神。

7.1.1 公共汽车安全门气动系统控制原理

图 7-1-1 为公共汽车安全门气动系统控制原理图。

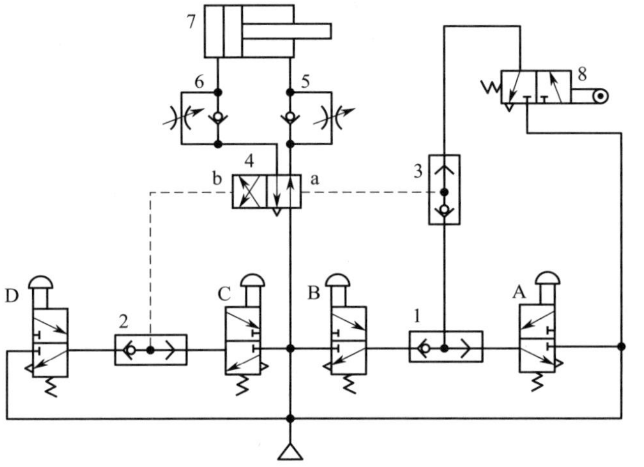

1、2、3—或门梭阀;4—双气控阀;5、6—单向速度控制阀;7—气缸;8—先导阀;A、B、C、D—按钮阀

图 7-1-1 公共汽车安全门气动系统控制原理图

公共汽车安全门气动系统是公共汽车、长途大巴车中常用的开门及关门装置。

采用气压控制的公共汽车,需要司机和售票员都可以开关门,这样就必须在司机和售票员座位处都装有气动开关,并且当车门在关闭过程中遇到障碍物时,车门能够自动开启,起到安全保护作用。

车门的开关靠气缸 7 来实现,气缸由双气控阀 4 控制,而双气控阀 4 又由 A~D 的按钮阀来操纵,气缸运动速度的快慢由单向速度控制阀 5 或 6 来调节。通过阀 A 或 B 使车门开启,通过阀 C 或 D 使车门关闭。起安全作用的先导阀 8 安装在车门上。

当操纵按钮阀 A 或 B 时,气源压缩空气经阀 A 或 B 到阀 1,把控制信号送到阀 4 的 a 侧,使阀 4 向车门开启方向切换。气源压缩空气经阀 4 和阀 5 到气缸的有杆腔,使车门开启。

当操纵按钮阀 C 或 D 时,气源压缩空气经阀 C 或阀 D 到阀 2,把控制信号送到阀 4 的 b 侧,使阀 4 向车门关闭方向切换。气源压缩空气经阀 4 和阀 6 到气缸的无杆腔,使车门关闭。

车门在关闭的过程中如碰到障碍物，便推动先导阀 8，此时气源压缩空气经先导阀 8 把控制信号通过阀 3 送到阀 4 的 a 侧，使阀 4 向车门开启方向切换。必须指出，如果阀 C 或阀 D 仍然保持在压下状态，则先导阀 8 起不到自动开启车门的安全作用。

7.1.2　气缸

气缸是把压缩空气的压力能转换成直线运动或往复摆动的机械能的装置。在气动自动化系统中，气缸由于具有成本相对较低、容易安装、结构简单、耐用、各种缸径尺寸齐全及行程可选范围大等优点，是目前应用最广泛的一种执行元件。

1. 气缸的分类

根据使用条件、场合的不同，气缸的结构、形状也有多种形式，常见的分类方法如下。

（1）按压缩空气作用在活塞端面上的方向不同，可分为单作用气缸和双作用气缸。

（2）按结构特点不同，可分为活塞式气缸、叶片式气缸、薄膜式气缸、气液阻尼缸等。

（3）按安装方法不同，可分为耳座式、法兰式、轴销式和凸缘式。

（4）按尺寸不同，通常将缸径为 2.5~6 mm 的气缸称为微型气缸；缸径为 8~25 mm 的气缸称为小型气缸；缸径为 32~320 mm 的气缸称为中型气缸；缸径大于 320 mm 的气缸称为大型气缸。

（5）按气缸的功能不同，可分为普通气缸和特殊气缸：普通气缸包括单作用气缸和双作用气缸，常用于无特殊使用要求的场合，如一般的驱动、定位、夹紧装置的驱动等；特殊气缸包括气液阻尼缸、薄膜式气缸、冲击式气缸、伸缩缸等。

2. 典型普通气缸

1）单作用气缸

单作用气缸只在活塞一侧可以通入压缩空气使其伸出或缩回，另一侧通过呼吸孔与大气连通，其结构图如图 7-1-2（a）所示。这种气缸只能在一个方向上做功，活塞的反方向动作则靠一个复位弹簧或施加外力来实现。由于压缩空气只能在一个方向上控制气缸活塞的运动，所以称之为单作用气缸。图 7-1-2（b）、（c）所示分别为单作用气缸的图形符号和实物图。

单作用气缸的工作特点如下。

（1）单边进气，结构简单，耗气量小。

（2）缸内安装了弹簧，增加了气缸长度，缩短了气缸的有效行程。

（3）借助弹簧力复位，使压缩空气的能量有一部分用来克服弹簧力，减少了活塞杆的输出力；输出力的大小在整个行程中随弹簧的形变而变化。

（4）气缸复位弹簧的弹力随其变形大小而变化，因此活塞杆的推力和运动速度在行程中是变化的。

综上所述，单作用气缸多用于行程较短以及对活塞杆输出力和运动速度要求不高的场合，如用于定位和夹紧等。

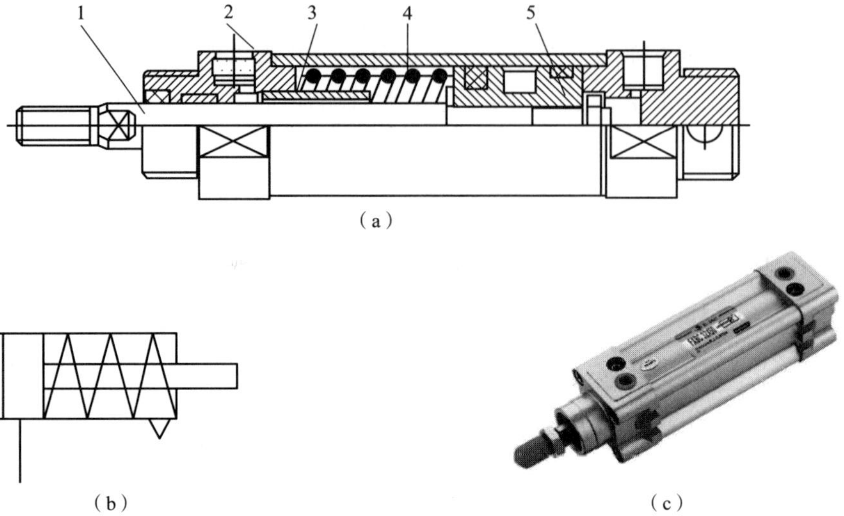

1—活塞杆;2—过滤片;3—止动套;4—弹簧;5—活塞

图 7-1-2　单作用气缸

(a)结构图　(b)图形符号　(c)实物图

2)双作用气缸

双作用气缸活塞的往返运动,是依靠压缩空气从缸内被活塞分隔开的两个腔室(有杆腔和无杆腔)交替进入和排出来实现的,压缩空气可以在两个方向上做功。由于气缸活塞的往返运动全部靠压缩空气来完成,所以称为双作用气缸,其结构图、图形符号及实物图分别如图 7-1-3(a)、(b)、(c)所示。

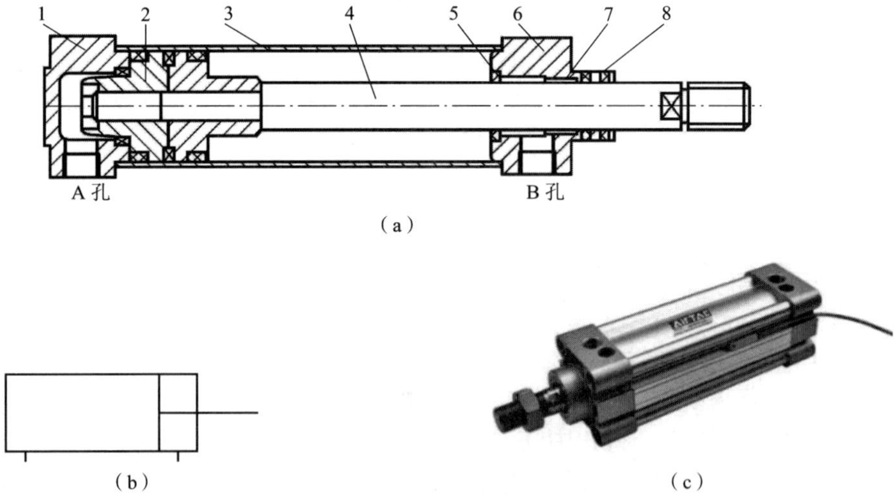

1—后缸盖;2—活塞;3—缸筒;4—活塞杆;5—缓冲密封圈;6—前缸盖;7—导向套;8—防尘圈

图 7-1-3　双作用气缸

(a)结构图　(b)图形符号　(c)实物图

由于没有复位弹簧,双作用气缸可以获得更长的有效行程和稳定的输出力。同时,由于无杆腔的有效作用面积大于有杆腔的有效作用面积,所以向无杆腔供气产生的输出力要大于向有杆腔供气产生的输出力。

3）薄膜式气缸

薄膜式气缸是一种利用压缩空气使膜片产生变形，进而推动活塞杆做往复直线运动的气缸。它由缸体、膜片、膜盘和活塞杆等主要零件组成。其功能类似于活塞式气缸，它分单作用式和双作用式两种，如图 7-1-4 所示。

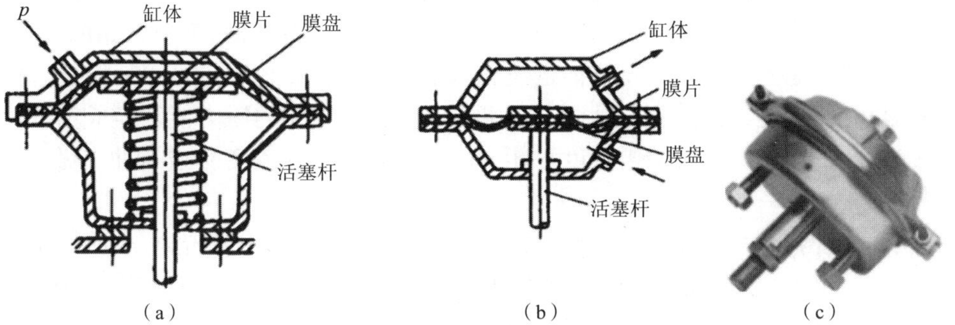

图 7-1-4　薄膜式气缸

（a）单作用式的结构图　（b）双作用式的结构图　（c）实物图

薄膜式气缸的膜片可以做成盘形膜片和平膜片两种形式。膜片材料为夹织物橡胶、钢片或磷青铜片。常用的是夹织物橡胶，橡胶的厚度为 5~6 mm，有时也可为 1~3 mm。金属式膜片只用于行程较小的薄膜式气缸中。

薄膜式气缸和活塞式气缸相比，具有结构简单、紧凑，制造容易，成本低，维修方便，寿命长，泄漏小，效率高等优点。但是膜片的变形量有限，故其行程短（一般不超过 40~50 mm），且气缸活塞杆上的输出力随着行程的加大而减小。

4）冲击式气缸

冲击式气缸（又称冲击气缸）是一种体积小、结构简单、易于制造、耗气功率小但能产生相当大的冲击力的特殊气缸。也就是说，冲击气缸是把压缩空气的压力能转换为活塞、活塞杆的高速运动，输出较大动能，打击工件做功的一种气缸。

与普通气缸相比，冲击气缸的结构特点是增加了一个具有一定容积的蓄能腔和喷嘴。它的工作原理图和实物图如图 7-1-5 所示。

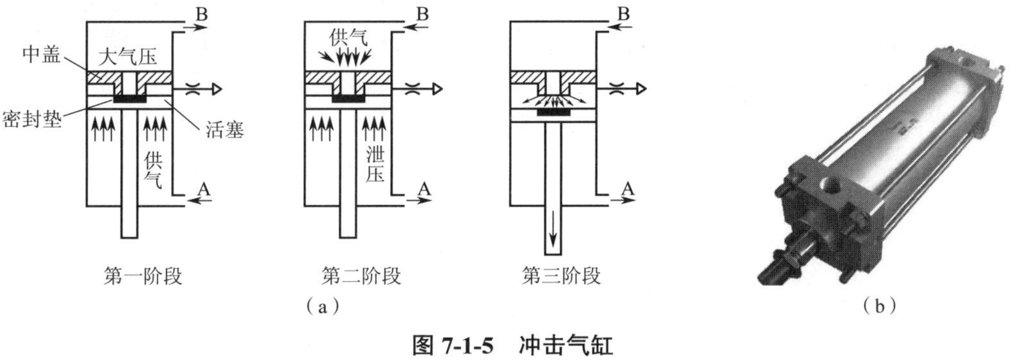

图 7-1-5　冲击气缸

（a）工作原理图　（b）实物图

冲击气缸的整个工作过程可简单地分为三个阶段[图 7-1-5(a)]。第一阶段,压缩空气由孔 A 输入冲击缸的下腔,蓄气缸经孔 B 排气,使活塞上升同时用密封垫封住喷嘴,中盖和活塞间的环形空间经排气孔与大气相通。第二阶段,压缩空气改由孔 B 进气,输入蓄气缸中,冲击缸下腔经孔 A 排气。由于活塞上端气压作用在面积较小的喷嘴上,而活塞下端受力面积较大(一般设计成喷嘴面积的 9 倍),缸下腔的压力虽因排气而下降,但此时活塞下端向上的作用力仍然大于活塞上端向下的作用力。第三阶段,蓄气缸的压力继续增大,冲击缸下腔的压力继续降低,当蓄气缸内压力高于活塞下腔压力 9 倍时,活塞开始向下移动。活塞一旦离开喷嘴,蓄气缸内的高压气体迅速充入活塞与中间盖间的空间,使活塞上端受力面积突然增加 9 倍,于是活塞将以极大的加速度向下运动,气体的压力能转换成活塞的动能。在达到一定冲程时,获得最大冲击速度和能量。利用这个能量对工件进行冲击做功,产生很大的冲击力。

冲击气缸结构简单,成本低,耗气功率小,且能产生相当大的冲击力,故应用十分广泛。它可完成下料、冲孔、弯曲、打印、铆接、模锻和破碎等多种作业。为了有效地使用冲击气缸,应注意正确选择冲击气缸的尺寸及合适的控制回路。

5)摆动式气缸

摆动式气缸(又称摆动气缸)是输出轴被限制在某个角度内做往复摆动的一种气缸,又称为旋转气缸。摆动气缸目前在工业上应用广泛,多用于安装位置受到限制或转动角度小于 360° 的回转工作部件,其工作原理也是将压缩空气的压力能转变为机械能。常用摆动气缸按最大摆动角度分为 90°、180°、270° 三种规格。

(1)叶片式摆动气缸。叶片式摆动气缸可分为单叶片式、双叶片式和多叶片式几种形式。叶片越多,摆动角度越小,但扭矩越大。单叶片式输出摆动角度小于 360°,双叶片式输出摆动角度小于 180°,三叶片式输出摆动角度则在 120° 以内。

图 7-1-6(a)为叶片式摆动气缸的外形图,图 7-1-6(b)为单、双叶片式摆动气缸的结构原理图,图 7-1-6(c)为其图形符号。在定子上有两条气路,当左腔进气时,右腔排气,叶片在压缩空气作用下逆时针转动,反之,做顺时针转动。旋转叶片将压力传递到驱动轴上做摆动运动。可调止动装置与旋转叶片相互独立,从而使得挡块可以调节摆动角度大小。在终端位置,弹性缓冲垫可对冲击进行缓冲。

(2)齿轮齿条式摆动气缸。齿轮齿条式摆动气缸有单齿条和双齿条两种形式。图 7-1-7(a)为其外形图,图 7-1-7(b)为单齿条式摆动气缸的结构原理图。压缩空气推动活塞 6 带动齿条 3 做直线运动,齿条 3 则推动齿轮 4 做旋转运动,由输出轴 5(齿轮轴)输出力矩。输出轴与外部的转轴相连,使外部机构做摆动运动。摆动气缸的行程终点位置可调,且在终端设有可调缓冲装置,缓冲大小与气缸摆动的角度无关。

（a）

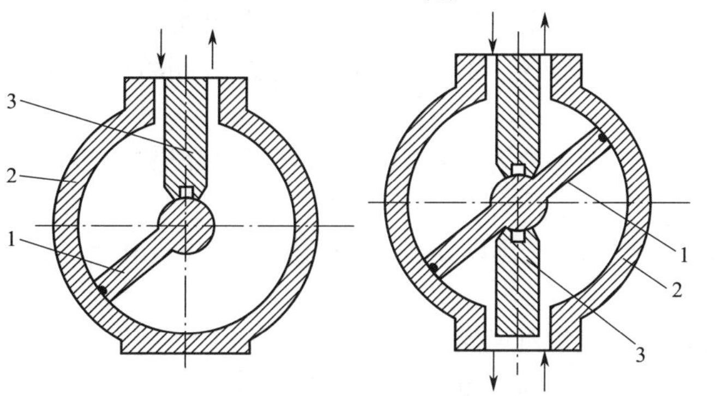

（b）

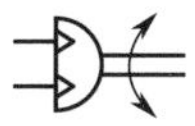

（c）

1—叶片；2—定子；3—挡块

图 7-1-6　叶片式摆动气缸

（a）外形图　（b）单、双叶片式的结构原理图　（c）图形符号

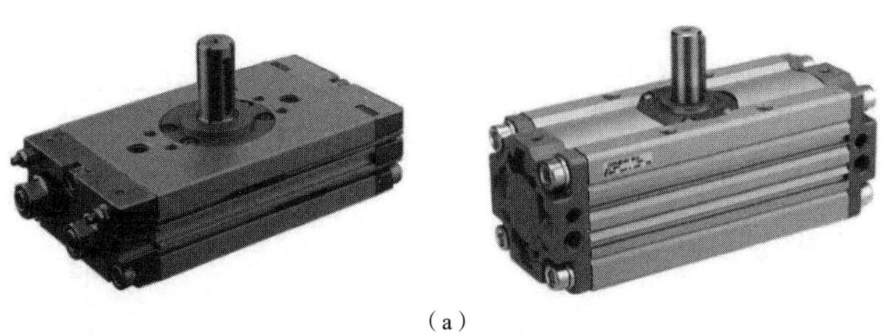

（a）

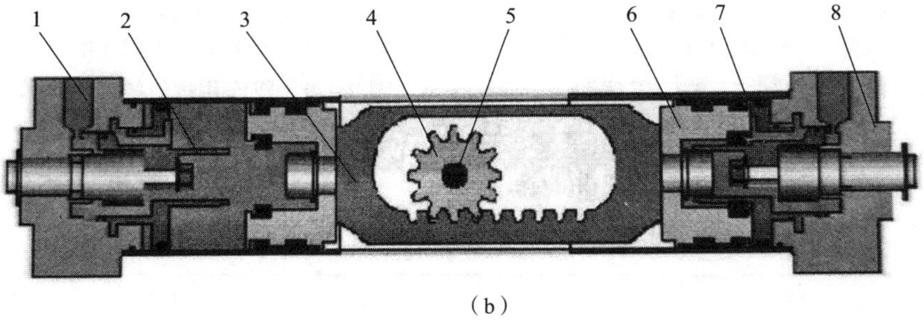

（b）

1—缓冲节流阀；2—缓冲柱塞；3—齿条；4—齿轮；5—输出轴；6—活塞；7—缸体；8—端盖

图 7-1-7　齿轮齿条式摆动气缸

（a）外形图　（b）结构原理图

3. 气缸的选择和使用要求

1)气缸的选择

(1)安装形式的选择。根据安装位置、使用目的等因素确定气缸的安装形式。一般场合下,多用固定式气缸。在需要随同工作机构连续回转时,应选用回转气缸;在既要求活塞杆做直线运动,又要求缸体本身做较大圆弧摆动时,则选用轴销式气缸;有特殊要求时,可选用特殊气缸。

(2)作用力大小的确定。根据机构所需作用力的大小确定气缸的推力和拉力。

(3)气缸行程长短的确定。它与使用场合和机构所需行程有关,也受加工和结构的限制。

(4)活塞(或缸体)运动速度的确定。运动速度主要取决于气缸输入的压缩空气流量、气缸进出气口大小以及导管内径的大小。普通气缸的运动速度一般为 0.5~1 m/s。

2)气缸的使用要求

(1)气缸的正常工作条件:工作压力为 0.4~0.6 MPa,环境及介质温度为-35~80 ℃。

(2)安装前,应在 1.5 倍工作压力下试压,不应漏气。

(3)除无油润滑气缸外,均应注意合理润滑,运动表面涂以润滑脂,气源入口设置油雾器。

[子任务 7-1-1] 气缸的拆装以及控制回路的搭建

(1)任务描述:通过认识和拆装气缸,使学生熟悉气缸的结构和工作原理,加深对气缸工作原理的理解。按照气缸控制系统原理图,搭建简单的气压传动系统控制回路,实现气缸的伸缩。

(2)气缸控制系统原理图:单作用气缸控制系统原理图如图 7-1-8 所示,双作用气缸控制系统原理图如图 7-1-9 所示。

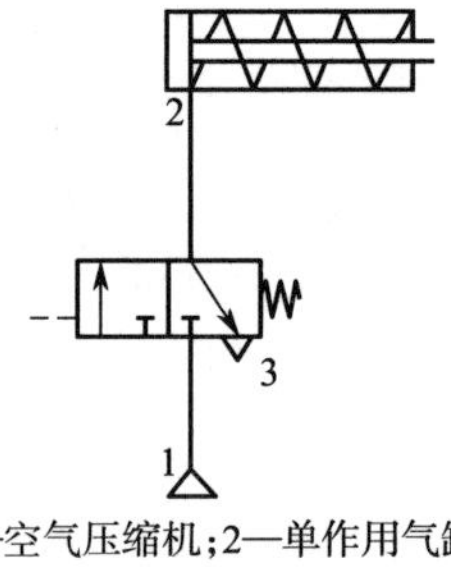

1—空气压缩机;2—单作用气缸;
3—二位三通电磁换向阀

图 7-1-8 单作用气缸控制系统原理图

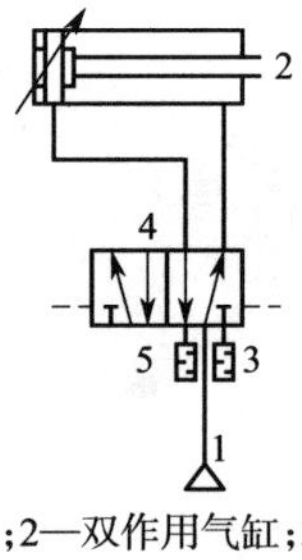

1—空气压缩机;2—双作用气缸;3、5—节流阀;
4—二位五通电磁换向阀

图 7-1-9 双作用气缸控制系统原理图

(3)元器件明细表如表 7-1-1 所示。

表 7-1-2 元器件明细表

序号	名称	型号与规格	单位	数量	备注
1	空气压缩机		台	1	
2	气动三联件		套	2	

续表

序号	名称	型号与规格	单位	数量	备注
3	二位三通电磁换向阀		个	1	
4	二位五通电磁换向阀		个	1	
5	单作用气缸		个	1	
6	双作用气缸		个	1	
7	节流阀		个	4	
8	气管		米	若干	
9	管接头		个	若干	
10	消声器		个	4	

（4）气缸的拆装步骤：

① 将工具和气缸准备好，摆放整齐，摆放零件的空间要足够大和干净；

② 将拆卸下来的零件一次摆放整齐，做好标记，注意不要散失小的零件；

③ 观察气缸的内部结构，分析其工作原理；

④ 将气缸依次组装好；

⑤ 实验完毕，将实训台上所有物品恢复原位。

（5）气压传动系统的组装及调试。

① 按照气压传动系统原理图及元器件明细表，选择合适数量、型号的气动元器件，并检查各气动元器件工作状态是否正常。

② 根据气缸控制系统原理图搭建基本控制回路，注意各个元器件的安装顺序及其他事项。

③ 气动控制系统搭建完毕，启动空气压缩机，通过压力控制阀调整空气压缩机的输出口压力在 0.8 MPa 左右，防止气压过低或者过高造成的气动系统工作异常。

④ 气动控制系统工作时，注意观察气动三联件的工作状态。长时间工作后，分水滤气器底部应该有油状液体存留。

⑤ 手动控制电磁换向阀，实现气路的切换，从而控制单作用气缸的伸出；调整节流阀的开度，实现对单作用气缸速度的调整。

⑥ 实验完毕，将实训台上所有物品恢复原位。

思考

气缸主要由哪些部分组成？

7.1.2　气马达

气马达也是一种气动执行元件。它的作用相当于电动机或液压马达，即输出力矩，拖动机构做旋转运动。它是将压缩空气的压力能转换成旋转的机械能的能量转换装置。

1. 气马达的分类及特点

气马达按结构形式可分为叶片式气马达、活塞式气马达和齿轮式气马达等类型。最为常见的是活塞式气马达和叶片式气马达。叶片式气马达制造简单，结构紧凑，但低速运动转矩小，低速性能不好，适用于中、低功率的机械，目前在矿山及风动工具中应用普遍。活塞式气马达在低速情况下有较大的输出功率，低速性能好，适用于载荷较大或要求低速转矩的机械，如起重机、绞车、绞盘、拉管机等。

与液压马达相比，气马达具有以下特点。

（1）工作安全。可以在易燃、易爆、高温、振动、潮湿、灰尘等恶劣环境下工作，同时不受高温和振动的影响。

（2）具有过载保护作用。可以长时间满载工作而温升较小，过载时，气马达只是降低转速或停车。

（3）可以无级调速。控制进气流量，就能调节马达的转速和功率。额定转速从每分钟几十转到几十万转不等。

（4）具有较高的启动力矩。可以直接带负载运动。

（5）结构简单，操纵方便，可以正反转，维护容易，成本低。

（6）输出功率相对较小，最大只有 20 kW 左右。

（7）耗气量大，效率低，噪声大。

2. 气马达的工作原理

图 7-1-10（a）是叶片式气马达的工作原理图。它的主要结构和工作原理与叶片式液压马达相似，主要包括一个径向装有 3~10 个叶片的转子，偏心安装在定子内。转子两侧有前后盖板（图中未画出），叶片在转子的槽内可径向滑动。叶片底部通有压缩空气，转子转动靠离心力和叶片底部气压将叶片紧压在定子内表面上实现。定子内有半圆形的切沟，提供压缩空气及排出废气。当压缩空气从 A 口进入定子内，会使叶片带动转子做逆时针旋转，产生转矩。废气从排气口 C 排出，而定子腔内残留气体则从 B 口排出。如需改变气马达旋转方向，只需改变进、排气口即可。图 7-1-10（b）为叶片式气马达的实物图。

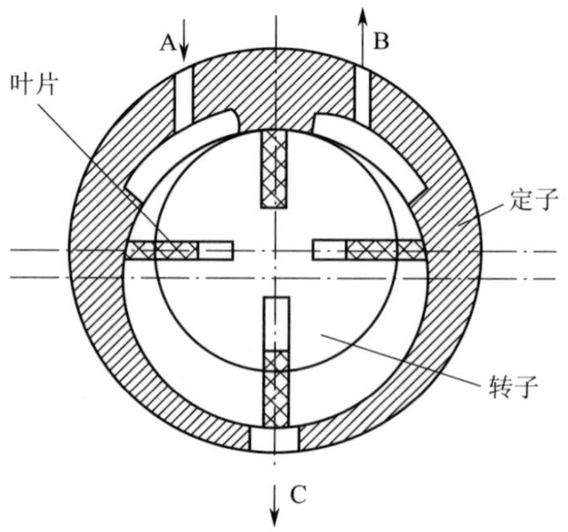

（a）

（b）

图 7-1-10　叶片式气马达

（a）工作原理图　（b）实物图

图 7-1-11（a）是径向活塞式气马达的工作原理图。压缩空气经进气口进入分配阀（又称配气阀）后再进入气缸，推动活塞及连杆组件运动，再使曲柄旋转。曲柄在旋转的同时，带动固定在曲轴上的分配阀同步转动，使压缩空气随着分配阀角度位置的改变而进入不同的腔内，依次推动各个活塞运动，由各活塞及连杆带动曲轴连续运转。与此同时，与进气口相对应的气口则处于排气状态。图 7-1-11（b）为径向活塞式气马达的实物图。

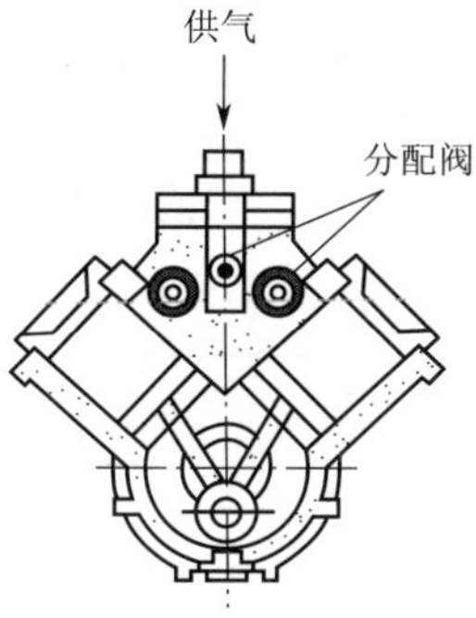

（a）

（b）

图 7-1-11　径向活塞式气马达

（a）工作原理图　（b）实物图

图 7-1-12 是薄膜式气马达的工作原理图。它实际上是一个薄膜式气缸，当它做往复运动时，通过推杆端部的棘爪使棘轮运动。

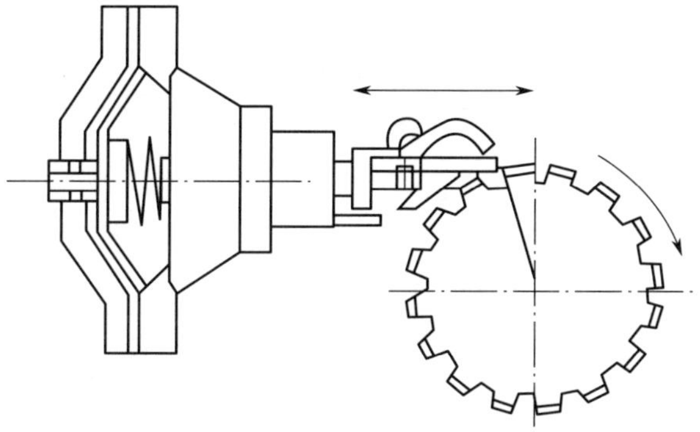

图 7-1-12　薄膜式气马达工作原理图

3. 气马达的选择及使用要求

1）气马达的选择

不同类型的气马达具有不同的特点和适用范围（表 7-1-2），主要根据负载的状态要求选择适当的气马达。

2）气马达的使用要求

应特别注意，润滑是气马达正常工作不可缺少的一个环节。气马达在得到良好润滑的情况下，可在两次检修之间运转 2 500~3 000 h。一般应在气马达的换向阀前安装油雾器，以进行不间断的润滑。

表 7-1-2 各种气马达的特点及适用范围

类型	转矩	速度	功率	每千瓦耗气量 Q /(m³/min)	特点及应用范围
活塞式	中、高转矩	低速和中速	由零点几瓦到17 kW	小型:1.9~2.3 大型:1~1.4	在低速时有较大的功率输出和较好的转矩特性。启动准确,且启动和停止特性均较叶片式好。 适用于载荷较大和要求低速转矩较高的机械,如手提工具、起重机、绞车、绞盘、拉管机等
叶片式	低转矩	高速	由零点几瓦到13 kW	小型:1.8~2.3 大型:1~1.4	制造简单,结构紧凑,但低速启动转矩小,低速性能不好。 适用于要求低或中功率的机械,如手提工具、复合工具传送带、升降机泵、拖拉机等
薄膜式	高转矩	低速	小于1 kW	1.2~1.4	适用于控制要求很精确、启动转矩大且转速低的机械

思考

如何根据气马达的使用要求选用气马达?

[子任务 7-1-2] 气马达的拆装

(1)任务描述:通过认识和拆装气马达,使学生熟悉气马达的结构和工作原理,加深对气马达工作原理的理解。

(2)元器件明细表如表 7-1-3 所示。

表 7-1-3 元器件明细表

序号	名称	型号与规格	单位	数量	备注
1	叶片式气马达		台	1	
2	径向活塞式气马达		台	1	
3	拆装工具		套	1	

(3)拆装步骤:

① 将工具和气马达准备好,摆放整齐,摆放零件的空间要足够大和干净;

② 将拆卸下来的零件一次摆放整齐,做好标记,注意不要散失小的零件;

③ 观察气马达的内部结构,分析其工作原理;

④ 将气马达依次组装好;

⑤ 实验完毕,将实训台上所有物品恢复原位。

练习题

1. 填空题

(1)按照运动方式不同,气动执行元件可分为做直线往复运动或摆动的________、做连续回转运动的气动________。

（2）空气缸是把压缩空气的压力能转换成直线运动或往复摆动的机械能的装置，按结构特点不同，可分为__________、__________、__________、气液阻尼缸等。

（3）按气缸的功能不同，可分为__________和特殊气缸：前者包括__________和双作用气缸，常用于无特殊使用要求的场合，如一般的驱动、定位、夹紧装置的驱动等；特殊气缸包括__________、薄膜式气缸、__________、伸缩缸等。

（4）双作用气缸活塞的往返运动，是依靠压缩空气从缸内被活塞____________________交替进入和排出来实现的。

（5）气马达按结构形式可分为__________、__________和齿轮式气马达等类型。

2. 简答题

（1）气缸按结构可以分为哪几种类型？

（2）根据叶片式气马达的工作原理，结合现实生活中常见的手持式气动打磨、抛光机，指出气马达的优点及缺点。

任务完成报告

姓名		学习日期	
任务名称	公共汽车安全门气动执行元件的选用		
学习自评	考核内容		完成情况
	（1）认识气缸，了解气缸的工作原理，绘制气缸的图形符号		□好 □良好 □一般 □差
	（2）认识气马达，了解气马达的工作原理，绘制气马达的图形符号		□好 □良好 □一般 □差
学习心得			

任务 7.2　气动逻辑回路的搭建

本任务要求学生掌握气动执行元件的分类，熟悉常见的单作用气缸、薄膜式气缸、摆动式气缸、冲击式气缸的结构和工作原理以及气缸的选用方法，熟悉气马达的工作原理。

任务要求

（1）进行气动逻辑元件的识别，绘制气动逻辑元件的图形符号。

（2）绘制气动逻辑回路原理图，搭建气动逻辑回路。

知识目标

（1）掌握气动控制系统中常见逻辑控制元件（如是门、与门、或门、非门、禁门、双稳元件）的控制逻辑及使用方法。

（2）掌握气动逻辑回路的工作原理。

能力目标

（1）能够理解气动逻辑元件的结构原理，绘制气动逻辑元件的图形符号。

（2）能够根据要求搭建气动逻辑回路。

素养目标

（1）培养学生对所学知识的类聚能力及比较分析能力。

（2）培养学生的知识迁移能力及逻辑思维能力。

（3）培养学生的动手实践能力和团队合作精神。

7.2.1　认识气动逻辑元件

气动逻辑元件是以压缩空气为介质，在气控信号作用下动作，通过元件内部的可动部分来改变气流方向，以实现一定逻辑功能的气体控制元件。实际上，方向控制阀也具有逻辑元件的各种功能，所不同的是它的输出功率较大，尺寸较大。而气动逻辑元件的尺寸较小，因此在气动控制系统中被广泛采用。

1. 气动逻辑元件的分类

气动逻辑元件的种类很多，一般分类如下。

（1）按工作压力可分为高压元件（工作压力为 0.2~0.8 MPa）、低压元件（工作压力为 0.02~0.2 MPa）和微压元件（工作压力在 0.02 MPa 以下）三种。

（2）按逻辑功能可分为是门元件（S=a）、或门元件（S=a+b）、与门元件（S=ab），非门元件（S=a）、禁门元件和双稳元件等。

（3）按结构形式可分为截止式逻辑元件、膜片式逻辑元件和滑阀式逻辑元件等。

2. 高压截止式逻辑元件

高压截止式逻辑元件是依靠控制气压信号推动阀芯或通过膜片的变形推动阀芯动作，从而改变气流的流动方向以实现一定逻辑功能的逻辑阀。这类元件的特点是行程小、流量大、工作压力高、对气源净化要求低，便于实现集成安装和集成控制，其拆卸也很方便。

1）是门和与门元件

图 7-2-1（a）为截止式是门和与门元件的结构原理图，图 7-2-1（b）是其图形符号。

图 7-2-1（a）中 a 为信号输入孔，S 为信号输出孔，中间孔接气源口 P 时为是门元件。也就是说，在 a 孔无信号时，阀芯 4 在弹簧及气源压力的作用下处于图示位置，封住 P、S 间的通道，使输出孔 S 与排气孔相通，S 无输出；反之，当 a 有输入信号时，膜片 3 在输入信号作用下将阀芯 4 推动下移，封住输出孔 S 与排气孔间的通道，P 与 S 相通，S 有输出。也就是说，无输入信号时无输出，有输入信号时就有输出。元件的输入和输出信号之间始终保持相同的状态，即 S=a。若中间孔不接气源而换接另一输入信号 b，则成与门元件，也就是只有当 a、b 同时有输入信号时，S 才有输出，即 S=ab。

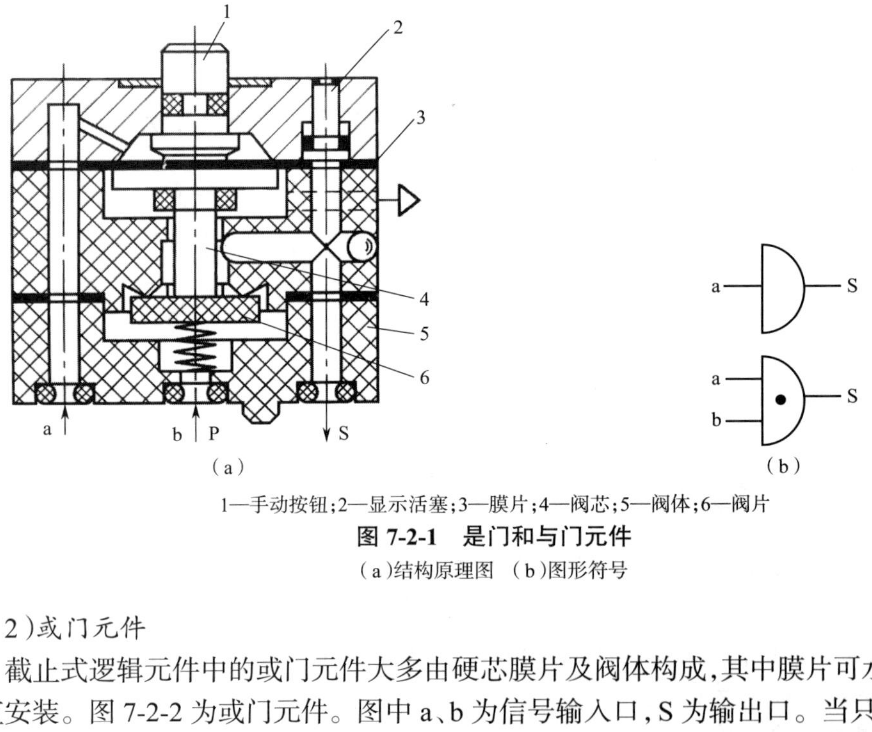

1—手动按钮；2—显示活塞；3—膜片；4—阀芯；5—阀体；6—阀片

图 7-2-1　是门和与门元件

（a）结构原理图　（b）图形符号

2）或门元件

截止式逻辑元件中的或门元件大多由硬芯膜片及阀体构成，其中膜片可水平安装，也可垂直安装。图 7-2-2 为或门元件。图中 a、b 为信号输入口，S 为输出口。当只有 a 信号输入时，阀芯 3 被推动下移，打开上阀口，接通 a—S 通路，S 有输出。类似地，当只有 b 信号输入时，b—S 接通，S 也有输出。显然，当 a、b 均有信号输入时，S 一定有输出，即 S=a+b。

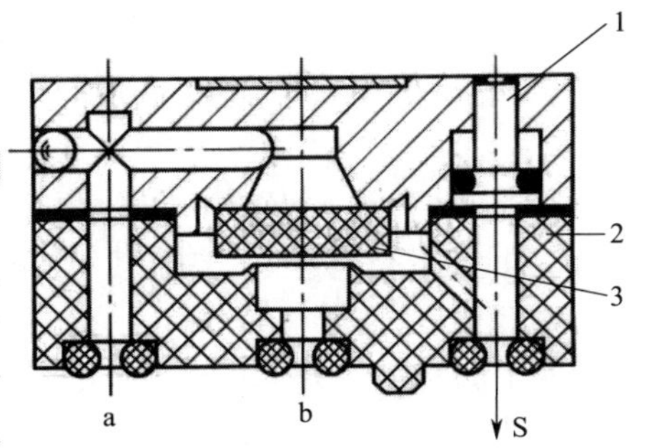

(a)

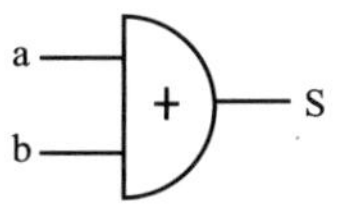

(b)

1—显示活塞;2—阀体;3—阀芯

图 7-2-2 或门元件

(a)结构原理图 (b)图形符号

3)非门和禁门元件

图 7-2-3(a)为非门及禁门元件的结构原理图,图 7-2-3(b)为其图形符号。图中 a 为信号输入孔, S 为信号输出孔,中间孔接气源口 P 时为非门元件。在 a 无输入信号时,阀片 1 在气源压力的作用下上移,封住输出孔 S 与排气孔间的通道, S 有输出。当 a 有输入信号时,膜片 6 在输入信号的作用下,推动阀杆下移,推到阀片 1,封住气源口 P, S 无输出。即只要 a 有输入信号,输出端就没有输出。

若将气源口 P 改为信号口 b,即成为禁门元件。在 a、b 均有输入信号时,阀杆及阀片 1 在 a 输入信号的作用下封住 b 孔, S 无输出;在 a 无输入信号而 b 有输出信号时, S 就有输出。即 a 输入信号对 b 输入信号起“禁止”作用。

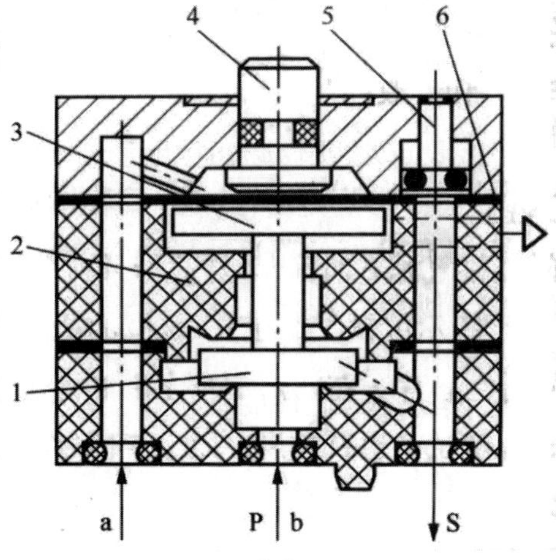

(a)

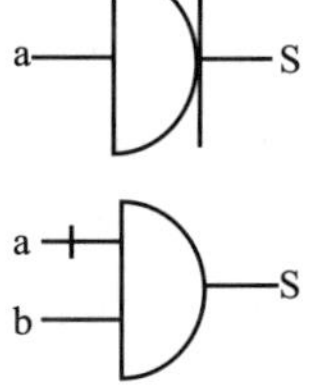

(b)

1—阀片;2—阀体;3—阀芯;4—手动按钮;5—显示活塞;6—膜片

图 7-2-3 非门和禁门元件

(a)结构原理图 (b)图形符号

4)双稳元件

双稳元件属于记忆元件,在逻辑回路中起着重要的作用。图 7-2-4 为双稳元件结构原理图。当 a 有输入信号时，阀芯 2 被推向右端，气源的压缩空气便由 P 至 S_1 输出；而 S_2 与排气口相通，此时双稳元件处于“1”状态。在控制端 b 的输入信号到来之前，a 信号即使消失，阀芯 2 仍保持在右端位置，S_1 总有输出。

当 b 有输入信号时，阀芯 2 被推向左端，此时压缩空气由 P 到 S_2 输出，而 S_1 与排气孔相通，于是双稳元件处于“0”状态。在 a 信号到来之前，即使 b 信号消失，阀芯 2 仍处于左端位置，S_2 总有输出。

由此可见，这种元件具有两种稳定状态，平时总是处于两种稳定状态中的某一状态。有外界输入信号时，双稳元件才从一种稳态切换成另一种稳态，切换信号解除后，仍保持原稳态不变。

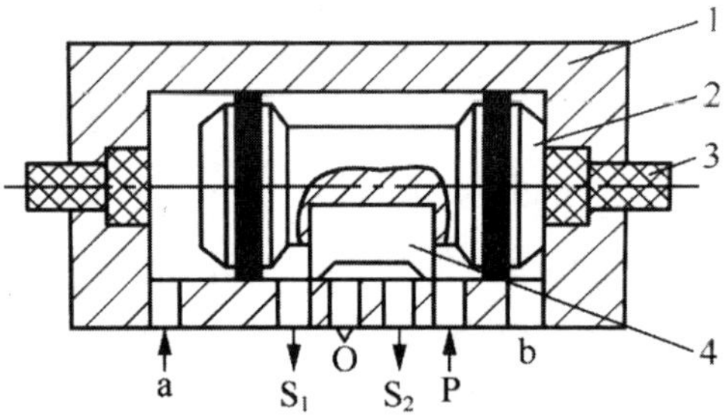

1—阀体；2—阀芯；3—手动按钮；4—阀块

图 7-2-4　双稳元件结构原理图

3. 逻辑元件的选用

气动逻辑控制系统所用气源的压力变化，必须保障逻辑元件正常工作需要的气压范围和输出端切换时所需的切换压力，以及逻辑元件的输出流量和响应时间等，在设计系统时可根据系统要求参照有关资料选取逻辑元件。无论采用截止式或膜片式高压逻辑元件，都要尽量将元件集中布置。

由于信号的传输有一定的延时，信号的发出点与接收点之间不能相距太远，一般来说，最好不要超过几十米。当逻辑元件相互串联时，一定要有足够的流量，否则可能推不动下一级元件。另外，尽管高压逻辑元件对气源过滤要求不高，但最好使用过滤后的气源，一定不要让混入油雾的压缩空气进入逻辑元件。

[子任务 7-2-1] 气动逻辑元件的拆装

（1）任务描述：通过认识和拆装逻辑元件，使学生熟悉逻辑元件的结构和工作原理，加深对逻辑元件工作原理的理解。

（2）元器件明细表如表 7-2-1 所示。

表 7-2-1　元器件明细表

序号	名称	型号与规格	单位	数量	备注
1	是门和与门元件		个	1	
2	或门元件		个	1	
3	非门和禁门元件		个	1	

续表

序号	名称	型号与规格	单位	数量	备注
4	双稳元件		个	1	
5	拆装工具		套	1	

（3）拆装步骤：

① 将工具和逻辑元件准备好，摆放整齐，摆放零件的空间要足够大和干净；

② 将拆卸下来的零件一次摆放整齐，做好标记，注意不要散失小的零件；

③ 观察逻辑元件的内部结构，分析其工作原理；

④ 将逻辑元件依次组装好；

⑤ 实验完毕，将实训台上所有物品恢复原位。

7.2.2　认识气动逻辑回路

1. 气动逻辑与回路

如图 7-2-5 所示为气动逻辑与回路，该回路是逻辑与的关系，元件 3 与元件 4 同时接通时，元件 1、2 接通，气缸前进。

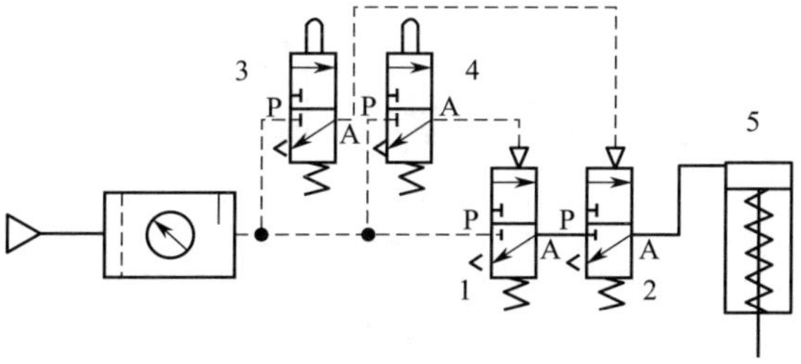

1、2—单气控二位三通换向阀；3、4—手动旋转式二位三通换向阀；5—单作用气缸

图 7-2-5　气动逻辑与回路

2. 气动逻辑或回路

如图 7-2-6 所示为气动逻辑或回路，该回路是逻辑或的关系，元件 1、2 只要一个接通，元件 4 就换向，双作用气缸前进。

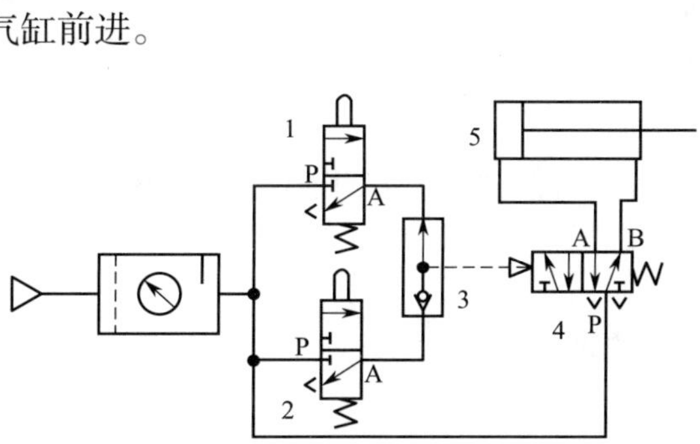

1、2—手动旋转式二位三通换向阀；3—梭阀；4—单气控二位五通换向阀；5—双作用气缸

图 7-2-6　气动逻辑或回路

3. 气动逻辑与非回路

如图 7-2-7 所示为气动逻辑与非回路，该回路中，元件 1、2 构成与的关系，元件 1、2 与元件 4 构成非的关系。

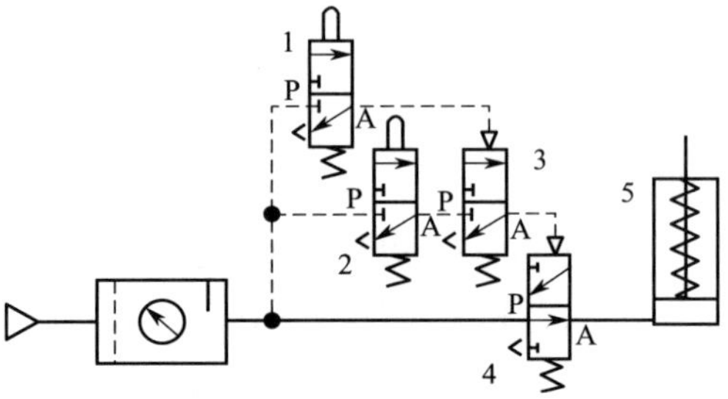

1、2—手动旋转式二位三通换向阀；3、4—单气控二位三通换向阀；5—单作用气缸

图 7-2-7　气动逻辑与非回路

4. 气动逻辑与或回路

如图 7-2-8 所示为气动逻辑与或回路，该回路中，元件 1、2 构成与的关系，元件 1、2 与元件 3 构成或的关系。

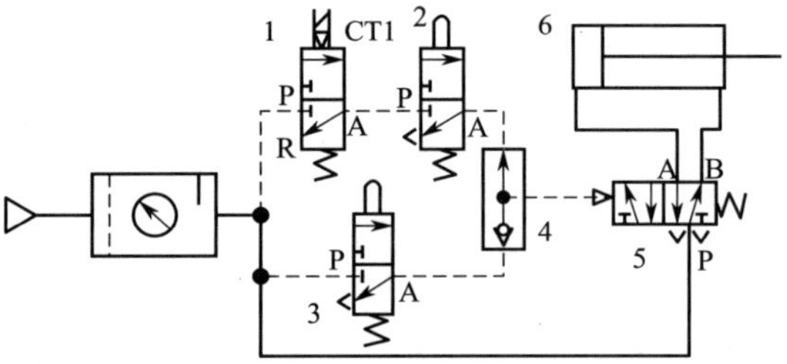

1—单电控二位三通换向阀；2、3—手动旋转式二位三通换向阀；4—梭阀；5—单气控二位五通换向阀；6—双作用气缸

图 7-2-8　气动逻辑与或回路

练习题

1. 填空题

气动逻辑元件按逻辑功能可分为__________、__________、__________、__________、__________和双稳元件等。

2. 简答题

（1）简述是门元件和与门元件在结构和工作原理上的区别。

（2）绘制气动逻辑回路原理图。

任务完成报告

姓名		学习日期	
任务名称	气动逻辑回路的搭建		
学习自评	考核内容		完成情况
	(1)掌握各种常用逻辑元件的工作原理以及选用方法		□好　□良好　□一般　□差
	(2)了解气动逻辑回路，并学会选用		□好　□良好　□一般　□差
学习心得			

项目 8

机械手气压回路的搭建

学习情境描述

机械手（图 8-1）是近几十年发展起来的一种高科技自动化生产设备。它的特点是可通过编程来完成各种预期的作业任务，在构造和性能上兼有人和机器的优点，尤其体现了人的智能和适应性。机械手因作业的准确性和在各种环境中完成作业的能力，在国民经济各领域有着广阔的发展前景。那么机械手是如何实现各种动作从而代替人工完成工作的呢？下面我们就开始学习。

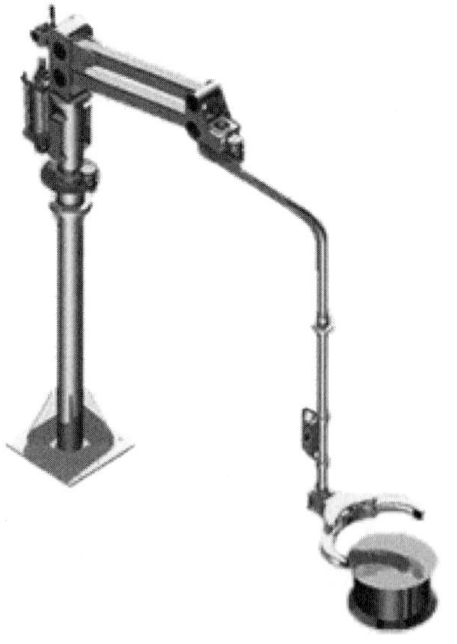

图 8-1　机械手

项目描述

本项目通过分析物料抓取机械手的结构、工作过程及其气动系统，使学生掌握分析气压传动系统的基本方法与步骤，进而能够设计、组装与调试简单的气动系统。要实现的目标具体描述如下：

（1）分析机械手方向控制回路，选取适当的方向控制阀，进行方向控制回路的搭建；

（2）分析机械手压力控制回路，选取适当的压力控制阀，进行压力控制回路的搭建；

（3）分析机械手速度控制回路，选取适当的流量控制阀，进行速度控制回路的搭建。

任务分解

本项目分为三个任务，逐步实现上述功能。

任务 8.1 机械手方向控制回路的搭建

本任务要求学生掌握常用气动方向控制阀的结构形式、工作原理、图形符号，能够根据不同场景，合理选择不同类型控制阀。

任务 8.2 机械手压力控制回路的搭建

本任务要求学生掌握机械手压力控制回路的元器件组成、工作原理、使用场景，能够根据不同场景，选择合适的气动元器件搭建机械手压力控制回路。

任务 8.3 机械手速度控制回路的搭建

本任务要求学生掌握常机械手速度控制回路的元器件组成、工作原理、使用场景，能够根据不同场景，选择合适的气动元器件搭建机械手速度控制回路。

任务 8.1 机械手方向控制回路的搭建

机械手方向控制回路是通过进入执行元件的压缩空气的通、断或变向来实现气动系统执行元件的启动、停止和换向作用的回路，也称为换向回路。

任务要求

（1）拆卸方向控制阀，分析其工作原理，绘制其图形符号。

（2）绘制方向控制回路图，搭建控制回路。

知识目标

（1）掌握单向阀、换向阀、电磁换向阀的结构形式、动作原理。

（2）掌握方向控制回路的工作原理。

能力目标

（1）能够说出方向控制阀的种类及工作原理。

（2）能够完成方向控制回路的搭建。

素养目标

（1）培养学生对所学知识的类聚能力及比较分析能力。

（2）培养学生的知识迁移能力及逻辑思维能力。

（3）培养学生的动手实践能力和团队合作精神。

8.1.1　认识气动机械手

气压传动技术是实现工业生产自动化和半自动化的方式之一。由于气压传动系统使用安全、可靠，可以在高温、振动、腐蚀、易燃、易爆、多灰尘、强磁辐射等恶劣环境下工作，所以气动技术应用日益广泛。

1. 气动机械手的组成

气动机械手是由气缸、摆缸、气动夹爪（简称“气爪”）、吸盘等气动元件组成的抓取机构，它可以替代人手的部分动作来完成物料的抓取、搬运，从而实现物料的自动上下料，在自动化生产中得到广泛的应用。如图 8-1-1 所示为典型气动机械手结构示意图。

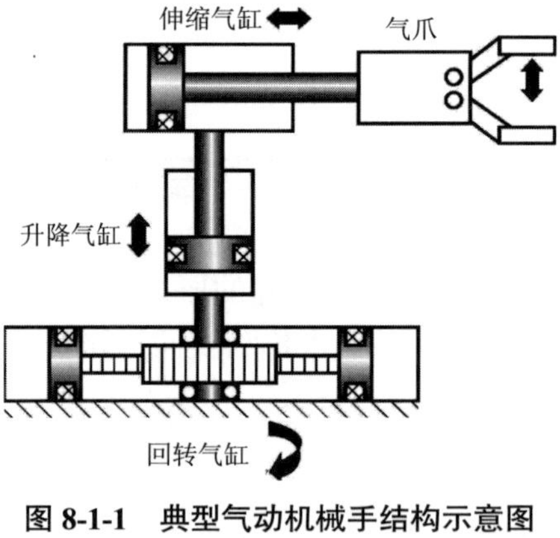

图 8-1-1　典型气动机械手结构示意图

由图 8-1-1 可知，典型气动机械手由回转气缸、升降气缸、伸缩气缸、气爪等部分构成。回转气缸为齿轮齿条型摆动气缸，其作用是使手臂摆动一定的角度。升降气缸实现手臂的升降，伸缩气缸实现手臂的伸缩。气爪的作用是抓握工件或松开工件。此气动机械手结构简单，制造成本低廉，可根据各种自动化设备的工作需要按规定的控制程序动作。

2. 气动机械手原理分析

气动机械手的基本工作循环是：初始位置开始（气爪松开状态）→伸缩气缸伸出→气爪

夹紧工件→升降气缸升起→回转气缸逆时针摆动 90° →工件抓取到位，气爪松开→伸缩气缸缩回→回转气缸顺时针摆动 90° →升降气缸降下→回到初始位置开始。气动机械手气动控制系统原理图如图 8-1-2 所示。

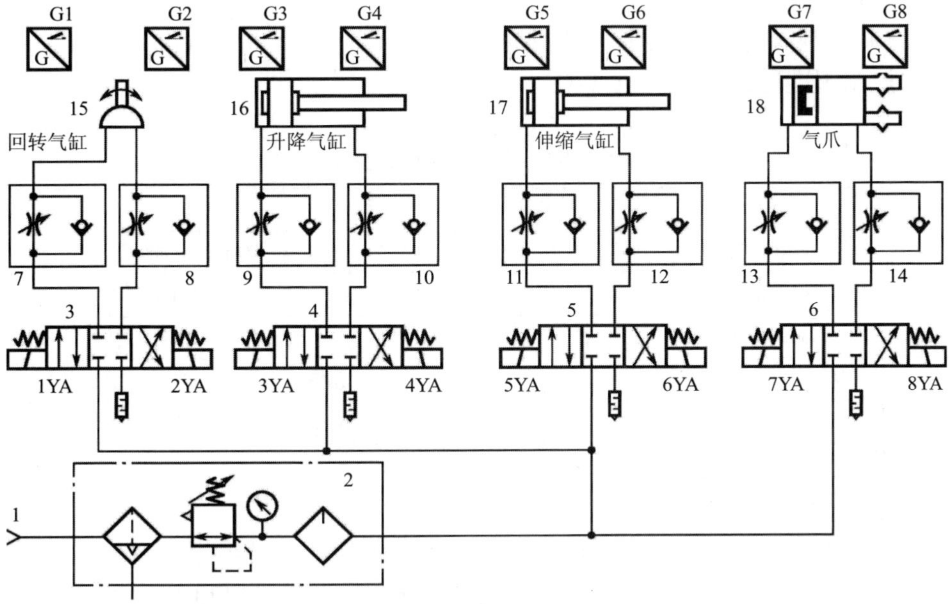

1—气源；2—气动三联件；3~6—三位四通电磁换向阀；7~14—单向节流阀；15—回转气缸；16—升降气缸；17—伸缩气缸；18—气爪；G1~G8—磁性开关（位置检测）

图 8-1-2　气动机械手气动控制系统原理图

工作原理：气源 1 为气动机械手提供动力源，即必需的压缩空气；来自气源 1 的压缩空气经气动三联件 2 分配给四个三位四通电磁换向阀；通过控制三位四通电磁换向阀的电磁线圈 1YA~8YA 的通电、断电，控制回转气缸的摆动、升降气缸的升降、伸缩气缸的伸缩、气爪的松开与夹紧。

气动三联件的作用是：

①滤除空气中的水分；

②将来自气源的压缩空气的压力减小为系统所需的压力；

③通过油雾器为以后的气动元件提供润滑；

④实时显示气动系统的压力。

单向节流阀 7~14 的作用是：通过调节节流阀的开度，控制各个执行元件的动作速度，同时也可减小系统冲击。

G1~G8 为位置检测的磁性开关。G1 通指示摆动气缸逆时针旋转到位，G2 通指示摆动气缸顺时针旋转到位，G3 通指示升降气缸在底部，G4 通指示升降气缸在顶部，G5 通指示伸缩气缸完全缩回，G6 通指示伸缩气缸完全伸出，G7 通指示气爪松开，G8 通指示气爪夹紧。

8.1.2 认识方向控制阀

方向控制阀是气压传动系统中通过改变压缩空气的流动方向和气流的通断来控制执行元件启动、停止及运动方向的气动元件。

根据方向控制阀的功能、控制方式、结构形式、密封形式及阀内气流的方向等方面的不同，可以对控制阀进行分类，见表 8-1-1。

表 8-1-1 方向控制阀的分类

分类方式	种类
阀内气流的方向	单向阀、换向阀
阀芯的结构形式	截止阀、滑阀
阀的密封形式	硬质密封阀、软质密封阀
阀的工作位数及通路数	二位三通阀、二位五通阀、三位五通阀
阀的控制方式	气压控制阀、电磁控制阀、机械控制阀、手动控制阀

1. 单向型控制阀

单向型控制阀包括单向阀和梭阀等。其中单向阀的结构及工作原理与液压单向阀一致，这里不再介绍。梭阀相当于两个单向阀组合的阀。按照进气口和工作口的通断关系，梭阀又分为或门型梭阀、与门型梭阀。梭阀的应用很广，多用于手动或自动控制的并联回路中。

(1)或门型梭阀。在气压传动系统中，当两个输入口 P_1 或 P_2 均可与输出口 A 相通，而不允许 P_1 与 P_2 相通时，就要用或门型梭阀，如图 8-1-3 所示。

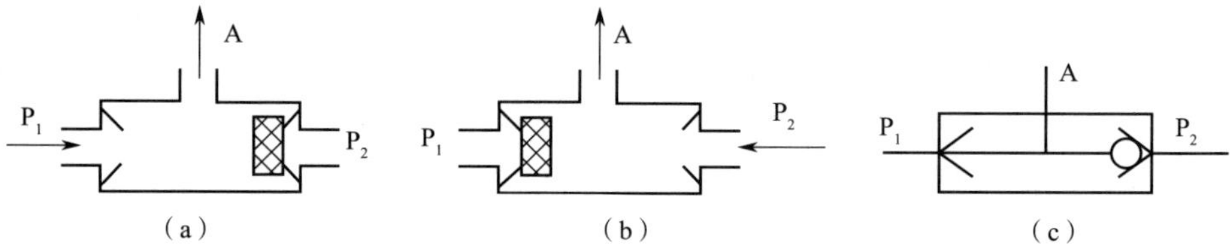

图 8-1-3 或门型梭阀工作原理图和图形符号

(a)从 P_1 进气 (b)从 P_2 进气 (c)图形符号

如图 8-1-3(a)所示，当从 P_1 进气时，气流将阀芯推向右边，P_2 被关闭，于是气流从 P_1 进入输出口 A。当从 P_2 进气时，P_1 被关闭，气则从 P_2 进入输出口 A，如图 8-1-3(b)所示。当 P_1、P_2 同时进气时，哪端压力高，输出口 A 就与哪端相通，另一端则自动关闭。图 8-1-3(c)为该阀的图形符号。

(2)与门型梭阀(双压阀)。与门型梭阀又称双压阀，该阀只有当两个输入口 P_1、P_2 同时进气时，A 口才能输出。图 8-1-4 为与门型梭阀工作原理图。P_1 或 P_2 单独输入时，如图 8-1-4(a)、(b)所示，此时 A 口无输出，只有当 P_1、P_2 同时有输入时，A 口才有输出，如图 8-1-4(c)所示。当 P_1、P_2 气体压力不等时，则气压低的通过 A 口输出。图 8-1-4(d)为该阀的图形符号。

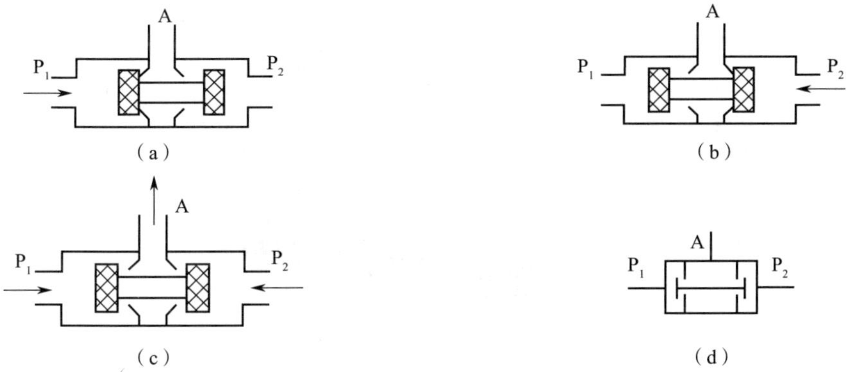

图 8-1-4　与门型梭阀工作原理图和图形符号

(a)从 P_1 进气　(b)从 P_2 进气　(c)P_1、P_2 同时进气　(d)图形符号

2. 换向型控制阀

由于气动换向阀的结构功能、工作原理、图形符号与液压换向阀相似,这里主要介绍按控制方式分类的人力控制换向阀、机械控制换向阀、电磁控制换向阀与气压控制换向阀。表 8-1-2 里列出了各种换向阀的控制方式。

表 8-1-2　各种换向阀的控制方式

类别	控制方式	
人力控制换向阀	一般手动操作	按钮式
	手柄式,带定位	脚踏式
机械控制换向阀	顶杆式	滚轮杠杆式
	单向滚轮式	弹簧复位
气压控制换向阀	直动式	先导式
电磁控制换向阀	单电控	双电控
	先导式双电控,带手动	

下面介绍几种典型的方向控制阀。

1)人力控制换向阀

用人力来获得轴向力使阀迅速移动换向的控制方式称作人力控制。人力控制可分为手动控制和脚踏控制等。人力控制换向阀应安装在便于操作的地方,以防止操作者长期操作或站立引起的疲劳。操作力不宜过大,为防止误操作,通常需要增加安全装置,脚踏阀应装有防护罩。手动阀的主体部分与气控阀类似,其操纵方式有多种形式,如按钮式、旋钮式、锁式及推拉式等。

图 8-1-5 为推拉式手动阀的工作原理图和实物图。如用手压下阀芯[图 8-1-5(a)],则 P 与 A、B 与 O_2 相通。若放开手,则阀依靠定位装置保持状态不变。当用手将阀芯拨出时[图 8-1-5(b)],则 P 与 B、A 与 O_1 相通,气路改变,并能维持该状态不变。

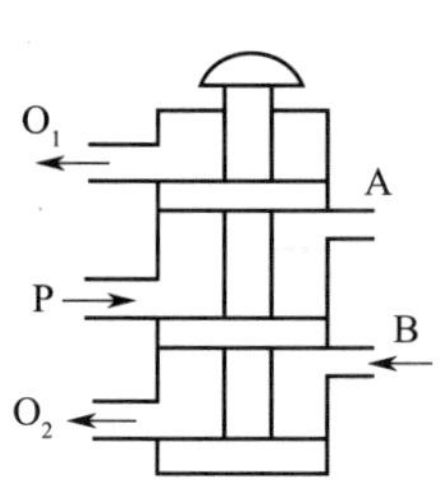

(a)

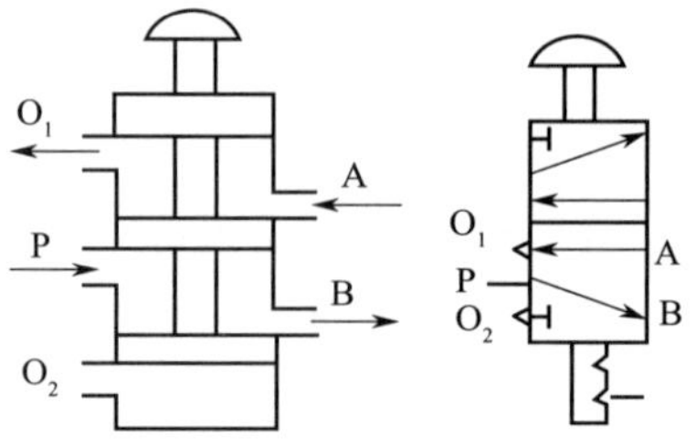

(b)

(c)

图 8-1-5　推拉式手动阀

(a)压下阀芯　(b)拔出阀芯　(c)实物图

图 8-1-6 所示为脚踏阀。图 8-1-6(a)所示为不带锁定装置的脚踏阀。当脚踏下踏板时,阀换向;一旦脚离开踏板,阀即刻复位。图 8-1-6(b)所示为带锁定装置的脚踏阀。当脚踏下踏板时,阀换向,同时机械锁销将阀锁定;再次驱动踏板时,阀才复位。

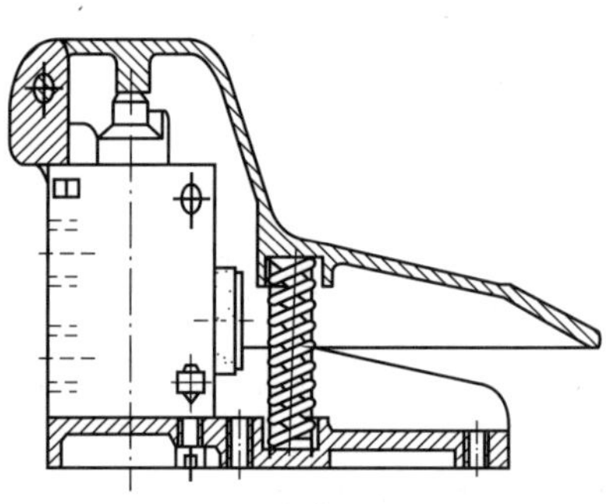
(a)

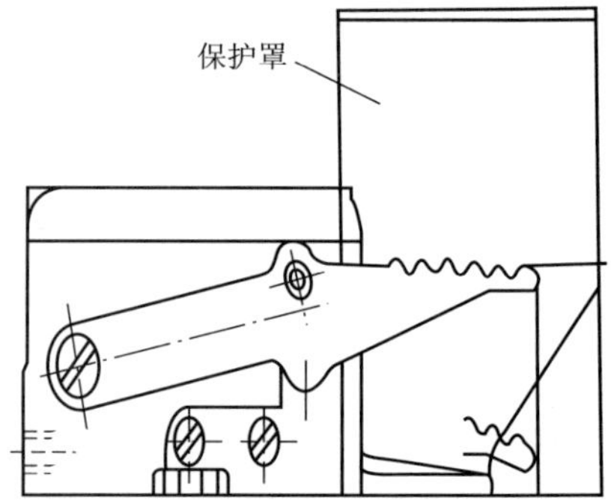

(b)

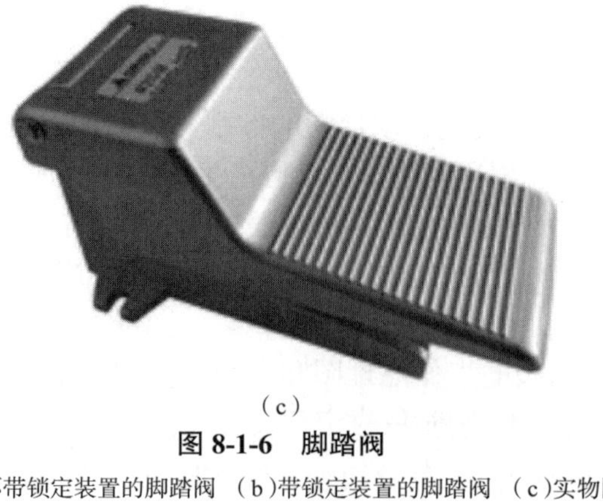
(c)

图 8-1-6　脚踏阀

(a)不带锁定装置的脚踏阀　(b)带锁定装置的脚踏阀　(c)实物图

2)机械控制换向阀

机械控制换向阀又称行程阀,多用于行程程序控制作为信号阀使用。常依靠凸轮、挡块或其他机械外力推动阀芯,使阀换向。

图 8-1-7 所示为机械控制换向阀的一种结构形式。机械凸轮或挡块直接与滚轮 1 接触后,通过杠杆 2 使阀芯 5 换向。其优点是减小了顶杆 3 所受的侧向力,同时,通过杠杆传力也减小了外部的机械压力。

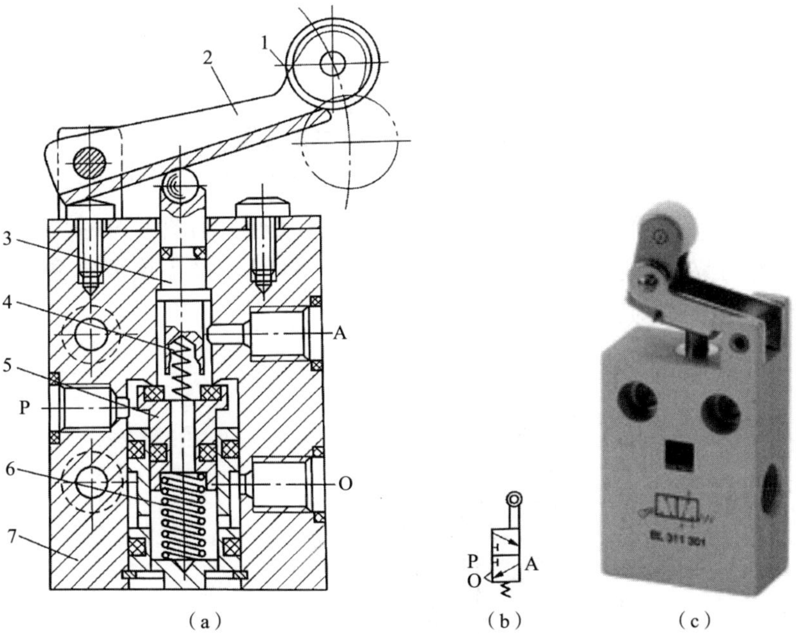

1—滚轮;2—杠杆;3—顶杆;4—缓冲弹簧;5—阀芯;6—密封弹簧;7—阀体

图 8-1-7　机械控制换向阀

(a)结构原理图　(b)图形符号　(c)实物图

3)气压控制换向阀

气压控制换向阀是以压缩空气为动力切换气阀,使气路换向或通断的一种方向控制阀。气压控制换向阀的用途很广,多用于组成全气阀控制的气压传动系统或用于易燃、易爆以及高净化等场合。

(1)单气控截止式换向阀。图 8-1-8(a)、(b)所示为单气控截止式换向阀的工作原理图和图形符号。图 8-1-8(a)是无气控信号 K 时阀的状态(即常态),此时,阀芯 1 在弹簧 2 的作用下处于上端位置,使阀口 A 与 O 相通,A 口排气。图 8-1-8(b)是在有气控信号 K 时阀的状态(即动力阀状态)。由于气压力的作用,阀芯 1 压缩弹簧 2 下移,使阀口 A 与 O 断开,P 与 A 接通,A 口有气体输出。

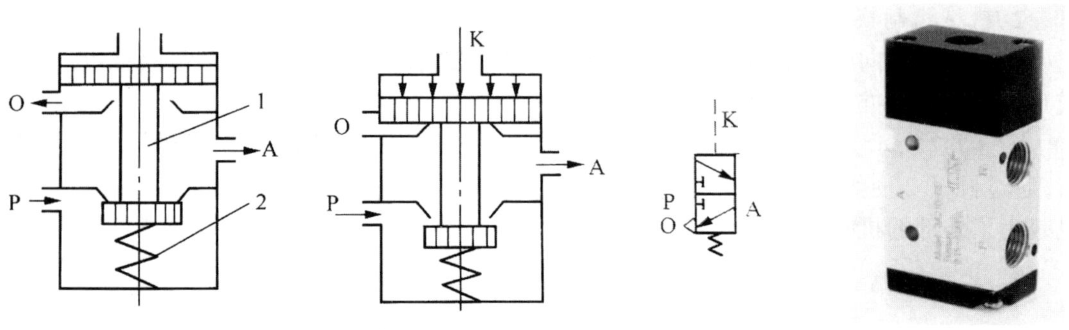

（a） （b） （c） （d）

1—阀芯;2—弹簧

图 8-1-8 单气控截止式换向阀

（a）无控制信号 （b）有控制信号 （c）图形符号 （d）实物图

图 8-1-9 为二位三通单气控截止式换向阀的结构原理图和图形符号。这种换向阀结构简单、紧凑,密封可靠,换向行程短,但换向力大。若将气控接头换成电磁头（即电磁先导阀）,可变气控阀为先导式电磁换向阀。

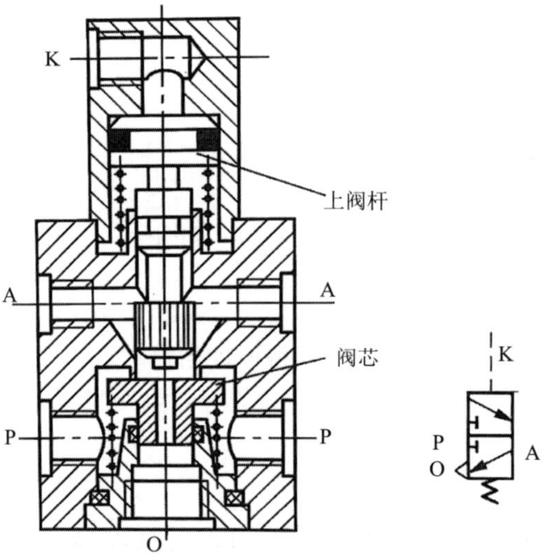

（a） （b）

图 8-1-9 二位三通单气控截止式换向阀

（a）结构原理图 （b）图形符号

（2）双气控加压式换向阀。图 8-1-10 所示为双气控滑阀式换向阀的工作原理图和图形符号。图 8-1-10（a）所示为有气控信号 K_2 时阀的状态,此时阀停在左边,其通路状态是 P 与 A、B 与 O_2 相通。图 8-1-10（b）为有气控信号 K_1 时阀的状态（此时信号 K_2 已不存在）,阀芯换位,其通路状态变为 P 与 B、A 与 O_1 相通。双气控滑阀具有记忆功能,即气控信号消失后,阀仍能保持在有信号时的工作状态。

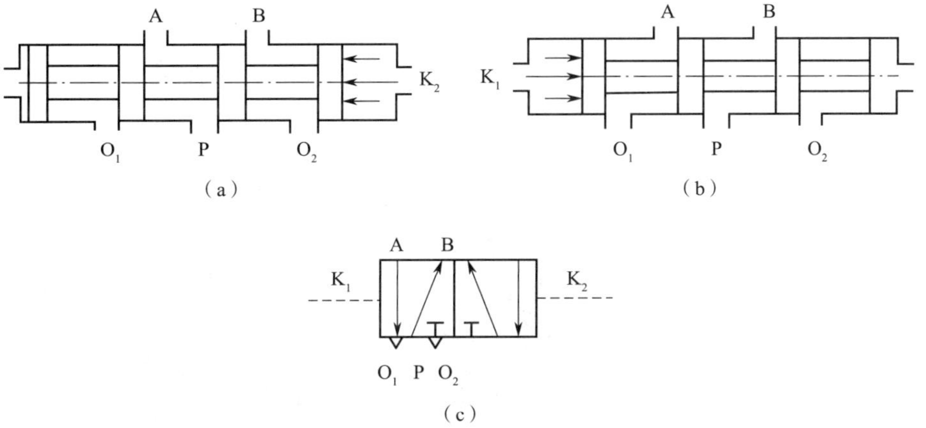

图 8-1-10　双气控滑阀式换向阀

(a)有气控信号 K_2　(b)有气控信号 K_1　(c)图形符号

4)电磁控制换向阀

利用电磁线圈通电时,静铁芯对动铁芯产生的电磁吸力使阀切换以改变气流方向的阀,称为电磁控制换向阀,简称"电磁换向阀"或"电磁阀"。这种阀易于实现电气联合控制,能实现远距离操作,故得到广泛应用。常用的电磁换向阀有直动式和先导式两种。

(1)直动式电磁换向阀。图 8-1-11(a)、(b)为直动式单电控电磁阀的工作原理图。它只有一个电磁铁。图 8-1-11(a)为常态情况,即电磁线圈不通电,此时阀在复位弹簧的作用下处于上端位置。其通路状态为 A 与 O 相通, A 口排气。当通电时,电磁铁 1 推动阀芯向下移动,气路换向,其通路为 P 与 A 相通, A 口进气,如图 8-1-11(b)所示。图 8-1-11(c)、(d)分别为该阀的图形符号和实物图。

图 8-1-12(a)、(b)为直动式双电控电磁阀的工作原理图。它有两个电磁铁,当电磁线圈 1 通电、2 断电时[图 8-1-12(a)],阀芯被推向右端,其通路状态是 P 与 A、B 与 O_2 相通,A 口进气、B 口排气。当线圈 1 断电时,阀芯仍处于原有状态,即具有记忆性。当电磁线圈 2 通电、1 断电时[图 8-1-12(b)],阀芯被推向左端,其通路状态是 P 与 B、A 与 O_1 相通,B 口进气、A 口排气。若电磁线圈断电,气流通路仍保持原状态。

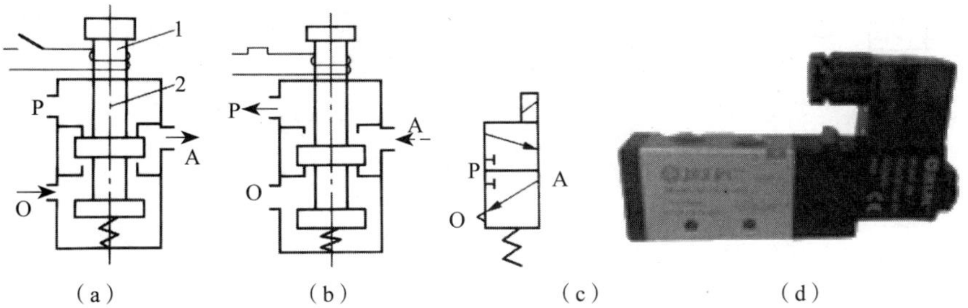

1—电磁铁;2—阀芯

图 8-1-11　直动式单电控电磁阀

(a)断电时　(b)通电时　(c)图形符号　(d)实物图

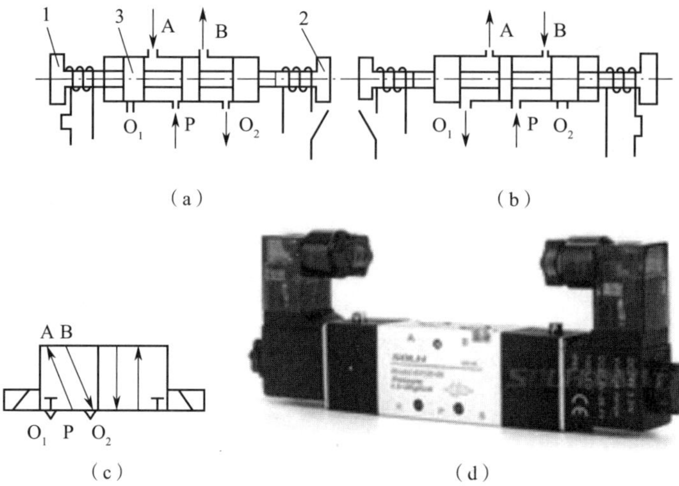

1、2—电磁铁;3—阀芯

图 8-1-12　直动式双电控电磁阀

(a)电磁线圈 1 通电、2 断电　(b)电磁线圈 2 通电、1 断电　(c)图形符号　(d)实物图

(2)先导式电磁换向阀。直动式电磁阀是由电磁铁直接推动阀芯移动的。当阀通径较大时,用直动式结构所需的电磁铁体积和电力消耗都必然加大,为克服此弱点可采用先导式结构。先导式电磁阀是由电磁铁首先控制气路,产生先导压力,再由先导压力推动主阀阀芯,使其换向的。

图 8-1-13(a)、(b)为先导式双电控换向阀的工作原理图。当电磁先导阀 1 的线圈通电,而先导阀 2 断电时[图 8-1-13(a)],由于主阀 3 的 K_1 腔进气,K_2 腔排气,使主阀阀芯向右移动。此时 P 与 A、B 与 O_2 相通, A 口进气、B 口排气。当电磁先导阀 2 通电,而先导阀 1 断电时[图 8-1-13(b)],主阀的 K_2 腔进气,K_1 腔排气,使主阀阀芯向左移动。此时 P 与 B、A 与 O_1 相通, B 口进气、A 口排气。先导式双电控电磁阀具有记忆功能,即通电换向,断电保持原状态。为保证主阀正常工作,两个电磁阀不能同时通电,电路中要考虑互锁。

先导式电磁换向阀便于实现电气联合控制,所以应用广泛。

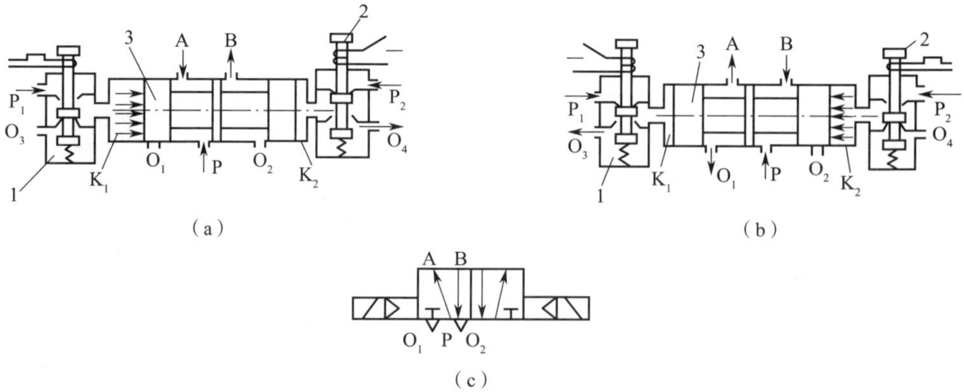

1、2—电磁先导阀;3—主阀

图 8-1-13　先导式双电控换向阀

(a)先导阀 1 通电、2 断电　(b)先导阀 2 通电、1 断电　(c)图形符号

[子任务 8-1-1] 方向控制阀的拆装

（1）任务描述：通过认识和拆装方向控制阀，使学生熟悉方向控制阀的结构和工作原理，加深对方向控制阀工作原理的理解。

（2）元器件明细表如表 8-1-3 所示。

表 8-1-3　元器件明细表

序号	名称	型号与规格	单位	数量	备注
1	梭阀		个	1	
2	脚踏阀		个	1	
3	手控阀		个	1	
4	机械阀		个	1	
5	截止阀		个	1	
6	单电控电磁阀		个	1	
7	双电控电磁阀		个	1	
8	拆装工具		套	1	

（3）方向控制阀的拆装步骤：

① 将工具和方向控制阀准备好，摆放整齐，摆放零件的空间要足够大和干净；

② 将拆卸下来的零件一次摆放整齐，做好标记，注意不要散失小的零件；

③ 观察控制阀的内部结构，分析其工作原理；

④ 将方向控制阀依次组装好；

⑤ 实验完毕，将实训台上所有物品恢复原位。

思考

方向控制阀的工作原理是什么？

8.1.3　方向控制回路的选用

方向控制回路是通过换向阀的换向使气缸改变方向的换向回路。常用的方向控制回路有单作用气缸换向回路和双作用气缸换向回路。

1. 单作用气缸换向回路

图 8-1-14 所示为单作用气缸换向回路。在图 8-1-14（a）所示的回路中，当电磁铁得电时，气压使活塞伸出工作；而电磁铁失电时，活塞杆在弹簧作用下缩回。

图 8-1-14 单作用气缸换向回路
（a）回路一 （b）回路二

在图 8-1-14（b）所示回路中的三位五通换向阀在电磁铁失电后能自动复位，故能使气缸停留在行程中任意位置，但定位精度不高，定位时间不长。

2. 双作用气缸换向回路

图 8-1-15 所示为各种双作用气缸换向回路。在图 8-1-15（a）所示的回路中，通过对换向阀上、下切换，使气缸活塞杆伸出和缩回。在图 8-1-15（b）所示的回路中，当有气控信号A 时气缸活塞杆向右运动，反之则向左退回。图 8-1-15（c）所示为二位五通气控阀和手动二位三通阀控制的换向回路。当按下手动阀换向时，由手动阀控制气流推动二位五通气换向控阀换向，气缸活塞杆外伸；松开手动阀，则活塞杆返回。图 8-1-15（d）、（e）所示回路中的两端控制电磁铁线圈或按钮不能同时操作，否则将出现误动作，其回路相当于双稳的逻辑功能。图 8-1-15（f）所示的回路还有中位停止功能，但中停定位精度不高。

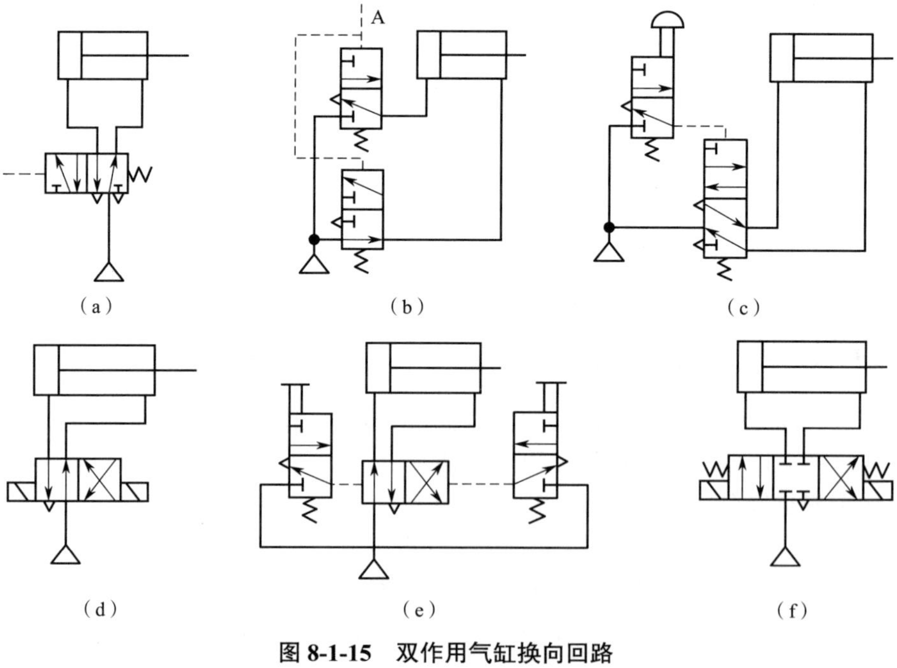

图 8-1-15 双作用气缸换向回路
（a）回路一 （b）回路二 （c）回路三 （d）回路四 （e）回路五 （f）回路六

练习题

1. 填空题

（1）方向控制回路是通过换向阀的换向使气缸改变方向的换向回路。常用的方向控制回路有__________和__________。

（2）方向控制阀是气压传动系统中通过改变压缩空气的________和________来控制执行元件启动、停止及运动方向的气动元件。

2. 简答题

（1）方向控制阀的控制方式有哪几种？

（2）简述双气控加压式换向阀的工作原理。

任务完成报告

姓名		学习日期	
任务名称	机械手方向控制回路的搭建		
学习自评	考核内容		完成情况
	(1)理解方向控制元件的工作原理		□好 □良好 □一般 □差
	(2)搭建方向控制回路		□好 □良好 □一般 □差
学习心得			

任务 8.2　机械手压力控制回路的搭建

本任务要求学生掌握压力控制回路的元器件组成、工作原理、使用场景，能够根据不同场景，选择合适的气动元器件搭建不同的压力控制回路。

任务要求

（1）拆卸压力控制阀，分析其工作原理，绘制其图形符号。

（2）绘制压力控制回路图，搭建控制回路。

知识目标

（1）掌握压力控制阀的工作原理，理解回路组成元器件的基本功能。

（2）掌握压力控制回路的工作原理。

能力目标

（1）能够说出压力控制阀的种类及工作原理。

（2）能够完成压力控制回路的搭建。

素养目标

（1）培养学生对所学知识的类聚能力及比较分析能力。

（2）培养学生的知识迁移能力及逻辑思维能力。

（3）培养学生的动手实践能力和团队合作精神。

8.2.1　认识压力控制阀

气动系统不同于液压系统，一般液压系统都自带液压源（液压泵），而在气动系统中，一般来说，先由空气压缩机将空气压缩，储存在贮气罐内，然后经管路输送给各个气动装置使用。而贮气罐的空气压力往往比各台设备实际所需要的压力高些，同时其压力波动值也较大，因此需要用减压阀（调压阀）将其压力减小到每台装置所需的压力，并使减小后的压力稳定在所需压力值上。

有些气动回路需要依靠回路中压力的变化来实现两个执行元件的顺序动作控制，所用的这种阀就是顺序阀。顺序阀与单向阀的组合称为单向顺序阀。对于所有的气动回路或贮气罐，为了安全起见，当其压力超过允许压力值时，需要自动向外排气，这种压力控制阀叫安全阀（溢流阀）。

1. 减压阀

气动减压阀又称为调压阀，同液压减压阀一样也是以出口压力为控制信号的。减压阀按调节方式分为直动式和先导式，按压力调节方式可分为溢流式、非溢流式和恒量排气式三种。

图 8-2-1 为 QTY 型直动式减压阀的工作原理图，图 8-2-2(a)为 QTY 型直动式减压阀的结构图，图 8-2-2(b)、(c)分别为其图形符号和实物图。其工作原理如下。当阀处于工作状态时，调节手柄 1，压缩调压弹簧 2、3 及膜片 5，通过阀杆 6 使阀芯 8 下移，进气阀口被打开，有压气流从左端输入，经阀口节流减压后从右端输出。输出气流的一部分由阻尼管 7 进入膜片气室，在膜片 5 的下方产生一个向上的推力，这个推力总是企图把阀口开度关小，使其输出压力下降。当作用于膜片上的推力与弹簧力相平衡后，减压阀的输出压力便保持一定。当输入压力发生波动时，如输入压力瞬时升高，输出压力也随之升高，作用于膜片 5 上的气体推力便随之增大，破坏了原来的力的平衡，使膜片 5 向上移动，有少量气体经溢流口 4、排气孔 11 排出。在膜片上移的同时，因复位弹簧 10 的作用，输出压力下降，直到达到新的平衡为止。重新平衡后的输出压力基本上恢复至原值。反之，若输出压力瞬时下降，膜片下移，进气口开度增大，节流作用减小，输出压力又基本上回升至原值。调节手柄 1 使弹簧 2、3 恢复自由状态，输出压力降至零，阀芯 8 在复位弹簧 10 的作用下，关闭进气阀口，这样，减压阀便处于截止状态，无气流输出。

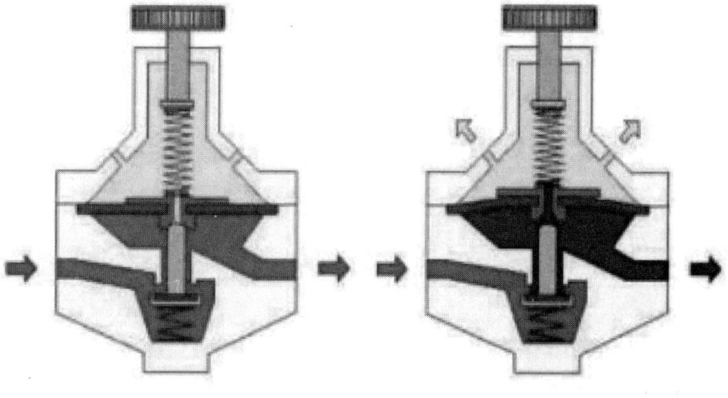

图 8-2-1　QTY 型直动式减压阀的工作原理图

QTY 型直动式减压阀的调压范围为 0.05~0.63 MPa。为限制气体流过减压阀所造成的压力损失，规定气体通过阀内通道的流速在 15~25 m/s 范围内。

安装减压阀时，要按气流的方向和减压阀上所示的箭头方向，依照分水滤气器—减压阀—油雾器的安装次序进行安装。调压时应由低向高调，直至规定的调压值为止。阀不用时应把手柄放松，以免膜片经常受压变形。

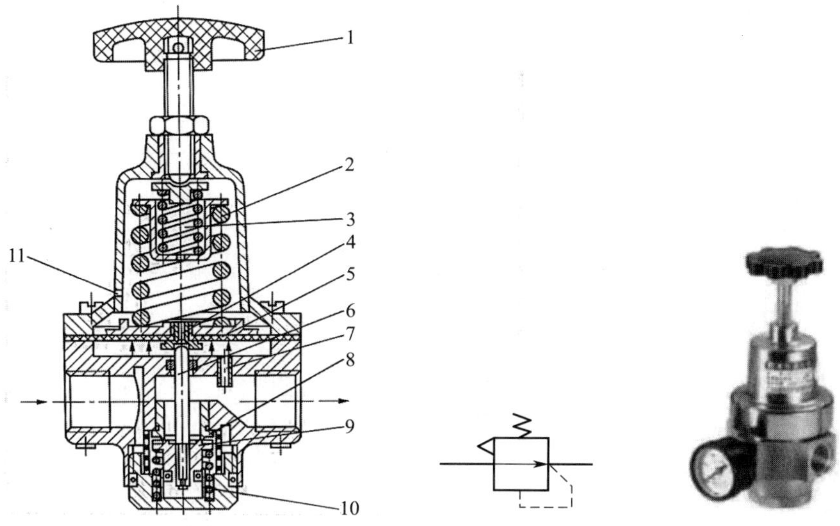

（a）　　　　（b）　　　　（c）

1—手柄；2、3—调压弹簧；4—溢流口；5—膜片；6—阀杆；7—阻尼管；8—阀芯；9—阀座；10—复位弹簧；11—排气孔

图 8-2-2　QTY 型直动式减压阀

（a）结构图　（b）图形符号　（c）实物图

2. 顺序阀

顺序阀是依靠气路中压力的作用而控制执行元件按顺序动作的压力控制阀，其工作原理图如图 8-2-3（a）、（b）所示，图形符号和实物图如图 8-2-3（c）、（d）所示。它根据弹簧的预压缩量来控制其开启压力。当输入压力达到或超过开启压力时，顶开弹簧，于是阀口 A 才有输出，反之 A 无输出。

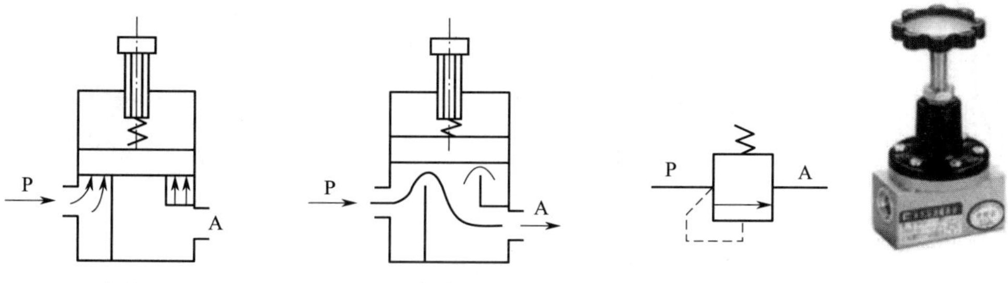

（a）　　　　（b）　　　　（c）　　　　（d）

图 8-2-3　顺序阀

（a）关闭状态　（b）开启状态　（c）图形符号　（d）实物图

顺序阀一般很少单独使用，往往与单向阀配合在一起，构成单向顺序阀。它依靠气路中压力的作用控制元件的单向顺序动作，反向时单向阀打开，顺序阀不起作用。图 8-2-4（a）、（b）为单向顺序阀的工作原理图。当压缩空气由左端进入阀腔后，作用于活塞 3 上的气压力超过调压弹簧 2 上的力时，将活塞顶起，压缩空气经 A 输出，见图 8-2-4（a）。此时单向阀 4 在压差力及弹簧力的作用下处于关闭状态。反向流动时，输入侧变成排气口，输出侧压力将顶开单向阀 4 由 O 口排气，见图 8-2-4（b）。调节旋钮就可改变单向顺序阀的开启压力，

以便在不同的开启压力下，控制执行元件的顺序动作。

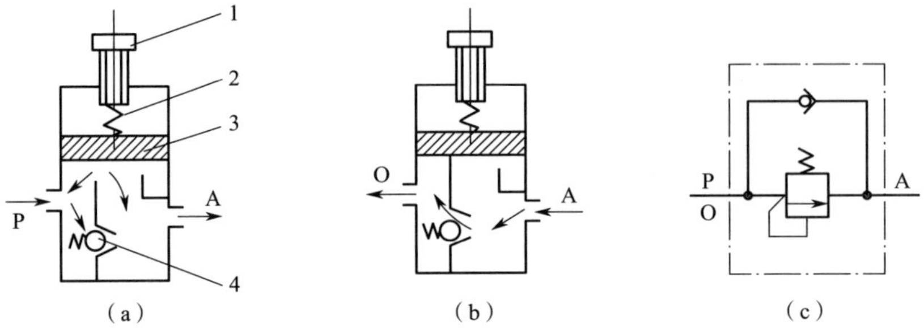

1—调节手柄；2—调压弹簧；3—活塞；4—单向阀

图 8-2-4 单向顺序阀

(a)关闭状态 (b)开启状态 (c)图形符号

3. 溢流阀

当贮气罐或回路中压力超过某调定值时，要用溢流阀向外放气，起过载保护作用，以保证输入压力不超过设定值。溢流阀按控制形式分为直动式和先导式两种。

图 8-2-5(a)、(b)为直动式溢流阀的工作原理图，图 8-2-5(c)、(d)为其图形符号和实物图。当系统中气体压力在调定范围内时，作用在活塞 3 上的压力小于弹簧 2 的预定压力，活塞处于关闭状态[图 8-2-5(a)]。当系统压力升高，作用在活塞 3 上的压力大于弹簧 2 的预定压力时，活塞 3 向上移动，阀门开启排气[图 8-2-5(b)]。直到系统压力降到调定范围以下，活塞又重新关闭。开启压力的大小与弹簧的预压缩量有关。

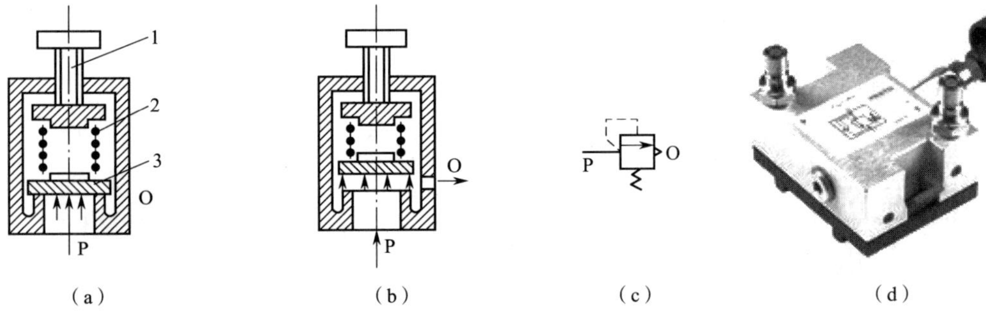

1—调节手柄；2—调压弹簧；3—活塞

图 8-2-5 直动式溢流阀

(a)关闭状态 (b)开启状态 (c)图形符号 (d)实物图

图 8-2-6 所示为先导式溢流阀，其用一个小型直动式减压阀或气动定值器作为先导阀。工作时，由减压阀减压后的空气从上部 C 口进入阀内，从而代替了弹簧控制，故不会因调压弹簧在阀不同开度时的不同弹簧力而使调定压力产生变化，阀的流量特性好，但需要一个减压阀。先导式溢流阀适用于大流量和远距离控制的场合。

[子任务 8-2-1] 压力控制阀的拆装

(1)任务描述：通过认识和拆装压力控制阀，使学生熟悉控制阀的结构和工作原理，加深对压力控制阀工作原理的理解。

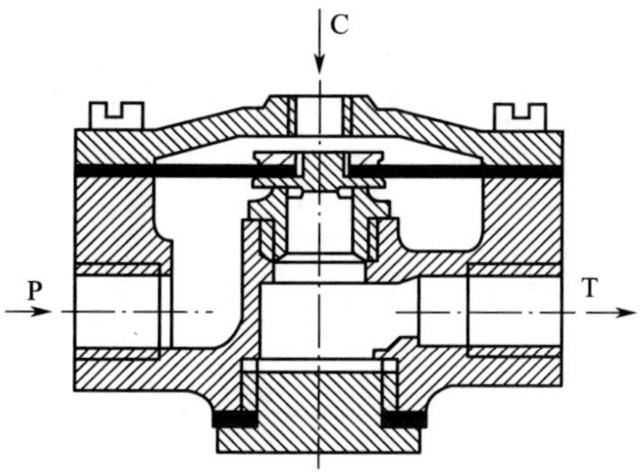

（a）

（b）

图 8-2-6　先导式溢流阀

（a）工作原理图　（b）实物图

（2）元器件明细表如表 8-2-1 所示。

表 8-2-1　元器件明细表

序号	名称	型号与规格	单位	数量	备注
1	减压阀		个	1	
2	顺序阀		个	1	
3	直动式溢流阀		个	1	
4	先导式溢流阀		个	1	
5	拆装工具		套	1	

（3）压力控制阀的拆装步骤：

① 将工具和压力控制阀准备好，摆放整齐，摆放零件的空间要足够大和干净；

② 将拆卸下来的零件一次摆放整齐，做好标记，注意不要散失小的零件；

③ 观察控制阀的内部结构，分析其工作原理；

④ 将压力控制阀依次组装好；

⑤ 实验完毕，将实训台上所有物品恢复原位。

思考

直动式减压阀与先导式减压阀在结构上有什么不同？在性能上有什么不同？

8.2.2　压力控制回路的选用

压力控制回路的功用是使系统保持在某一规定的压力范围内。常用的有一次压力控制回路、二次压力控制回路和高低压转换回路。

1. 一次压力控制回路

图 8-2-7 所示为一次压力控制回路。此回路用于控制贮气罐的压力,使之不超过规定的压力值。采用外控溢流阀 1 或电接点压力表 2 来控制空气压缩机的转、停,使贮气罐内压力保持在规定范围内。当采用溢流阀进行控制时,如果气罐内压力超过规定压力值,则溢流阀接通,空气压缩机输出的压缩空气由外控溢流阀 1 排入大气,使气罐内压力保持在规定范围内。当采用电接点压力表 2 进行控制时,可用它直接控制空气压缩机的停止和启动,这样也可保证气罐内压力在规定的范围内。

采用溢流阀,结构简单,工作可靠,但气量浪费大;采用电接点压力表对电动机及控制要求较高,常用于小型空气压缩机的控制。

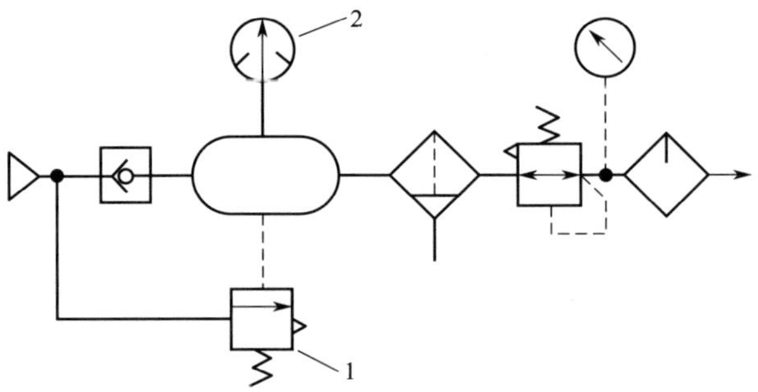

1—外控溢流阀;2—电接点压力表

图 8-2-7　一次压力控制回路

2. 二次压力控制回路

二次压力控制回路主要对气动系统的气源压力进行控制。图 8-2-8 所示为二次压力控制回路,为保证气动系统使用的气体压力为一稳定值,常联合使用空气过滤器、减压阀、油雾器(气动三联件)。但要注意,供给逻辑元件的压缩空气不要加入润滑油。图 8-2-8(a)所示为气缸、气马达系统常用的压力控制回路。图 8-2-8(b)所示为利用两个减压阀和一个换向阀或输出低压(或输出高压)自动转换气源组成的压力控制回路。图 8-2-8(c)所示回路中,若去掉换向阀,就可同时输出高、低压两种压缩空气。

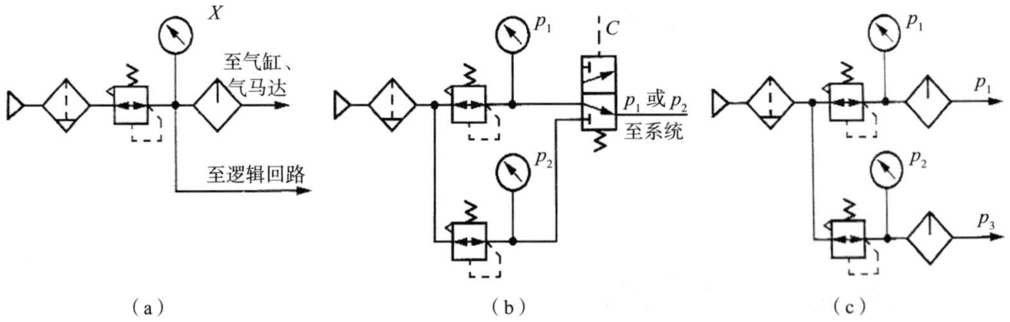

图 8-2-8　二次压力控制回路

(a)回路一　(b)回路二　(c)回路三

3. 高低压转换回路

图 8-2-9 所示为高低压转换回路。如图 8-2-9(a)所示，该回路由两个减压阀分别调出 p_1、p_2 两种不同的压力，气压系统就能得到所需要的高压和低压输出。如图 8-2-9(b)所示，该回路由两个减压阀和一个换向阀构成，可进行高、低压力 p_1 和 p_2 的自动转换。

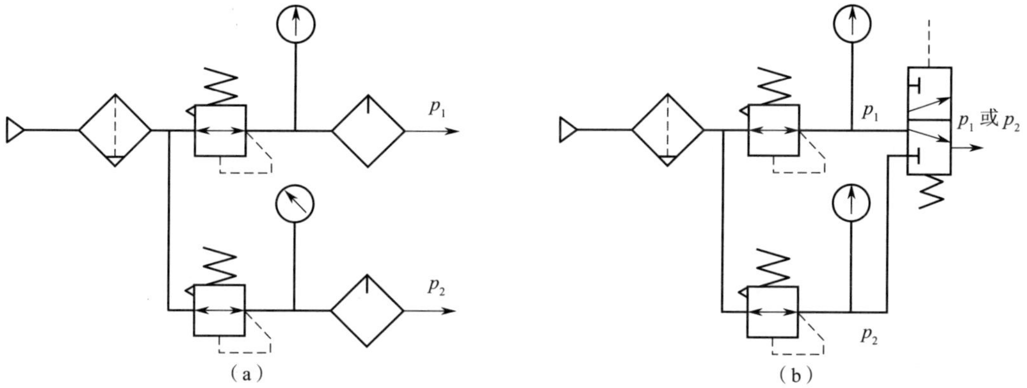

图 8-2-9　高低压转换回路

(a)回路一　(b)回路二

练习题

1. 填空题

(1)气动压力控制阀按其控制功能可分为__________、__________、__________三种。

(2)压力控制回路的功用是使系统保持在某一规定的压力范围内。常用的有一次压力控制回路、__________和__________。

(3)一次压力控制回路主要用于控制__________的压力，二次压力控制回路主要对__________进行控制。

2. 简答题

(1)对比说明一次压力控制回路与二次压力控制回路的主要区别及各自的优缺点。

(2)为什么气动减压阀又称为调压阀？减压阀一般安装在什么地方？

任务完成报告

姓名		学习日期	
任务名称	机械手压力控制回路的搭建		
学习自评	考核内容		完成情况
	(1)说出压力控制阀的工作原理以及选用方法		□好 □良好 □一般 □差
	(2)绘制压力控制回路		□好 □良好 □一般 □差
学习心得			

任务 8.3　机械手速度控制回路的搭建

本任务要求学生掌握速度控制回路的元器件组成、工作原理和使用场景，能够根据不同场景，选择合适的气动元器件搭建不同的速度控制回路。

任务要求

（1）拆卸流量控制阀，分析其工作原理，绘制其图形符号。

（2）绘制速度控制回路图，搭建控制回路。

知识目标

（1）掌握流量控制阀的工作原理，理解回路组成元器件的基本功能。

（2）掌握速度控制回路的工作原理。

能力目标

（1）能够说出流量控制阀的种类及工作原理。

（2）能够完成速度控制回路的搭建。

素养目标

（1）培养学生对所学知识的类聚能力及比较分析能力。

（2）培养学生的知识迁移能力及逻辑思维能力。

（3）培养学生的动手实践能力和团队合作精神。

8.3.1　认识流量控制阀

在气压传动系统中，有时需要控制气缸的运动速度，有时需要控制换向阀的切换时间和气动信号的传递速度，这些都需要靠调节压缩空气的流量来实现。流量控制阀就是通过改变阀的通流截面积来实现流量控制的元件。流量控制阀包括节流阀、单向节流阀、排气节流阀和快速排气阀等。

1. 节流阀

图 8-3-1（a）为圆柱斜切型节流阀的原理图，图 8-3-1（b）、（c）分别为其图形符号和实物图。压缩空气由 P 口进入，经过节流后，由 A 口流出。旋转阀芯螺杆，就可改变节流口的开度，这样就调节了压缩空气的流量。这种节流阀由于结构简单、体积小，故应用范围较广。

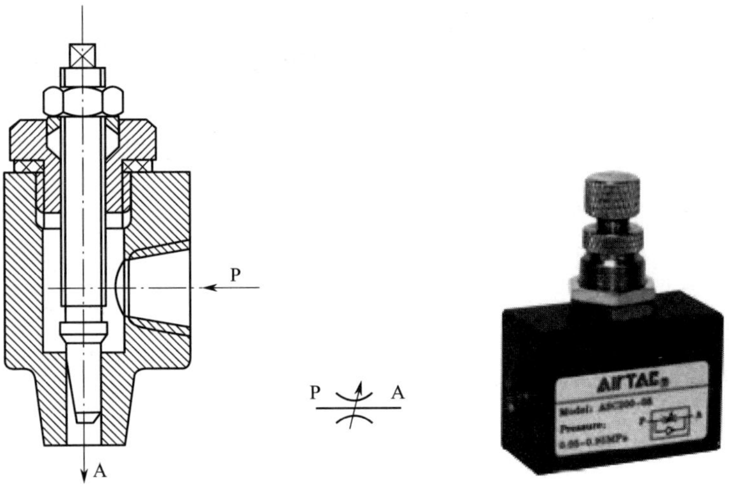

（a）　　　（b）　　　（c）

图 8-3-1　节流阀

（a）原理图　（b）图形符号　（c）实物图

2. 排气节流阀

排气节流阀是安装在执行元件的排气口处，调节进入大气中气体流量的一种控制阀。它不仅能调节执行元件的运动速度，还往往带有消声器件，起降低排气噪声的作用。

图 8-3-2（a）为排气节流阀的工作原理图，图 8-3-2（b）为其图形符号。其工作原理和节流阀类似，靠调节节流口 1 处的通流截面积来调节排气流量，由消声套 2 来减小排气噪声。

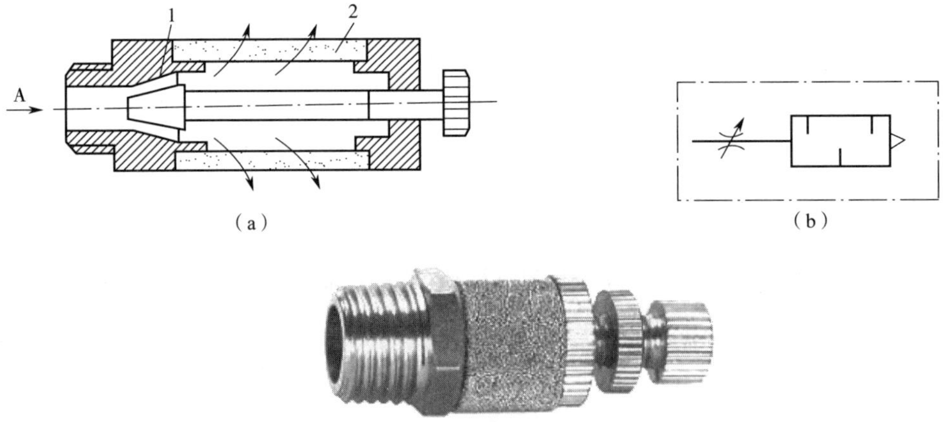

（a）　　　（b）

（c）

1—节流口；2—消声套

图 8-3-2　排气节流阀

（a）工作原理图　（b）图形符号　（c）实物图

应当指出的是，用流量控制的方法控制气缸内活塞的运动速度时，采用气动方式比采用液压方式更难于控制。特别是在极低速控制中，要按照预定行程变化来控制速度，只用气动很难实现。在外部负载变化很大时，仅用气动流量阀不会得到满意的调速效果。为提高其运动平稳性，建议采用气液联动。

排气节流阀通常安装在换向阀的排气口处与换向阀联用，起单向节流阀的作用。

3. 快速排气阀

快速排气阀又称快排阀。快速排气阀常装在换向阀和气缸之间，使气缸的排气不用通过换向阀而快速排出。图 8-3-3（a）、（b）为快速排气阀的工作原理图，图 8-3-3（c）、（d）分别为其图形符号和实物图。进气口 P 输入压缩空气，并将密封活塞迅速上推，开启阀口 2，同时关闭排气口 O，使进气口 P 和工作口 A 相通，见图 8-3-3（a）。图 8-3-3（b）所示为没有压缩空气进入时，在 A 口和 P 口压差作用下，密封活塞迅速下降，关闭 P 口，使 A 口通过 O 口快速排气。

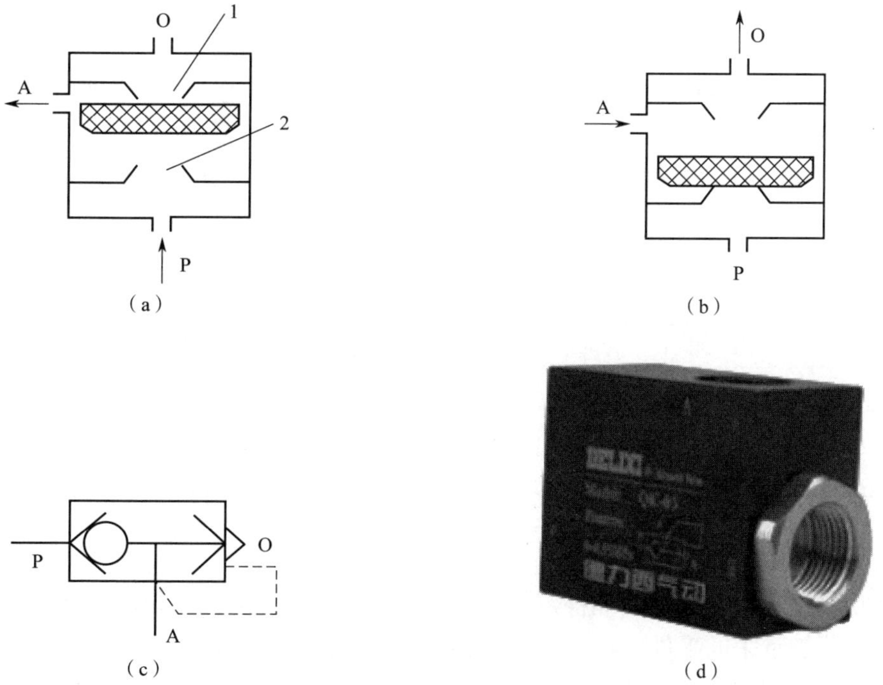

1、2—阀口

图 8-3-3　快速排气阀

（a）输入压缩空气时　（b）没有压缩空气进入时　（c）图形符号　（d）实物图

图 8-3-4 所示为快速排气阀在回路中的应用，它使气缸的排气不用通过换向阀即快速排出，从而加速了气缸往复运动的速度，缩短了工作周期。

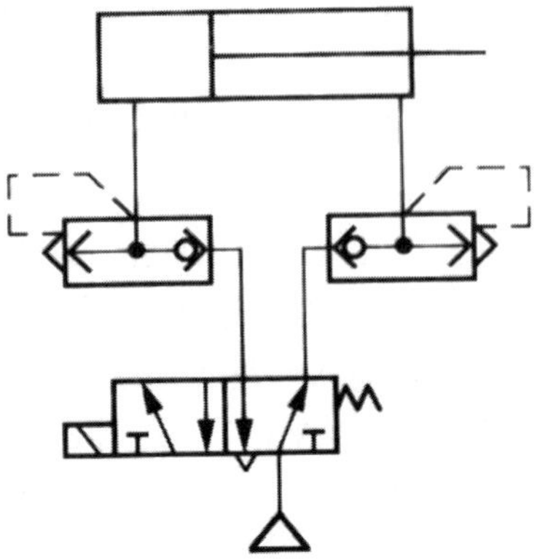

图 8-3-4　快速排气阀的应用回路

[子任务 8-3-1] 流量控制阀的拆装

（1）任务描述：通过认识和拆装流量控制阀，使学生熟悉流量控制阀的结构和工作原理，加深对流量控制阀工作原理的理解。

（2）元器件明细表如表 8-3-1 所示。

表 8-3-1　元器件明细表

序号	名称	型号与规格	单位	数量	备注
1	节流阀		个	1	
2	排气节流阀		个	1	
3	快速排气阀		个	1	
4	拆装工具		套	1	

（3）流量控制阀的拆装步骤：

① 将工具和流量控制阀准备好，摆放整齐，摆放零件的空间要足够大和干净；

② 将拆卸下来的零件一次摆放整齐，做好标记，注意不要散失小的零件；

③ 观察控制阀的内部结构，分析其工作原理；

④ 将控制阀依次组装好；

⑤ 实验完毕，将实训台上所有物品恢复原位。

思考

常用的节流阀阀芯节流部分的形状有哪些？

8.3.2　速度控制回路选用

通常采用节流调速回路控制气缸的速度。在气动系统中常用的有供气节流调速和排气节流调速。

1. 单作用气缸速度控制回路

图 8-3-5 和图 8-3-6 所示为单作用气缸速度控制回路。在图 8-3-5 所示回路中，活塞杆的升、降速度均通过两个反向安装的单向节流阀可分别实现进气节流和排气节流，从而控制活塞杆的伸出及缩回速度。在图 8-3-6 所示的回路中，气缸下降时可通过快速排气阀排气，使气缸快速返回。

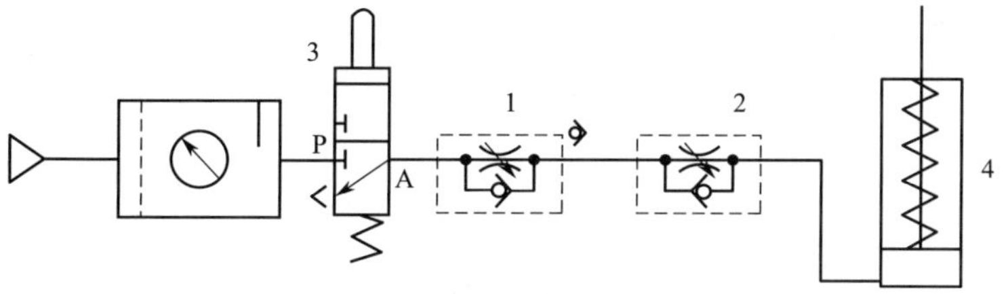

1、2—单向节流阀；3—手动换向阀；4—气缸

图 8-3-5　单向节流阀调节单作用气缸速度控制回路

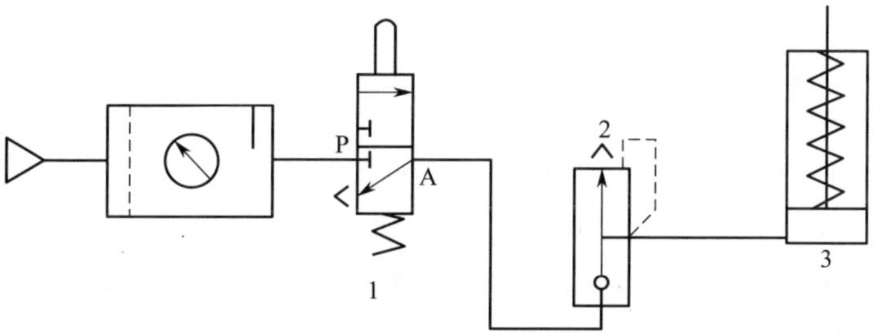

1—手动换向阀；3—快速排气阀；2—气缸

图 8-3-6　快速排气阀速度控制回路

2. 双作用气缸速度控制回路

双作用气缸有进气节流和排气节流两种调速方式。图 8-3-7(a)所示为进气节流调速回路，当气控换向阀在图示位置时，气流经过节流阀进入气缸 A 腔，B 腔排出的气体直接经换向阀排气。进气节流不足之处包括：① 当负载方向与活塞运动方向相反时，活塞运动易出现不平稳现象，即“爬行”现象；②当负载方向与活塞运动方向一致时，由于经换向阀排气，几乎没有阻尼，负载易产生“跑空”现象，使气缸失去控制。因此，进气节流调速回路多用于垂直安装的气缸。对于水平安装的气缸，其调速回路一般采用图 8-3-7(b)所示的排气节流调速回路，当气控换向阀在图示位置时，压缩空气经气控换向阀直接进入气缸的 A 腔，而 B 腔排出的气体经节流阀、气控换向阀排入大气，因而 B 腔中的气体就具有一定的背压力。此时，活塞在 A 腔与 B 腔的压差作用下前进，从而减小了“爬行”发生的可能性。调节节流阀的开度可控制不同的排气速度，从而控制活塞的运动速度。排气节流调速回路的特点是气缸速度随负载变化较小，运动较平稳，能承受负值负载。

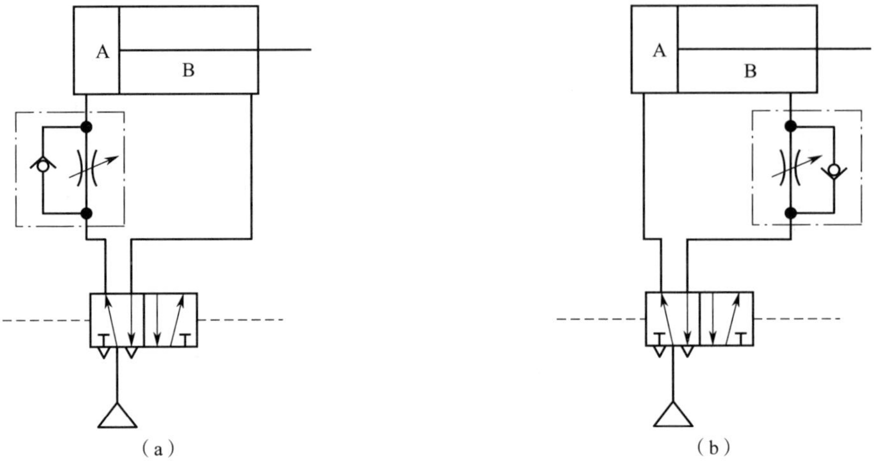

图 8-3-7　双作用气缸速度控制回路

(a)进气节流调速回路　(b)排气节流调速回路

以上调速回路适用于负载变化不大的场合。如果要求气缸具有准确而平稳的速度，特别是在负载变化较大的场合，就要采用气液相结合的调速方式。常采用气液转换速度控制回路和气液阻尼缸速度控制回路。

3. 气液转换速度控制回路

图 8-3-8 所示为气液转换速度控制回路，它利用气液转换器 1、2 将气压转换成液压，利用液压油驱动液压缸 3，从而得到平稳易控制的活塞运动速度，调节节流阀的开度就可改变活塞的运动速度。这种回路充分发挥了气动供气方便和液压速度容易控制的特点。

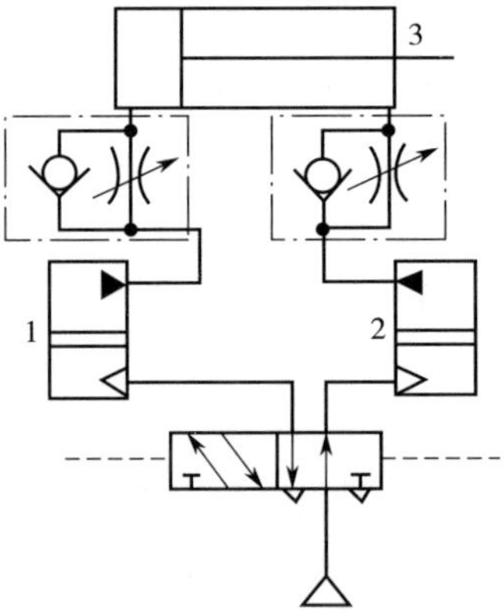

1、2—气液转换器；3—液压缸

图 8-3-8　气液转换速度控制回路

4. 缓冲回路

气动执行元件动作速度较快，当活塞惯性力较大时，可采用图 8-3-9 所示的缓冲回路。当活塞向右运动时，右腔的气体经行程阀及三位五通换向阀排掉，当活塞前进到预定位置压下行程阀时，气体就只能经节流阀排出，这样使活塞运动速度变慢，达到了缓冲目的。调整行程阀的安装位置就可以改变缓冲的开始时间。此种回路常用于惯性力较大的气缸。

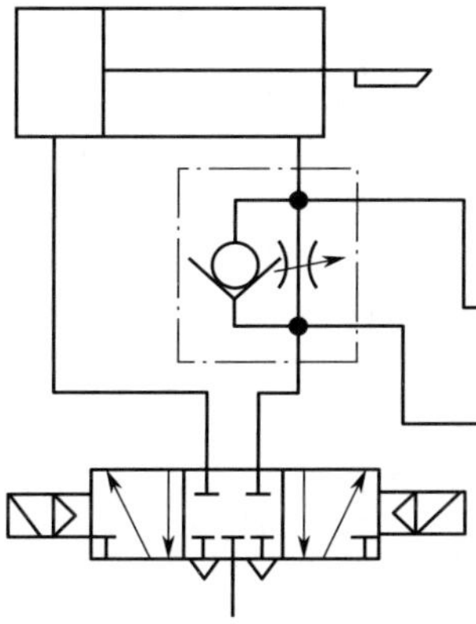

图 8-3-9　缓冲回路

8.3.3　其他常用气压回路

1. 增压回路

当气动系统中局部需要较高压力时，可采用高压泵，但其成本较高，一般可采用增压回路。

增压回路有多种形式，图 8-3-10 所示为由气液转换器和增压器组成的增压回路。图中 C 为带有冲头的工作缸，其工作循环为快进→工进→快退，工进时需要克服较大负载。

当磁铁 YA1 通电时，气源输出的压缩空气进入气液转换器 B 并使之输出低压油液，低压油液进入工作缸 C 上腔，使活塞杆快速运动，当冲头接触负载后，工作缸 C 上腔压力增加，压力继电器动作并输出信号，使电磁铁 YA2、YA3 通电。此时，增压器 A 输出高压油液进入工作缸 C 上腔使其完成工进动作。二位二通电磁换向阀的作用是防止高压油液进入气液转换器。当 YA1、YA2、YA3 都断电时，压缩空气进入工作缸 C 下腔使活塞杆快速退回。

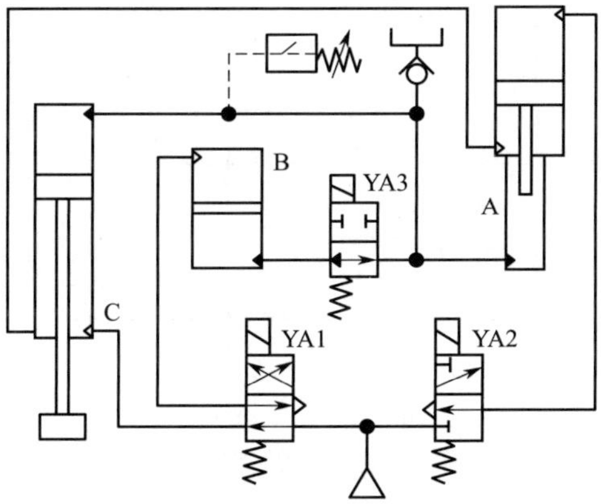

图 8-3-10　增压回路

2. 延时回路

图 8-3-11 所示为延时回路。图 8-3-12（a）所示为延时输出回路，当控制信号切换到阀 4 上端后，压缩空气经单向节流阀 3 向气罐 2 充气。当充气压力经过延时升高至阀 1 换位时，阀 1 就有输出。

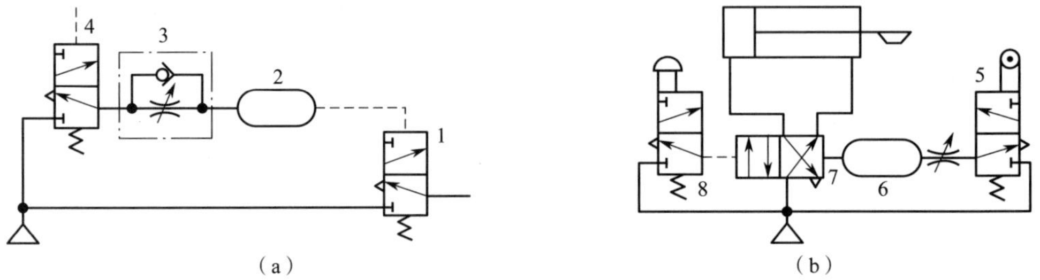

1、4—二位三通换向阀；2、6—气罐；3—单向节流阀；5—二位三通行程阀；7—二位四通换向阀；8—二位三通手动换向阀

图 8-3-11　延时回路

（a）延时输出回路　（b）延时接通回路

图 8-3-12（b）所示为延时接通回路，按下阀 8，则气缸活塞杆向外伸出。当气缸活塞杆在伸出行程中压下阀 5 后，压缩空气经节流阀到气罐 6，延时后才将阀 7 切换，气缸活塞杆退回。

3. 互锁保护回路

图 8-3-12 所示为互锁保护回路，主要利用梭阀 1、2、3 及换向阀 4、5、6 实现互锁。该回路能防止各缸的活塞同时动作，而保证只有一个活塞动作。例如，当换向阀 7 被切换，则换向阀 4 也换向，使 A 缸活塞杆伸出；与此同时，A 缸进气管路的气体使梭阀 1、2 动作，把换向阀 5、6 锁住。所以此时即使换向阀 8、9 有气控信号，B、C 缸也不会动作。如要改变缸的动作，必须把前一个动作缸的气控阀复位才行，从而达到互锁的目的。

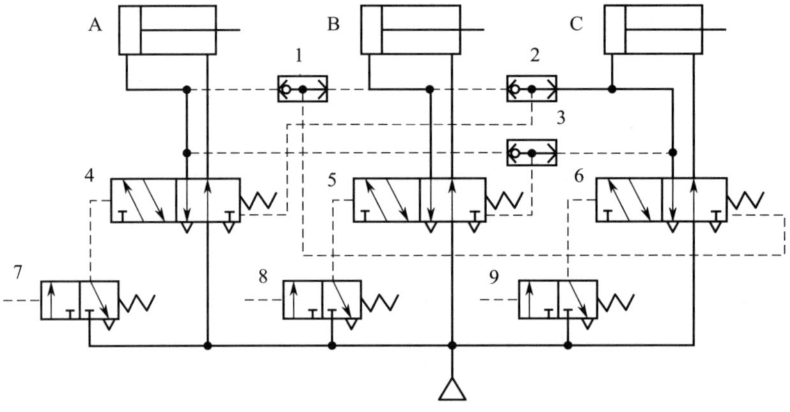

1~3—梭阀；4~9—换向阀

图 8-3-12　互锁保护回路

4. 顺序动作回路

顺序动作是指在气动回路中，各个气缸按一定程序完成各自的动作。例如，单缸有单往

复动作、二次往复动作和连续往复动作等，多缸按一定顺序进行单往复或多往复顺序动作等。

1）单往复动作回路

图 8-3-13 所示为三种单往复动作回路。

图 8-3-13（a）所示为行程阀控制的单往复动作回路。当按下阀 1 的手动按钮后，压缩空气使阀 3 换向，活塞杆向前伸出。当活塞杆上的挡铁碰到行程阀 2 时，阀 3 复位，活塞杆返回。

图 8-3-13（b）所示为压力控制的往复动作回路。当按下阀 1 的手动按钮后，阀 3 换向，气缸无杆腔进气使活塞杆伸出（右行），同时气压还作用在溢流阀 2 上。当活塞到达终点后，无杆腔压力升高并打开溢流阀 2，使阀 3 又切换至右位，活塞杆缩回（左行）。

图 8-3-13（c）所示的是利用延时回路形成的时间控制单往复动作回路。当按下阀 1 的手动按钮后，阀 3 换向，气缸活塞杆伸出。当压下行程阀 2 后，延时一段时间后，阀 3 才能换向，然后活塞杆再缩回。

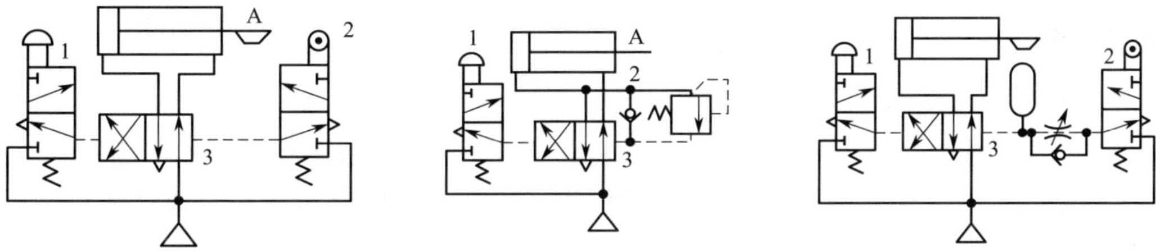

（a）
1—二位三通手动换向阀；2—二位三通行程阀；
3—二位四通换向阀

（b）
1—二位三通手动换向阀；
2—溢流阀；3—二位四通换向阀

（c）
1—二位三通手动换向阀；
2—二位三通行程阀；3—二位四通换向阀

图 8-3-13　单往复动作回路

（a）回路一　（b）回路二　（c）回路三

2）连续往复动作回路

图 8-3-14 所示为连续往复动作回路。它能在机动换向阀（行程阀）3 和 2 的安装距离之间完成连续的运动循环，且活塞杆的初始位置是将行程阀 3 压下的状态。当按下阀 1 的按钮后，阀 4 换向，活塞杆向右运动，这时由于阀 3 复位而将气路封闭，使阀 4 不能复位，活塞杆继续前进；到行程终点压下行程阀 2，使阀 4 控制气路排气，在弹簧作用下阀 4 复位，活塞杆返回；在终点压下阀 3，在控制压力下阀 4 又被切换到左位，活塞杆再次前进。就这样一直连续往复，只有当提起阀 1 的按钮后，阀 4 复位，活塞杆返回而停止运动。

3）多缸顺序动作回路

两个、三个或多个气缸按一定顺序动作的回路称为多缸顺序动作回路。若气缸只做一次往复运动，称为单往复顺序；若气缸做多次往复运动，就称为多往复顺序。若用 A、B、C……表示气缸，用下标 1、0 表示活塞的伸出和缩回，则两个气缸的基本顺序动作有 $A_1B_1A_0B_0$、$A_1A_0B_1B_0$ 和 $A_1B_0A_0B_1$ 三种；而三个气缸的基本动作就有 15 种之多。这些顺序动作回路都属于单往复顺序动作回路，即在每一个程序里气缸只做一次往复运动。多往复顺序动作回路的顺序形成方式比单往复顺序动作回路多得多。

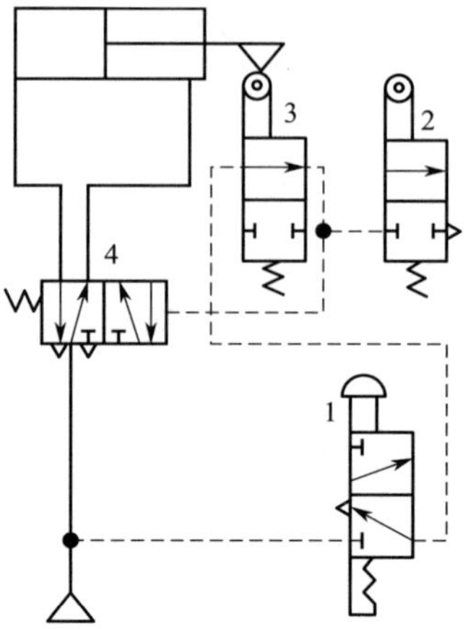

1—二位三通手动换向阀；2、3—二位三通行程阀；4—二位五通换向阀

图 8-3-14　连续往复动作回路

练习题

1. 填空题

（1）顺序动作是指在气动回路中，各个气缸__________完成各自的动作。例如，单缸有单往复动作、二次往复动作和__________等，多缸按一定顺序进行单往复或多往复顺序动作等。

（2）流量控制阀就是通过改变阀的__________来实现流量控制的元件。流量控制阀包括节流阀、单向节流阀、排气节流阀和快速排气阀等。

（3）通常采用节流调速回路控制气缸的速度。在气动系统中常用的有____________和排气节流调速。

2. 简答题

（1）根据所学知识，详细说明安全保护回路中的互锁保护回路的工作原理并绘制其气动系统原理图。

（2）连续往复工作回路是日常生活中常见的顺序动作回路，请结合实际情况，说明其在生活中的应用。

（3）根据单向节流阀的工作原理，绘制双作用气缸调速回路，实现气缸快速伸出、慢速缩回的效果。

任务完成报告

姓名		学习日期	
任务名称	机械手速度控制回路的搭建		
学习自评	考核内容		完成情况
	(1)说出流量控制阀的工作原理以及选用方法		□好　□良　□一般　□差
	(2)进行速度控制回路的搭建		□好　□良好　□一般　□差
	(3)认识常用气压回路图		□好　□良好　□一般　□差
学习心得			

项目 9

数控加工中心气动换刀系统的搭建

学习情境描述

机械加工厂内，机器轰鸣，一个个数控加工中心（图 9-1）正在高速运转，却不见多少工人在车间穿梭忙碌，这是因为高级的数控机床自动化程度越来越高，从上料、加工、换刀到下料等一系列动作都可自动完成，不需要人工操作，显著提高了生产效率。

图 9-1　数控加工中心

项目描述

在加工中心中，有一个用于存放工件加工所用刀具的刀库，主轴每次仅能驱动一把刀具进行切削加工，当主轴完成一个加工工序后，需要从刀库中调用另一把刀具，再进行下一工序的加工。刀具在刀库中的转位由伺服电动机通过齿轮、蜗杆传动来实现，主轴上的刀具与刀库中刀具的交换由气压传动实现。要实现的目标具体描述如下：

(1)掌握继电器控制气压传动系统的回路设计方法及特点；

(2)熟悉数控加工中心气动换刀系统气动控制回路,能够在其基础上迁移应用；

(3)绘制数控加工中心气动换刀系统气压电气控制回路,并能完成控制电路及主电路的接线；

(4)编写数控加工中心气动换刀系统 PLC 控制程序,并完成气动控制系统安装、调试、故障诊断等工作。

任务分解

本项目分为三个任务,逐步实现上述目标。

任务 9.1　认识数控加工中心气动换刀系统

本任务要求学生掌握数控加工中心气动换刀系统气动控制回路的工作原理及主要的气动元器件的作用。

任务 9.2　继电器控制的气压传动系统的调试

本任务要求学生掌握根据气压传动系统绘制继电器电气控制电路的方法,并能根据继电器电气控制电路选择合适的电气元器件完成控制电路及主电路的安装及调试。

任务 9.3　数控加工中心气动换刀系统的编程与调试

本任务要求学生根据气动系统控制回路完成电气控制回路的设计、图纸绘制,并能进一步根据电气控制回路完成 PLC 控制程序的设计、接线、调试、故障排查等工作。

任务 9.1　认识数控加工中心气动换刀系统

本任务要求学生在充分掌握数控加工中心气动换刀系统气动控制回路的基础上,能够绘制气动控制系统原理图,理解其工作原理。

任务要求

绘制数控加工中心气动换刀系统原理图。

知识目标

(1)掌握数控加工中心气动换刀系统工作原理。

(2)理解换刀顺序表。

能力目标

能够读懂数控加工中心换刀循环图。

素养目标

（1）培养学生对所学知识的类聚能力及比较分析能力。
（2）培养学生的知识迁移能力及逻辑思维能力。

9.1.1 数控加工中心气动换刀系统的识读

气动系统在数控机床上得到广泛的应用，例如，XH754 型卧式加工中心的换刀装置就采用了气压传动，如图 9-1-1 所示。气压传动系统在换刀过程中实现主轴定位、主轴松刀、拔刀、向主轴锥孔吹气和插刀等动作，如图 9-1-2 所示。这种换刀装置不需要使用机械手，结构比较简单。

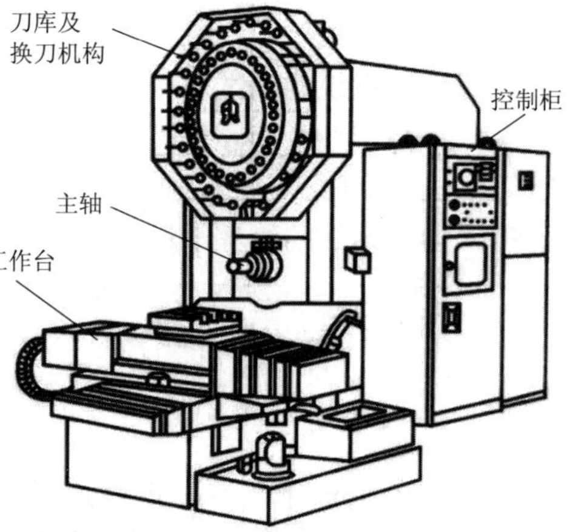

图 9-1-1 XH754 型卧式加工中心

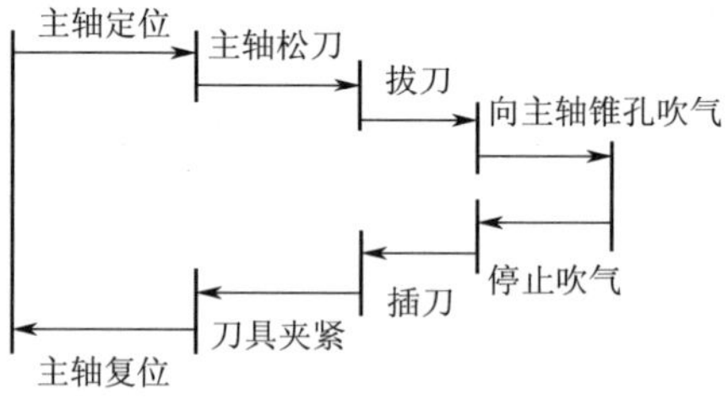

图 9-1-2 数控加工中心换刀循环

9.1.2 数控加工中心气动换刀系统原理图

图 9-1-3 所示为数控加工中心气动换刀系统原理图，该系统在换刀过程中可实现主轴定位、主轴松刀、拔刀、向主轴锥孔吹气和插刀等动作。其动作顺序见表 9-1-1。

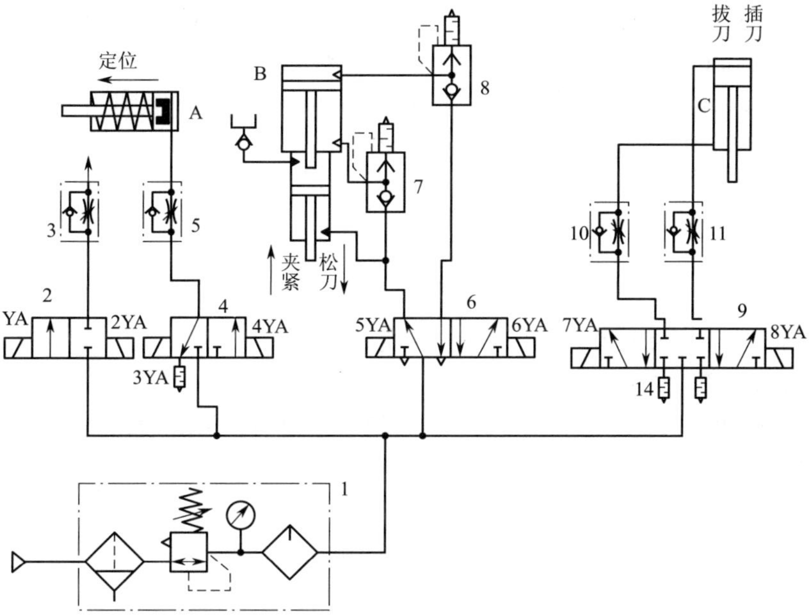

1—气源处理装置;2—二位二通双电控换向阀;3、5、10、11—单向节流阀;4—二位三通双电控换向阀;6—二位五通双电控换向阀;7、8—快速排气阀;9—三位五通双电控换向阀;A—主轴定位缸;B—气液增压缸;C—插拔刀缸

图 9-1-3 数控加工中心气动换刀系统原理图

表 9-1-1 数控加工中心换刀动作顺序

动作	电磁阀							
	1YA	2YA	3YA	4YA	5YA	6YA	7YA	8YA
主轴定位				+				
主轴松刀				+		+		
拔刀				+		+		+
向主轴锥孔吹气	+			+		+		+
停止吹气	−	+		+		+		+
插刀				+		+	+	−
刀具夹紧				+	+	−		
主轴复位			+	−				

工作原理如下:当数控系统发出换刀指令时,主轴停止旋转,同时 4YA 得电,压缩空气经气源处理装置 1 →换向阀 4 →单向节流阀 5 →主轴定位缸 A 的右腔,使气缸 A 的活塞左移,主轴自动定位;定位后压下无触点开关,使 6YA 得电,压缩空气经换向阀 6 →快速排气阀 8 →气液增压缸 B 的上腔→增压腔的高压油使活塞伸出,实现主轴松刀,同时使 8YA 得电,压缩空气经换向阀 9 →单向节流阀 11 →插拔刀缸 C 的上腔,缸 C 下腔排气,活塞下移实现拔刀;由回转刀库交换刀具,同时 1YA 得电,压缩空气经换向阀 2 →单向节流阀 3 向主轴锥孔吹气;稍后 1YA 断电,2YA 得电,停止吹气;接着 8YA 断电,7YA 得电,压缩空气经换

向阀 9→单向节流阀 10→缸 C 下腔→活塞上移，实现插刀动作；然后 6YA 断电，5YA 得电，压缩空气经换向阀 6→气液增压缸 B 的下腔→活塞退回，主轴的机械机构使刀具夹紧；最后 4YA 断电，3YA 得电，缸 A 的活塞在弹簧力的作用下复位，恢复到开始状态，换刀结束。至此，便完成了换刀动作。

练习题

1. 填空题

（1）气压传动系统在换刀过程中实现__________、__________、__________、__________和插刀等动作。

（2）刀具在刀库中的转位由________通过齿轮、蜗杆传动来实现，主轴上的刀具与刀库中刀具的交换由________实现。

2. 简答题

（1）XH754 型卧式加工中心的换刀装置包括哪几个气缸？

（2）简述数控加工中心自动换刀的步骤。

任务完成报告

姓名		学习日期	
任务名称	认识数控加工中心气动换刀系统		
学习自评	考核内容		完成情况
	(1)绘制数控加工中心气动换刀系统原理图		□好　□良好　□一般　□差
	(2)说出换刀系统的工作原理		□好　□良好　□一般　□差
学习心得			

任务 9.2　继电器控制的气压传动系统的调试

本任务要求学生掌握继电器的工作原理，绘制继电器控制回路原理图。

任务要求

（1）拆卸继电器元件，分析其工作原理。

（2）绘制继电器控制回路原理图。

知识目标

（1）掌握继电器控制回路的控制原理。

（2）掌握继电器控制回路组成元器件的基本功能。

能力目标

（1）能够根据控制要求，搭建继电器控制回路。

（2）能够绘制继电器电气控制回路。

素养目标

（1）培养学生对所学知识的类聚能力及比较分析能力。

（2）培养学生的知识迁移能力及逻辑思维能力。

9.2.1　继电器控制回路

继电器控制回路一般由主令电器（按钮、行程开关等）、接触器、继电器和导线等部分组成，可以把继电器看作电磁开关。给线圈加一个电压，产生一个磁场，该磁场使继电器的触点闭合。触点被看作开关，它们允许电流流过，从而将主电路闭合。

在继电器控制系统中，要完成一个控制任务，需用导线将各种输入设备（按钮、控制开关、限位开关、传感器等）与由若干中间继电器、时间继电器、计数继电器等组成的具有一定逻辑的控制电路相连接，然后通过输出设备（接触网、电磁阀等执行元件）控制被控对象动作或运行，这种控制系统称为接线控制系统，所实现的逻辑称为布线逻辑，即输入对输出的控制作用是通过接线程序来实现的。

1. 继电器的工作原理

如图 9-2-1 所示，电磁式继电器一般由铁芯、线圈、衔铁、触点簧片等组成。只要在线圈两端加上一定的电压，线圈中就会流过一定的电流，从而产生电磁效应，衔铁就会在电磁力吸引的作用下克服返回弹簧的拉力吸向铁芯，从而带动衔铁的触点动作（常开触点闭合，常闭触点断开)。当线圈断电后,电磁的吸力也随之消失,衔铁就会在弹簧的反作用力下返回原来的位置,使动触点复位(常开触点断开,常闭触点闭合)。

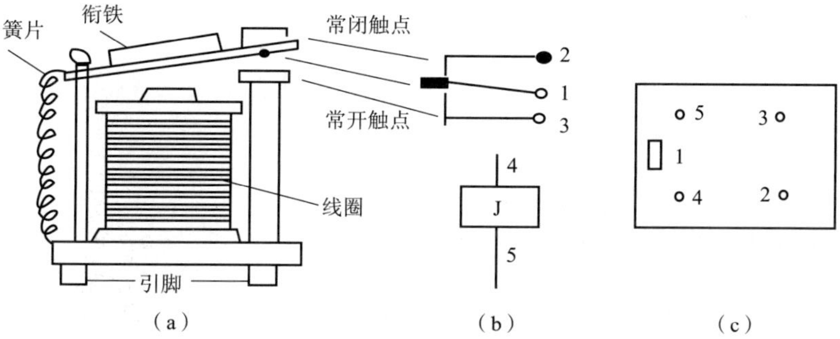

图 9-2-1　继电器

(a)构造 (b)图形符号 (c)底视引脚图

2. 继电器控制电磁阀吸合的自锁电路

继电器控制电磁阀吸合的自锁电路如图 9-2-2 所示,按下 SB1,继电器 KA1 线圈有电流通过,继电器 KA1 的常开触点闭合。此时,即使松开 SB1,电流也会通过继电器 KA1 的常开触点和 SB2 流入继电器 KA1 线圈,继电器线圈保持通电状态。按下 SB2,继电器线圈才会断电。继电器线圈得电时,其常开触点闭合,电磁阀 YV1 通电;继电器线圈失电时,其常开触点断开,电磁阀 YV1 不通电。

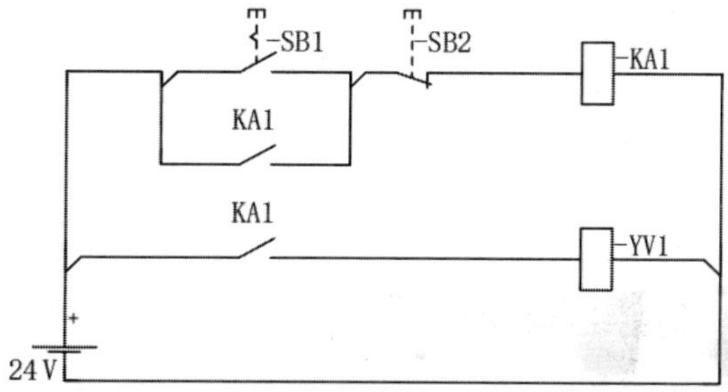

图 9-2-2　继电器控制电磁阀吸合的自锁电路

3. 电气原理图绘制原则

(1)电气原理图一般分为主电路和辅助电路两部分。主电路就是从电源到电动机通过的路径。辅助电路包括控制电路、照明电路、信号电路及保护电路等,由继电器和接触器的线圈、继电器的触点、接触器的辅助触点、按钮、照明灯、信号灯、控制变压器等电气元件组成。

(2)控制系统内的电动机、电器和其他器械的带电部件,全部都应在原理图中表示出来。

(3)电气原理图中各电气元件不画实际的外形图,而采用国家标准规定的图形符号和文字符号。

(4)电气原理图中各电气元件和部件在控制线路中的位置,应根据便于阅读的原则安排。同一电气元件的各个部分可以不画在一起。例如接触器、继电器的线圈和触点可以不画在一起或一张图上。

(5)图中元件、器件和设备的可动部分,都按没有通电和没有外力作用时的开关状态画出。

（6）电气原理图的绘制应布局合理、排列均匀，可以水平布置，也可以垂直布置。

（7）电气元件应按功能布置，相关功能器件应尽量画在一起，也可以按工作顺序排列，其布局顺序应该是从上到下，从左到右。电路垂直布置时，类似项目宜横向对齐；水平布置时，类似项目应纵向对齐。

（8）电气原理图中，有直接联系的十字交叉导线连接点，要用黑圆点表示；无直接联系的十字交叉导线连接点不画黑圆点。

9.2.2 电气控制回路

常见的电气控制回路包括电动机点动控制、自锁控制、正反转控制（互锁）、顺序启动等，下面通过控制原理图逐个讲解。

1. 车床刀架点动控制电气原理图

车床刀架的移动一般由三相异步电动机驱动，车床刀架点动控制电气原理图如图 9-2-3 所示，分为主回路和控制回路两部分。表 9-2-1 为电路组成及元器件功能。当按下启动按钮时，电动机转动；当松开按钮时，电动机停转。点动控制是短时断续手动控制的方式，主要用于设备的快速移动和校正装置，多用于机床刀架、横梁、立柱的快速移动，也常用于机床的试车调整和对刀等场合。

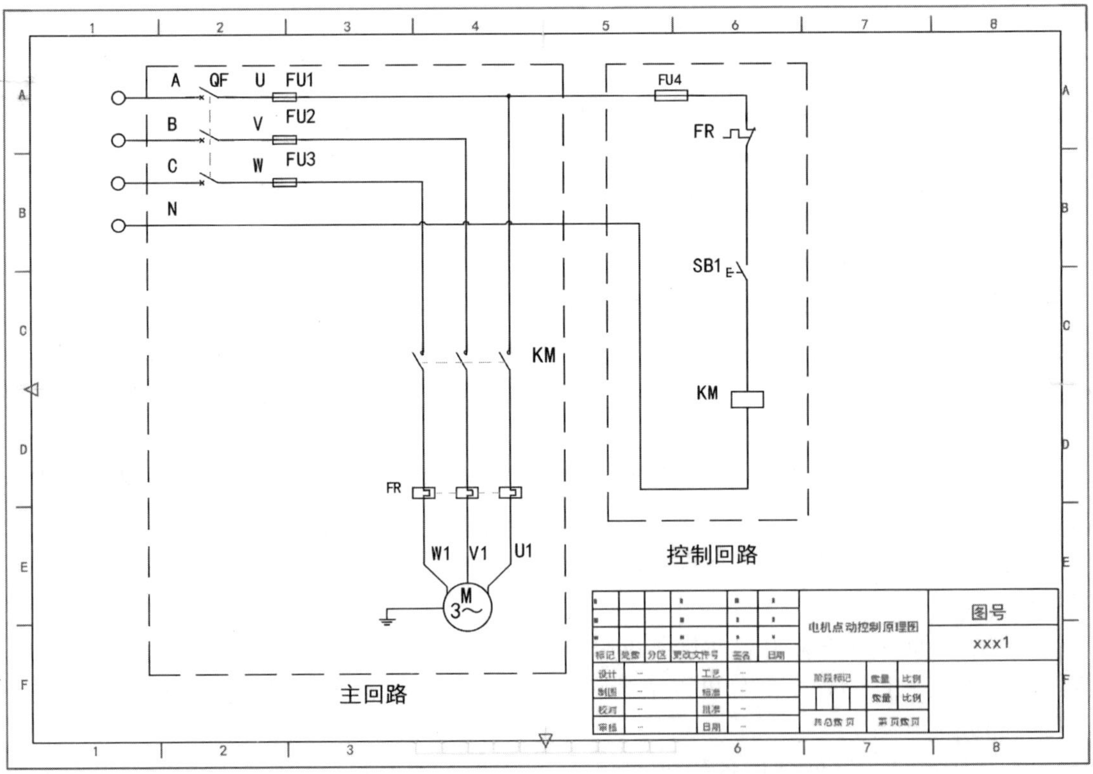

图 9-2-3 车床刀架点动控制电气原理图

表 9-2-1　电路组成及元器件功能

序号	符号	电路组成	功能	备注
1	QF	断路器	总开关	主回路
2	FU1	熔断器	短路保护	主回路
3	FU2	熔断器	短路保护	主回路
4	FU3	熔断器	短路保护	主回路
5	KM	交流接触器主触点	电动机运行启动	主回路
6	FR	热继电器	电动机过载保护	主回路
7	M	三相异步电动机	负载	主回路
8	FU4	熔断器	短路保护	控制回路
9	SB	常开按钮	启动控制	控制回路

2. 铣床主轴自锁控制电气原理图

铣床主轴自锁控制电气原理图如图 9-2-4 所示，图中 FR 为热继电器，用于防止电动机在长时间连续运行时发生过载。在控制电路中串联了停止按钮 SB2，用于停止电路；串联了热继电器常闭触点 FR，用于在电动机发生过载时断开控制电路，切断主回路以保护电动机；在启动按钮 SB1 的两端并联了接触器的常开辅助触点，用于实现控制电路的自锁。

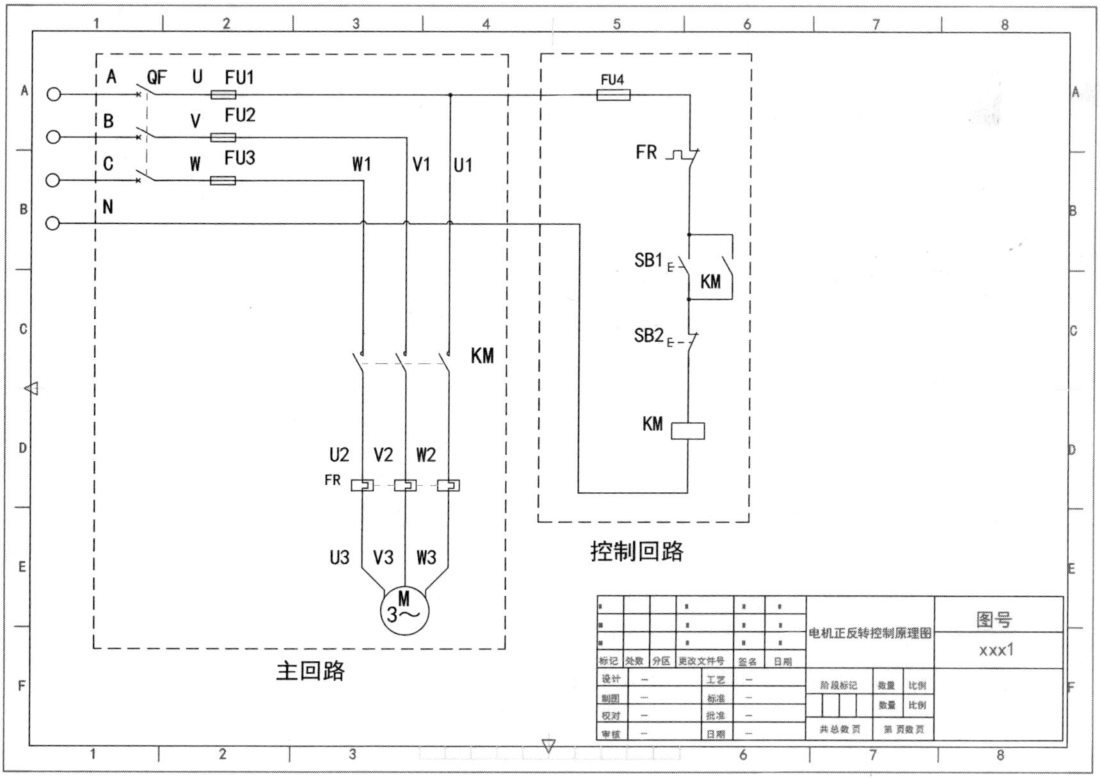

图 9-2-4　铣床主轴自锁控制电气原理图

3. CA6140 型车床电气控制原理图

CA6140 型车床电气控制原理图如图 9-2-5 所示，主回路包括主轴、冷却泵、快速移动三台电动机：主轴电动机为自锁控制，SB2 为启动按钮，SB1 为停止按钮；冷却泵电动机为顺序控制，主轴电动机启动后，打开开关 SA2，冷却泵电动机启动；快速移动电动机为点动控制，按下 SB3，快速移动电动机启动。辅助回路包括电源指示灯和照明灯，通电后电源指示灯常亮，照明灯由 SA1 控制。

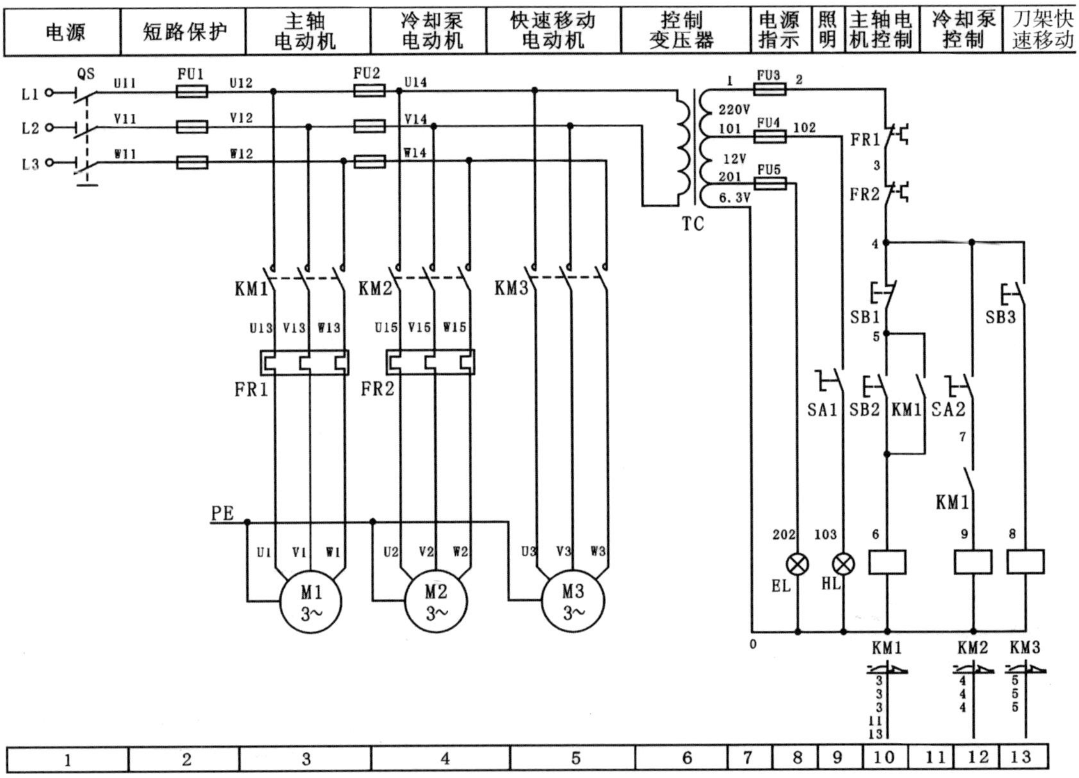

图 9-2-5　CA6140 型车床电气控制原理图

4. M7120 型平面磨床电气控制原理图

M7120 型平面磨床电气控制原理图如图 9-2-6 所示，主回路包括液压泵电动机、砂轮电动机、冷却泵电动机、砂轮升降电动机和电磁吸盘。液压泵电动机为自锁控制，SB2 为启动按钮，SB1 为停止按钮；砂轮电动机、冷却泵电动机并联于 KM2 下方，两台电动机同时启停，SB4 为启动按钮，SB3 为停止按钮；砂轮升降电动机为正反转点动控制，SB5 为正转点动按钮，SB6 为反转点动按钮；电磁吸盘由 KM5 和 KM6 控制，KM5 接通时，电磁吸盘 YH 通正向电流，电磁吸盘充磁，KM6 接通时，电磁吸盘 YH 通反向电流，电磁吸盘退磁。辅助回路包括运行指示灯和照明灯，照明灯由 SA 控制。

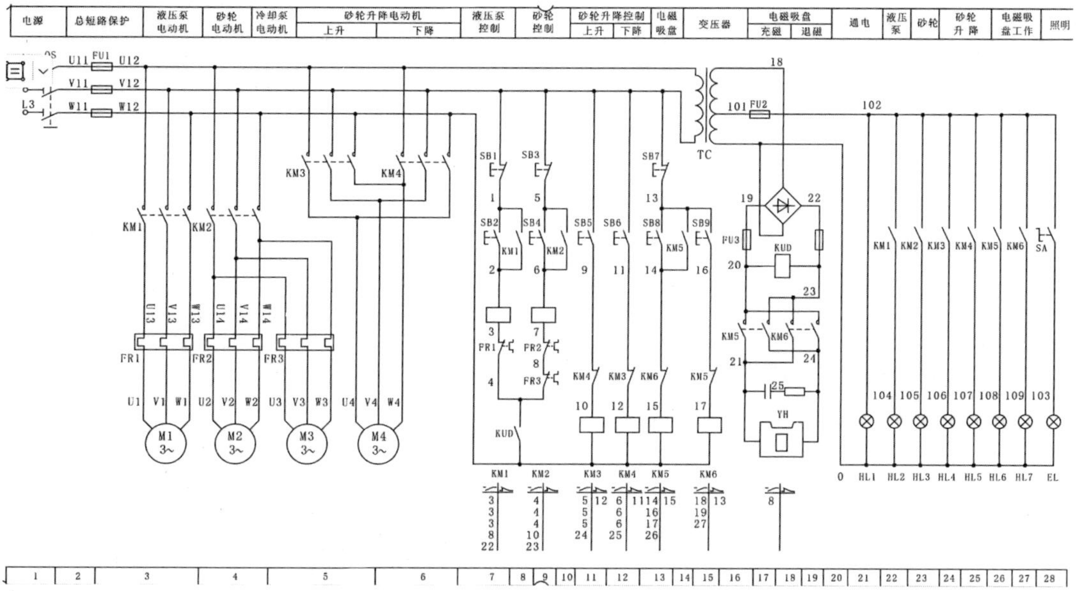

图 9-2-6　M7120 型平面磨床电气控制原理图

9.2.3　继电器控制的气压传动系统的调试

1. 控制要求

某系统包含一个升降气缸和一个推料气缸，升降气缸升起状态下（由传感器 S1 检测）才允许推料气缸伸出。电磁阀 YV1 得电时升降气缸上升，失电时升降气缸下降；电磁阀 YV2 得电时推料气缸伸出，失电时推料气缸缩回。按下 SB1，升降气缸上升，按下 SB2 升降气缸下降，按住 SB3 推料气缸伸出，松开 SB3，推料气缸缩回。

2. 控制原理图

控制原理图如图 9-2-7 所示。SB1、SB2 和 KA1 组成自锁电路，SB3 与 KA2 之间串联 S1 的常开触点，这样能满足“升降气缸升起状态下（由传感器 S1 检测）才允许推料气缸伸出”的条件。

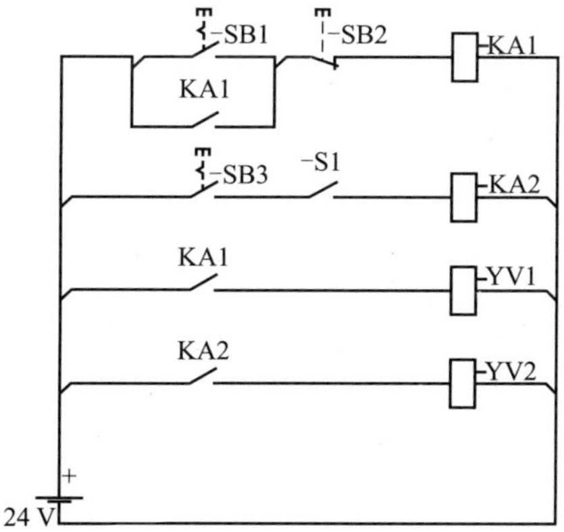

图 9-2-7　控制原理图

练习题

1. 填空题

（1）电磁式继电器一般由__________、__________、__________、__________等组成的。

（2）给线圈加一个电压，产生一个__________。

（3）继电器线圈得电，其常开触点________，常闭触点________。

2. 简答题

（1）简述继电器工作原理。

（2）绘制电动机正反转原理图。

任务完成报告

<table>
<tr><td>姓名</td><td></td><td>学习日期</td><td></td></tr>
<tr><td>任务名称</td><td colspan="3">继电器控制的气压传动系统的调试</td></tr>
<tr><td rowspan="3">学习自评</td><td colspan="2">考核内容</td><td>完成情况</td></tr>
<tr><td colspan="2">(1)绘制电气控制回路</td><td>□好　□良好　□一般　□差</td></tr>
<tr><td colspan="2">(2)根据控制要求,搭建继电器控制回路</td><td>□好　□良好　□一般　□差</td></tr>
<tr><td>学习心得</td><td colspan="3"></td></tr>
</table>

任务 9.3　数控加工中心气动换刀系统的编程与调试

本任务要求学生在充分掌握数控加工中心气动换刀系统气动控制回路的基础上，根据气动控制系统原理图绘制数控加工中心气动换刀系统电气控制回路，并根据该回路编写 PLC 控制程序。

任务要求

（1）绘制数控加工中心气动换刀系统电气控制回路。

（2）编写数控加工中心气动换刀系统 PLC 控制程序，并完成气动控制系统的安装、调试、故障诊断等工作。

知识目标

（1）掌握根据气动控制系统原理图绘制数控加工中心气动换刀系统电气控制回路的方法。

（2）掌握数控加工中心气动换刀系统基础编程方法。

能力目标

（1）能够应用位逻辑指令进行基础编程。

（2）能够调试程序。

素养目标

（1）培养学生对所学知识的类聚能力及比较分析能力。

（2）培养学生的知识迁移能力及逻辑思维能力。

（3）培养学生的动手实践能力和团队合作精神。

9.3.1　PLC 控制气动控制回路原理

1. PLC 控制气动控制回路概述

气动控制回路常用的控制方法包括继电器控制、PLC 控制和全气动控制。

PLC 控制气动控制回路是一种常见的工业自动化控制方式。气动控制回路通常用以驱动气动执行机构（如气缸）完成各种机械运动。下面是一个基本的 PLC 控制气动控制回路的示例。

（1）气压执行机构：如气，用于执行实际的机械运动。

（2）气压传感器：可以检测气压或气流量，将其转换为电信号。

(3)气压调节阀:根据 PLC 的指令来调节气压。

(4)PLC:作为核心控制器,接收输入信号(如传感器信号),并根据预设的程序逻辑进行处理,然后输出控制信号(如调节阀的开度)。

(5)人机界面(HMI):用于显示状态和输入参数,也可以作为操作界面。

2. PLC 控制气动控制回路基本工作流程

(1)输入:通过气压传感器或其他传感器,PLC 接收当前的气压或流量信号。

(2)处理: PLC 根据接收到的信号和预设的程序逻辑进行计算。例如,如果 PLC 检测到气压低于设定值,它可能会输出一个信号来增加调节阀的开度。

(3)输出:PLC 输出控制信号到气压调节阀,根据信号调整其开度,从而改变气压。

(4)反馈:通过气压传感器或其他传感器, PLC 持续监测气压或流量,形成一个闭环控制系统。

通过这种方式, PLC 可以精确地控制气动控制回路,以满足各种工业自动化应用的需求

9.3.2　数控加工中心换刀系统气动控制程序编写

1. I/O 地址分配

I/O 地址分配表见表 9-3-1。

表 9-3-1　I/O 地址分配表

输入		输出	
名称	I/O 地址	名称	I/O 地址
自动换刀按钮	I0.0	1YA 吹气	Q0.0
主轴停止旋转	I0.1	2YA 停止吹气	Q0.1
气缸 A 右限位	I0.2	3YA 气缸 A 的活塞右移	Q0.2
气缸 A 左限位	I0.3	4YA 气缸 A 的活塞左移	Q0.3
气缸 B 伸出限位	I0.4	5YA 气缸 B 伸出,刀具夹紧	Q0.4
气缸 B 缩回限位	I0.5	6YA 气缸 B 缩回,刀具松开	Q0.5
气缸 C 伸出限位	I0.6	7YA 气缸 C 缩回,插刀动作	Q0.6
气缸 C 缩回限位	I0.7	8YA 气缸伸出,拔刀动作	Q0.7

2. 程序编写

步骤 1:新建一个项目,命名为“自动换刀程序”。

步骤 2:根据实际硬件型号组态 CPU。

步骤 3:编辑变量表,如图 9-3-1 所示。

PLC 变量

		名称	变量表	数据类型	地址
1		自动换刀按钮	默认变量表	Bool	%I0.0
2		主轴停止旋转	默认变量表	Bool	%I0.1
3		气缸A右限位	默认变量表	Bool	%I0.2
4		气缸A左限位	默认变量表	Bool	%I0.3
5		气缸B伸出限位	默认变量表	Bool	%I0.4
6		气缸B缩回限位	默认变量表	Bool	%I0.5
7		气缸C伸出限位	默认变量表	Bool	%I0.6
8		气缸C缩回限位	默认变量表	Bool	%I0.7
9		1YA吹气	默认变量表	Bool	%Q0.0
10		2YA停止吹气	默认变量表	Bool	%Q0.1
11		3YA气缸A的活塞右移	默认变量表	Bool	%Q0.2
12		4YA气缸A的活塞左移	默认变量表	Bool	%Q0.3
13		5YA气缸B伸出，道具夹紧	默认变量表	Bool	%Q0.4
14		6YA气缸B缩回，松刀动作	默认变量表	Bool	%Q0.5
15		7YA气缸C缩回，插刀动作	默认变量表	Bool	%Q0.6
16		8YA气缸伸出，拔刀动作	默认变量表	Bool	%Q0.7

图 9-3-1　PLC 变量表

步骤 4:编写控制程序,如图 9-3-2~图 9-3-9 所示。

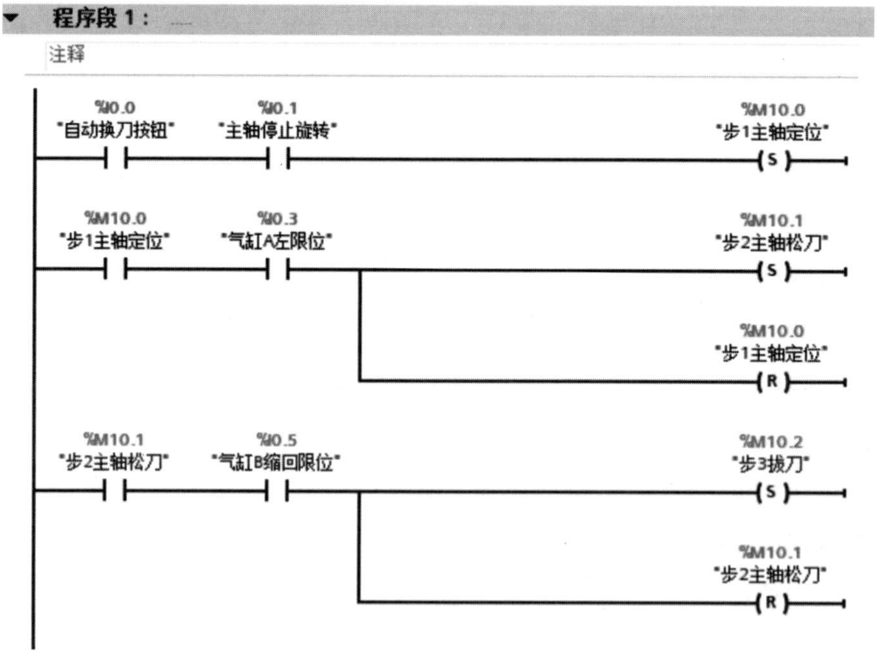

图 9-3-2　程序段 1

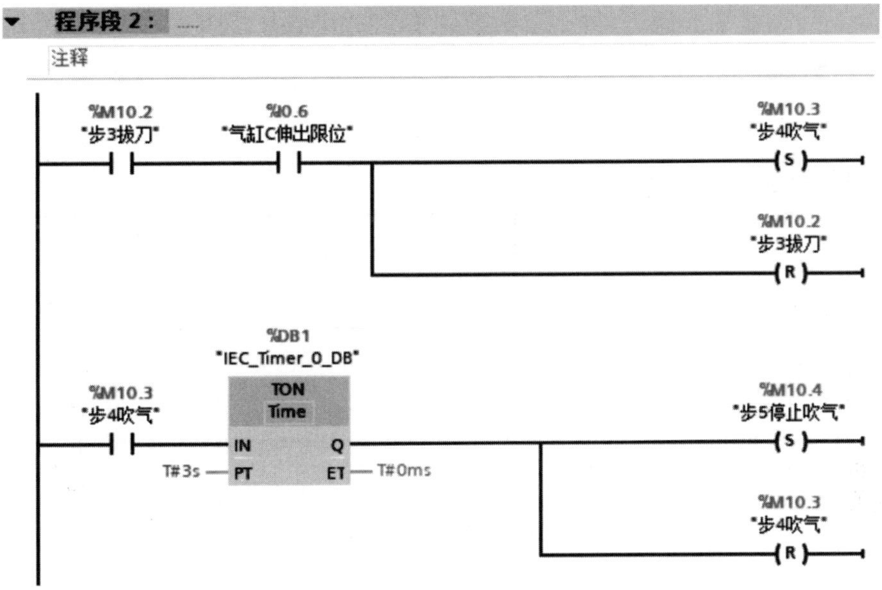

图 9-3-3　程序段 2

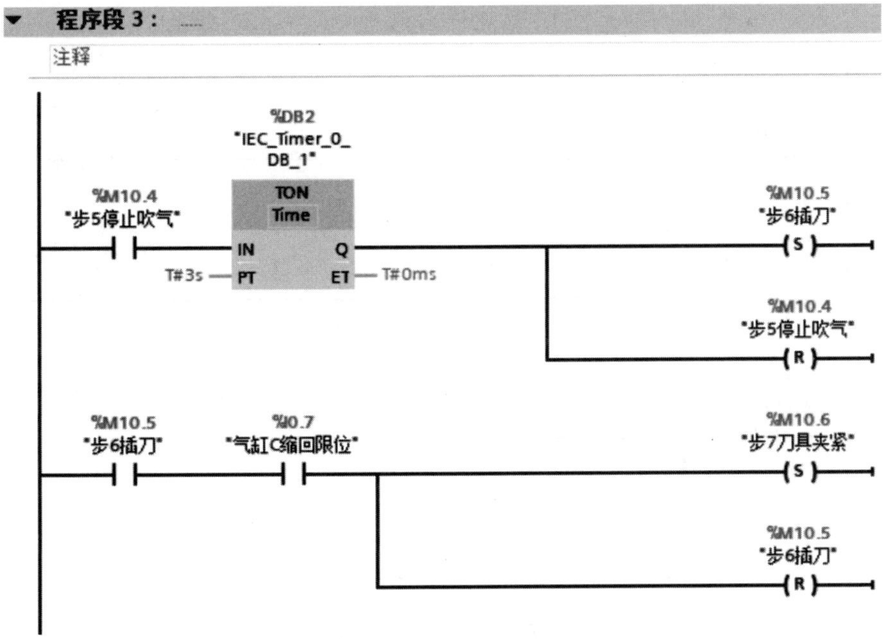

图 9-3-4　程序段 3

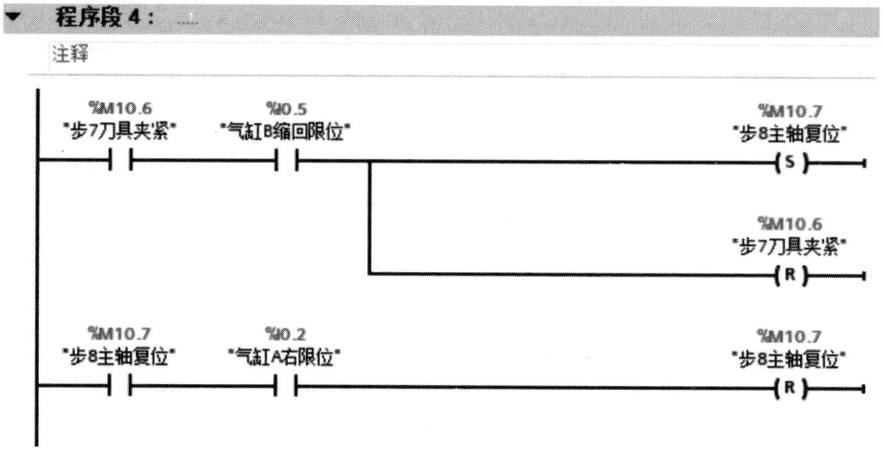

图 9-3-5　程序段 4

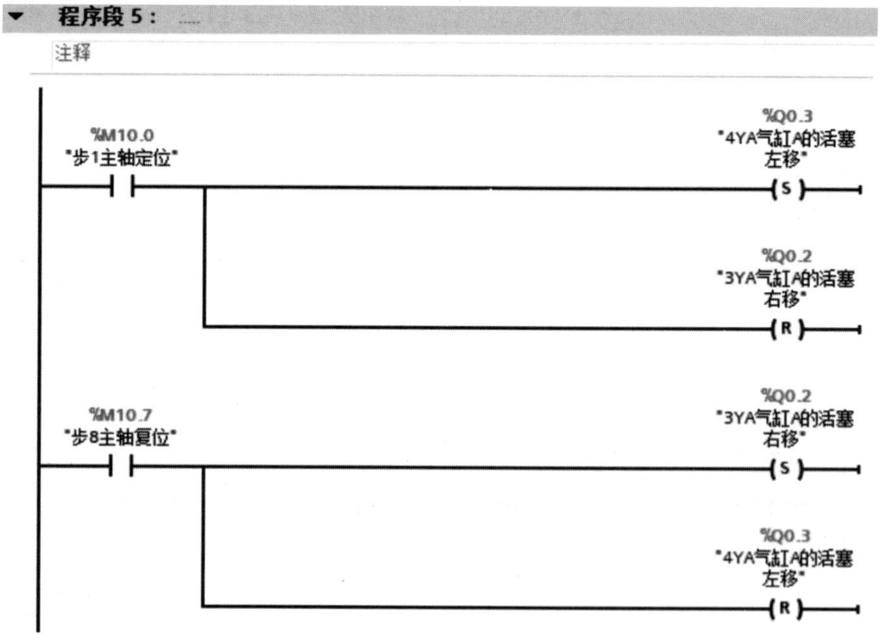

图 9-3-6　程序段 5

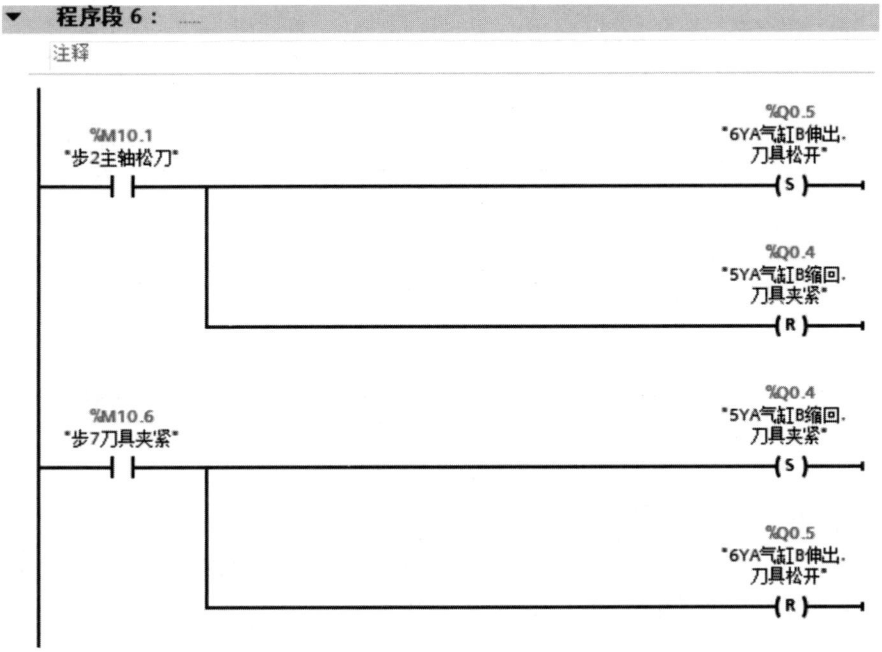

图 9-3-7 程序段 6

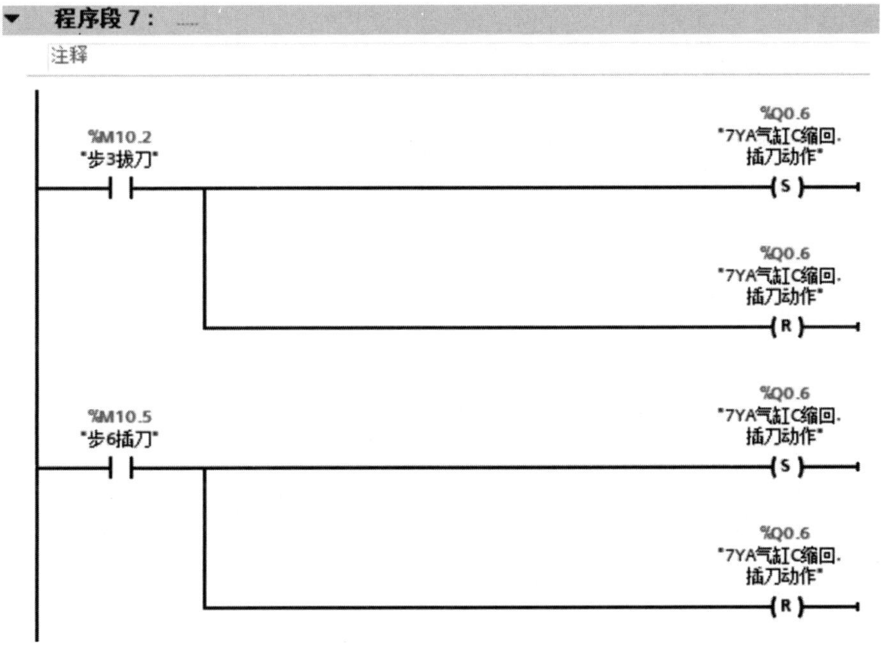

图 9-3-8 程序段 7

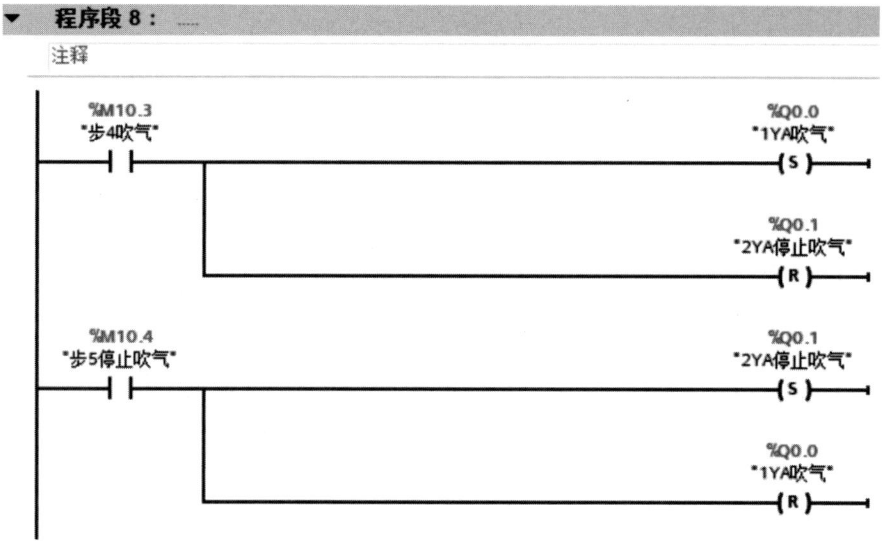

图 9-3-9　程序段 8

3. 程序调试

按下启动按钮，开始按照主轴定位、主轴松刀、拔刀、向主轴锥孔吹气、停止吹气、插刀、刀具夹紧、主轴复位的顺序自动换刀，完成后停止动作。

练习题

1. 填空题

气动控制回路常用的控制方法包括______、______和______。

2. 简答题

简述 PLC 控制气动控制回路的基本工作流程。

任务完成报告

姓名		学习日期	
任务名称	数控加工中心气动换刀系统的编程与调试		
学习自评	考核内容	完成情况	
	(1)描述数控加工中心自动换刀过程	□好　□良好 □一般 □差	
	(2)完成数控加工中心自动换刀硬件系统的搭建	□好　□良好 □一般 □差	
	(3)完成数控加工中心自动换刀软件的编辑及调试	□好　□良好 □一般 □差	
学习心得			

参考文献

References

[1] 曹燕,宋正和．液压与气动技术[M]．2 版．北京:机械工业出版社,2024.
[2] 曹建东,龚消新．液压传动与气动技术[M]．3 版．北京:北京大学出版社,2019.
[3] 尹凝霞．液压与气压传动[M]．上海:上海科学技术出版社,2022.
[4] 张立秀,魏星雷．液压与气动技术[M]．2 版．南京:南京大学出版社,2018.
[5] 宁辰校．液压与气动技术[M]．北京:化学工业出版社,2017.
[6] 刘文倩．液压与气动技术项目式教程[M]. 北京:人民邮电出版社,2018.
[7] 毛好喜．液压与气动技术[M]．3 版．北京:人民邮电出版社,2017.
[8] 樊薇,周光宇．液压与气动技术[M]．2 版．北京:人民邮电出版社,2017.
[9] 胡海清．气压与液压传动控制技术[M]．4 版．北京:北京理工大学出版社,2016.
[10] 周建清,杨永年．气动与液压实训[M]．北京:机械工业出版社,2016.
[11] 王积伟．液压传动[M]．3 版．北京:机械工业出版社,2019.
[12] 刘银水,许福玲．液压与气压传动[M]．4 版．北京:机械工业出版社,2016.
[13] 刘延俊．液压与气压传动[M]．2 版．北京:清华大学出版社,2018.
[14] 许福玲,陈尧明．液压与气压传动[M]．3 版．北京:机械工业出版社,2007.
[15] 杨曙东,何存兴．液压传动与气压传动[M]．3 版．武汉:华中科技大学出版社,2008.
[16] 冀宏．液压气压传动与控制[M]．2 版．武汉:华中科技大学出版社,2013.